W.-M. Kähler

SPSS

Mathematik für
Sozial- und Wirtschaftswissenschaft

Elementare Einführung in die angewandte Statistik,
von K. Bosch

Aufgaben und Lösungen zur angewandten Statistik,
von K. Bosch

Elementare Einführung in die Wahrscheinlichkeitsrechnung,
von K. Bosch

Mathematik für Wirtschaftswissenschaftler, von F. Pfuff

Einführung in das Datenanalysesystem SPSS, von W.-M. Kähler

Einführung in die Programmiersprache COBOL,
von W.-M. Kähler

Einführung in die Programmiersprache BASIC,
von W.-D. Schwill und R. Weibezahn

Einführung in die Programmiersprache PASCAL,
von K. Becker und G. Lamprecht

Vieweg

Wolf-Michael Kähler

Einführung in das Datenanalysesystem SPSS

Eine Anleitung zur EDV-gestützten statistischen Datenauswertung

Friedr. Vieweg & Sohn   Braunschweig/Wiesbaden

Eingetragene Warenzeichen sind nicht besonders gekennzeichnet. Deshalb ist den Bezeichnungen nicht zu entnehmen, ob sie freie Warennamen sind bzw. ob Patents oder Gebrauchsmuster vorliegen.

1. Auflage 1984
Nachdruck 1985

Alle Rechte vorbehalten
© Friedr. Vieweg & Sohn Verlagsgesellschaft mbH, Braunschweig 1984

Die Vervielfältigung und Übertragung einzelner Textabschnitte, Zeichnungen oder Bilder, auch für Zwecke der Unterrichtsgestaltung, gestattet das Urheberrecht nur, wenn sie mit dem Verlag vorher vereinbart wurden. Im Einzelfall muß über die Zahlung einer Gebühr für die Nutzung fremden geistigen Eigentums entschieden werden. Das gilt für die Vervielfältigung durch alle Verfahren einschließlich Speicherung und jede Übertragung auf Papier, Transparente, Filme, Bänder, Platten und andere Medien. Dieser Vermerk umfaßt nicht die in den §§ 53 und 54 URG ausdrücklich erwähnten Ausnahmen.

Umschlaggestaltung: Werner Lenz, Wiesbaden

ISBN 978-3-528-03352-1   ISBN 978-3-663-06864-8 (eBook)
DOI 10.1007/978-3-663-06864-8

Vorwort

Diese Einführung in das Datenanalysesystem SPSS (Statistical Package for the Social Sciences) ist entstanden aus mehreren Lehrveranstaltungen, welche in den Studiengängen Sozialwissenschaft, Diplompädagogik und Wirtschaftswissenschaft und am Rechenzentrum der Universität Bremen abgehalten worden sind.

Dieses Buch wendet sich an Leser, welche empirisch erhobenes Datenmaterial mit Hilfe einer Datenverarbeitungsanlage statistisch auswerten wollen. Die Darstellung ist so gehalten, daß keine Vorkenntnisse aus dem Bereich der Elektronischen Datenverarbeitung vorausgesetzt werden. Vielmehr soll der Leser in natürlicher Weise an das Werkzeug "Datenverarbeitungsanlage" herangeführt und möglichst schnell in die Lage versetzt werden, Aufträge an das SPSS-System in Form von SPSS-Programmen selbständig zu schreiben und auf einer Datenverarbeitungsanlage ablaufen zu lassen.

Neben der Darstellung der grundlegenden SPSS-Sprachelemente wird - am Beispiel einer empirischen Untersuchung - die vom SPSS-System erzeugte Druckausgabe erläutert und die Interpretation der statistischen Analyseergebnisse beschrieben. Da dieses Buch keine Einführungsschrift in die Statistik sein will, sollte der Leser elementare Statistik-Kenntnisse besitzen. Dabei wird durch die ausführliche Darstellung ein nicht mehr direkt vorhandenes Statistik-Wissen so aufgefrischt, daß sich für den Leser keine grundsätzlichen Schwierigkeiten ergeben dürften.

Als Einführungsschrift soll und kann dieses Buch nicht den Anspruch auf eine vollständige Beschreibung der Möglichkeiten von SPSS erheben. Vielmehr soll es die Anwendung einfacher und häufig eingesetzter statistischer Verfahren wie etwa Häufigkeitsauszählungen, Kreuztabellenanalyse und die Berechnung von beschreibenden Statistiken erläutern.

Aufgrund der in den Lehrveranstaltungen und Projektberatungen gesammelten Erfahrungen kann dieses Buch zum Selbststudium empfohlen werden.

Dem Vieweg-Verlag danke ich für die angenehme Zusammenarbeit. Für kritische Anmerkungen und fruchtbare Diskussionen bin ich zahlreichen Kollegen und Studenten zu Dank verpflichtet.

Ritterhude, im Juni 1983

Inhaltsverzeichnis

1. Datenaufbereitung und Ziele der Datenanalyse

1.1 Zielsetzungen von empirischen Untersuchungen

Bei empirischen, d.h. erfahrungswissenschaftlichen Untersuchungen werden - im Hinblick auf eine vorgegebene Problemstellung - Daten an Merkmalsträgern (Untersuchungseinheiten) erhoben, wobei man Methoden der Befragung, der Beobachtung, der Dokumentenanalyse oder aber die experimentelle Methode einsetzt. Dabei ist ein Merkmalsträger z.B. ein Schüler, an dem mit Hilfe einer Frage eine Information empirisch erhoben werden soll. Einen Merkmalsträger nennt man auch Objekt, und man spricht gegebenenfalls auch von einem Probanden, einer Person, einer experimentellen Einheit, einem Fall oder einer Analyseeinheit.

Wird ein Schüler etwa über die Einschätzung seiner eigenen Leistung befragt, so wird an ihm ein Merkmal gemessen. In diesem Zusammenhang bezeichnet man das Merkmal auch als (Interview-) Frage oder als Item. Ansonsten spricht man je nach Kontext von einem Response, einer Eigenschaft, einem Stimulus oder einer Kriteriums- bzw. Prädiktor-Variablen.

Den erhaltenen Meßwert, d.h. die Antwort nennt man Merkmalsausprägung oder auch Reaktion bzw. Beobachtungsscore oder Wert.

In den empirischen Wissenschaften stellt die Statistik ein Hilfsmittel dar, um gewisse Entscheidungen mit Hilfe der erhobenen Daten zu treffen. Bei der Auswertung der Daten (Datenanalyse) beschreibt man i. allg. zunächst die einzelnen Merkmale durch Häufigkeitsverteilungen.[+] Ferner bestimmt man Statistiken, d.h. summarische Informationen über einzelne Merkmale durch die Berechnung typischer Maßzahlen (Kennwerte) einer Verteilung wie etwa

- Werte der zentralen Tendenz (z.B. das arithmetische Mittel als Durchschnittswert) zur Beurteilung der Häufung von Merkmalsausprägungen und
- Werte der Variabilität (z.B. die Streuung) zur Kennzeichnung der Unterschiedlichkeit der Merkmalsträger im Hinblick auf ein erhobenes Merkmal.

In einem zweiten Schritt geht es u.a. darum, die Beziehungen zwischen zwei und mehr Merkmalen zu beschreiben. Dazu verringert man die Komplexität der Informationen über das Zusammenwirken mehrerer Merkmale, indem man z.B. Korrelationskoeffizienten als Maße für die Stärke oder Schwäche einer Beziehung berechnet.

Diese Beschreibungen führt man mit Hilfe der deskriptiven, d.h. beschreibenden Statistik durch. In vielen Fällen möchte man die erhaltenen Ergebnisse auf einen größeren Bereich verallgemeinern. Dazu müssen die Merkmalsträger als Stichprobe (Zufallsauswahl) aus einer spezifizierten Grundgesamtheit (Population) gewählt werden, so daß man mit Hilfe der induktiven, d.h. schließenden Statistik von den beobachteten Merkmalsausprägungen - mit gewissen Einschränkungen - auf die durch die Stichprobe repräsentierte Grundgesamtheit schließen kann.

[+] Die Häufigkeitsverteilung eines Merkmals dokumentiert, wie häufig die einzelnen Merkmalsausprägungen an den Merkmalsträgern gemessen worden sind.

Nun sollte man die Rolle der Statistik im empirischen Forschungsprozeß nicht über-
schätzen, denn der gesamte Prozeß der Erkenntnisgewinnung einschließlich der Theorie-
bildung kann niemals von der Statistik geleistet werden. Allerdings darf man die
Rolle der Statistik auch nicht unterbewerten, da die Notwendigkeit von statistischen
Analysen zum Zwecke der Informationskomprimierung außer Frage steht.
Im folgenden werden wir lernen, wie man mit Hilfe der EDV (Elektro___sche Datenverarbeitung) entsprechende statistische Verfahren automatisch durchführen lassen kann,
so daß der empirisch Forschende von manuellen Auswertungen befreit ist und trotzdem
nicht von einem EDV-Fachmann abhängig wird.

1.2 Beispiel einer empirischen Untersuchung

Unseren Ausführungen legen wir die Materialien einer empirischen Untersuchung zugrunde, die sich damit beschäftigt, wie die Schüler ihre Leistung, Begabung und
Belastung selbst einschätzen.[+] Diese Studie ist insofern von Bedeutung, als die
Leistungsmotivationsforschung die überragende Bedeutung des Begabungsselbstbildes
für das Lernen und für den Erfolg in Schule, Berufsausbildung und Beruf nachgewiesen
hat. Wir werden uns im folgenden auf einzelne Fragestellungen dieser Studie beziehen
und bei der Datenanalyse auf das erhobene Datenmaterial zurückgreifen.

Die Merkmalsträger unserer Untersuchung sind Schüler und Schülerinnen der NGO
(Sekundarstufe II) eines Gymnasiums in Bremen. Der Untersuchung liegt der folgende
Erhebungsplan zugrunde:

	Jahrgangsstufe		
	11	12	13
Geschlecht männlich	5o	5o	25
weiblich	5o	5o	25

Es nehmen also je 1oo Merkmalsträger aus den Jahrgangsstufen 11 und 12 und 5o aus der
Jahrgangsstufe 13 teil. Die in unserer Untersuchung einbezogenen 25o Probanden sind
zufällig ausgewählt, so daß mit den Ergebnissen für die Stichprobe gegebenenfalls auch
Aussagen über die Grundgesamtheit der bremischen NGO-Schüler gemacht werden können.[++]
Unsere Untersuchungspersonen wurden gebeten, einen Fragebogen mit insgesamt 48 Items
(Fragen) zu beantworten.
Im Rahmen unserer späteren Datenanalysen greifen wir auf den folgenden Auszug dieses
Fragebogens zurück, auf dem die von einem Schüler gegebenen Antworten sowie die zuge-
hörigen kodierten Werte (vgl. 1.4) eingetragen sind:

 +) Diese Studie wurde im Rahmen der Staatsexamensarbeit "Die Selbsteinschätzung von
    Schülern der NGO (neugestaltete gymnasiale Oberstufe) bzgl. ihrer Leistungsfähig-
    keit" von Eberhard Dobers im März 198o in Bremen verfaßt.
++) Dabei nehmen wir an, daß die NGO-Schüler dieser Schule als repräsentativ für alle
    Bremer Schulen angesehen werden können.

<u>Kreuzen Sie bitte das für Sie Zutreffende an!</u> | Kodespalte

1. Jahrgangsstufe: 11 ☐(1)	☐
12 ☐(2)	
13 ☐(3)	1
2. Geschlecht: männlich ☐(1)	☐
weiblich ☐(2)	2

6. Wieviele Unterrichtsstunden haben Sie in der Woche?

Unterrichtsstunden: ......

☐☐
5 6

7. Wie lange machen Sie pro Tag im Durchschnitt Hausaufgaben?

ich mache keine Hausaufgaben ☐(1)

weniger als 1/2 Std. am Tag ☐(2)

1/2 - 1 Stunde am Tag ☐(3)

1 - 2 Stunden am Tag ☐(4)

2 - 3 Stunden am Tag ☐(5)

3 - 4 Stunden am Tag ☐(6)

mehr als 4 Stunden am Tag ☐(7)

☐
7

1o. Oft schalte ich im Unterricht einfach ab, weil es mir zu viel wird.

stimmt ☐(1)

stimmt nicht ☐(2)

☐
1o

14. Wie gut sind Ihre Schulleistungen im Vergleich zu Ihren Mitschülern?

sehr gut ⟶ +4 (9)

+3 (8)

+2 (7)

+1 (6)

durchschnittlich ⟶ o (5)

-1 (4)

-2 (3)

-3 (2)

sehr schlecht ⟶ -4 (1)

☐
14

16. Wenn Sie an alle Mitschüler Ihrer Jahrgangsstufe denken,

wie schätzen Sie dann Ihre <u>Begabung</u> insgesamt ein?

sehr gut ⟶ +4 (9)

+3 (8)

+2 (7)

+1 (6)

durchschnittlich ⟶ o (5)

-1 (4)

-2 (3)

-3 (2)

sehr schlecht ⟶ -4 (1)

☐
16

	Kodespalte

17. Für wie begabt, glauben Sie, halten Ihre Lehrer Sie?

$$
\begin{array}{rcl}
\text{sehr gut} & \longrightarrow & +4 \quad (9) \\
& & +3 \quad (8) \\
& & +2 \quad (7) \\
& & +1 \quad (6) \\
\text{durchschnittlich} & \longrightarrow & 0 \quad (5) \\
& & -1 \quad (4) \\
& & -2 \quad (3) \\
& & -3 \quad (2) \\
\text{sehr schlecht} & \longrightarrow & -4 \quad (1)
\end{array}
$$

☐ 17

Im allgemeinen hat ein Schüler in manchen Fächern bessere, in anderen schlechtere Schulleistungen. Worauf führen Sie Ihre <u>besseren Schulleistungen</u> zurück?

Kreuzen Sie bitte alle zutreffenden Antworten an!

Ich führe meine besseren Schulleistungen darauf zurück,

18. daß ich in diesen Fächern leicht lerne ☐ (1) | ☐ 18

19. daß ich ohne Mühe immer mitkomme ☐ (1) | ☐ 19

2o. daß ich meist gut vorbereitet bin ☐ (1) | ☐ 2o

21. daß die Lehrer in diesen Fächern die Sachen besonders gut erklären können ☐ (1) | ☐ 21

22. daß ich in diesen Fächern nicht so leicht aufgebe, wenn mir einmal etwas schwerer fällt ☐ (1) | ☐ 22

23. daß die Lehrer den Unterricht in diesen Fächern besonders interessant machen ☐ (1) | ☐ 23

24. daß ich oft Glück habe ☐ (1) | ☐ 24

25. daß ich in diesen Fächern begabt bin ☐ (1) | ☐ 25

26. daß ich die Sachen leicht behalte ☐ (1) | ☐ 26

27. daß ich mich immer bemühe, gut mitzukommen ☐ (1) | ☐ 27

28. daß ich mich hier beim Lernen nicht so leicht ablenken lasse ☐ (1) | ☐ 28

29. daß diese Fächer besonders leicht sind ☐ (1) | ☐ 29

3o. daß ich die Sachen immer schnell verstehe ☐ (1) | ☐ 3o

31. daß ich mich ziemlich anstrenge ☐ (1) | ☐ 31

32. daß ich im Unterricht viel mitarbeite ☐ (1) | ☐ 32

.
.
.

Identifikationsnummer des Fragebogens: ☐☐☐
78   80

Als Untersuchungszeitraum wurde die erste Februarhälfte 1980 gewählt, weil es Ende
Januar Zeugnisse gab und die 13. Jahrgangsstufe kurz vor dem Abitur stand, so daß
sich alle Schüler gerade intensiv mit ihren Schulleistungen auseinandergesetzt haben
dürften.

Im Rahmen unserer Untersuchung wollen wir Aussagen über die Selbsteinschätzung von
Leistung und Begabung, die Leistungserklärungen, das Lernengagement, die zeitliche
Gesamtbelastung und die Ermüdung dieser NGO-Schüler erhalten. Dazu müssen wir uns
u.a. die Aufgabe stellen, die Häufigkeitsverteilungen der folgenden Merkmale zu er-
mitteln:
- Anzahl der Unterrichtsstunden, kurz: "Unterrichtsstunden"   (Item 6)
- Anzahl der Stunden für Hausaufgaben, kurz: "Hausaufgaben"   (Item 7)
- Abschalten im Unterricht, kurz: "Abschalten"   (Item lo)
- Einschätzung der eigenen Schulleistung, kurz: "Schulleistung"   (Item 14)
- Einschätzung der eigenen Begabung, kurz: "Begabung"   (Item 16)
- Einschätzung, wie Lehrer die eigene Begabung beurteilen,   (Item 17)
  kurz: "Lehrerurteil"

Ferner interessiert uns, ob bei diesen Verteilungen eventuell geschlechtsspezifische
oder jahrgangsstufenspezifische Unterschiede bestehen, so daß man von einem statistischen Zusammenhang zwischen dem jeweiligen Merkmal und dem Geschlecht bzw. der Jahrgangsstufe sprechen kann. Für die Datenanalyse, die eine Antwort auf diese Fragen
geben soll, stehen uns aufgrund des Erhebungsplans 25o ausgefüllte Fragebögen zur
Verfügung.

1.3 Warum den Einsatz von SPSS?

Um etwa die Frage nach den Häufigkeitsverteilungen der Merkmale "Unterrichtsstunden",
"Hausaufgaben", "Abschalten" und "Schulleistung" zu beantworten, müssen wir für jedes
dieser Merkmale eine Häufigkeitsauszählung vornehmen. Dies könnten wir z.B. mit Hilfe
einer Strichliste durchführen. Der Nachteil besteht jedoch darin, daß immer von neuem
"gestrichelt" werden muß, falls die Fragen etwa auf die Gruppe aller Schülerinnen
bzw. auf die Schülerinnen der Jahrgangsstufe 11 eingeschränkt werden. Bei jeder neuen
Fragestellung müssen wir folglich die gleiche Arbeit erneut verrichten. Von einem bestimmten Datenbestand an ist dies langwierig und ermüdend, so daß uns sehr leicht
Fehler bei der Auszählung unterlaufen können. Aus diesen Gründen ist es sinnvoller,
diese Arbeiten von einer Maschine ausführen zu lassen.[+] Deshalb wollen wir eine
elektronische Datenverarbeitungsanlage (Computer)[++] als Werkzeug zur automatischen
Verarbeitung unserer Daten einsetzen.

 +) Bei großen Datenbeständen sind Handauswertungen aus zeitlichen und planungstech-
    nischen Gründen überhaupt nicht mehr durchführbar.
++) Für "elektronische Datenverarbeitungsanlage" schreibt man kurz "EDVA".

Als grundlegende Arbeit für die spätere Datenanalyse müssen wir die Daten zunächst EDV-gerecht aufbereiten. Wie man die dazu erforderliche Kodierung und Datenerfassung durchführt, stellen wir im Abschnitt 1.4 dar.

Damit die einzelnen Schritte der Datenanalyse automatisch von einer Datenverarbeitungsanlage ausgeführt werden können, müssen wir eine entsprechende formale Beschreibung in Form eines <u>Programms</u> angeben. Dadurch wird festgelegt, welche Verarbeitungsschritte vom Computer im einzelnen ausgeführt werden sollen (z.B. Einlesen der Daten, Auszählung der eingelesenen Werte, Ausgabe der Ergebnisse). Mit entsprechenden Vorkenntnissen kann man ein derartiges Programm in einer höheren problemorientierten Programmiersprache wie BASIC, FORTRAN, PASCAL oder COBOL selbst abfassen (programmieren). Glücklicherweise kommt man heutzutage ohne die Kenntnisse einer derartigen Programmiersprache aus, da es für die meisten Aufgabenstellungen fertige Programme gibt, die zu <u>Datenanalysesystemen</u> zusammengefaßt sind.

<u>SPSS</u> (<u>S</u>tatistical <u>P</u>ackage for the <u>S</u>ocial <u>S</u>ciences) ist das mit Abstand weltweit am stärksten verbreitete System,[+] welches sich u.a. durch die folgenden Eigenschaften auszeichnet:
- einheitliche Kommandosprache zur Formulierung der Anforderungen,
- leichte Erlernbarkeit und
- leichte Handhabung im Hinblick auf eine beliebige Datenverarbeitungsanlage,[++]
  so daß der Anwender nur geringe anlagenspezifische Kenntnisse erwerben muß.

Die Leistungsfähigkeit des SPSS-Systems dokumentieren die folgenden abrufbaren Analyseverfahren:[+++]
- Häufigkeitsverteilungen und statistische Maßzahlen (FREQUENCIES, CONDESCRIPTIVE, AGGREGATE, BREAKDOWN, MULT RESPONSE),
- Erstellung von Reports (REPORT),
- mehrdimensionale Tabellen und Assoziationsmaße (CROSSTABS),
- Produktmoment-Korrelation (SCATTERGRAM, PEARSON CORR),
- Rang-Korrelation (NONPAR CORR),
- partielle Korrelation (PARTIAL CORR),
- Faktorenanalyse (FACTOR),
- Regressionsanalyse (NEW REGRESSION, REGRESSION),
- Diskriminanzanalyse (DISCRIMINANT),
- Varianzanalyse (BREAKDOWN, ONEWAY, T-TEST, ANOVA, MANOVA),
- kanonische Korrelationsanalyse (CANCORR),
- nichtparametrische Testverfahren (NPAR TESTS),

[+] Weitere wichtige Datenanalysesysteme sind BMDP, SAS und OSIRIS IV.
[++] SPSS ist an jedem deutschen Universitätsrechenzentrum vorhanden.
[+++] Die Namen in den Klammern sind die Schlüsselwörter, mit denen die jeweiligen Auswertungsverfahren vom SPSS-System abgerufen werden können.

- Itemanalyse (RELIABILITY),
- Skalogramm-Analyse nach Guttman (GUTTMAN SCALE),
- Analyse von Sterbetafeln (SURVIVAL) und
- Zeitreihenanalyse von ARIMA-Prozessen (BOX-JENKINS).[+]

Dieses Buch soll die grundlegenden Kenntnisse darüber vermitteln, welche Anforderungen man an das SPSS-System stellen kann und wie man sie in Form eines SPSS-Programms formulieren muß. Dabei werden wir uns in dieser Einführungsschrift auf die Darstellung der Auswertungsverfahren konzentrieren, welche durch die SPSS-Kommandos FREQUENCIES, CONDESCRIPTIVE, REPORT, BREAKDOWN, MULT RESPONSE, CROSSTABS, NONPAR CORR, SCATTERGRAM, PEARSON CORR und T-TEST abgerufen werden können.

Grundsätzlich dürfen wir beim Einsatz von SPSS nicht vergessen, daß jedes Problem zunächst <u>inhaltlich</u> genau beschrieben werden muß (z.B. Hypothesenformulierung), bevor ein geeignetes statistisches Auswertungsverfahren für das Problem ausgewählt werden darf. Nur in diesem Fall ist eine <u>problemadäquate Interpretation</u> der gewonnenen statistischen Kennwerte möglich.

1.4 Kodierung von Daten

Kodeplan

Damit das SPSS-System unsere erhobenen Daten verarbeiten kann, müssen wir sie EDV-gerecht aufbereiten. Dazu entwickeln wir zunächst einen <u>Kodeplan</u>, d.h. eine Vorschrift wie wir die einzelnen Merkmalsausprägungen verschlüsseln wollen. Dabei sollte man jeder Ausprägung möglichst einfach aufgebaute Werte zuweisen wie etwa vorzeichenlose ganze Zahlen. So legen wir z.B. fest, daß beim Item 2 ("Geschlecht") der Merkmalsausprägung "männlich" die Zahl 1 und "weiblich" die Zahl 2 zugeordnet werden soll. Insgesamt stellen wir für unsere ausgewählten Items (vgl. 1.2) den folgenden Kodeplan auf:

Itemnummer	Kurzbezeichnung	Merkmalsausprägungen	Kodierung
1	Jahrgangsstufe	11 12 ⟶ 13	1 2 3
2	Geschlecht	männlich ⟶ weiblich	1 2
6	Unterrichtsstunden	Stundenzahlen	keine Ver- schlüsselung
7	Hausaufgaben	keine Hausaufgaben weniger als 1/2 Std. 1/2 - 1 Std. 1 - 2 Std. ⟶ 2 - 3 Std. 3 - 4 Std. mehr als 4 Std.	1 2 3 4 5 6 7

[+] Ferner gibt es als Erweiterung in Form von SPSS GRAPHICS die Möglichkeit, mit Hilfe graphischer Verfahren Verteilungen und Funktionsverläufe darzustellen.

Itemnummer	Kurzbezeichnung	Merkmalsausprägungen	Kodierung
lo	Abschalten	stimmt ⟶	1
		stimmt nicht	2
14	Schulleistung	sehr gut ⟶ +4	9
		+3	8
		+2	7
16	Begabung	+1	6
		durchschnittlich ⟶ o ⟶	5
		-1	4
		-2	3
17	Lehrerurteil	-3	2
		sehr schlecht ⟶ -4	1
18	Indikator-Merkmal für die Antwort "daß ich in diesen Fächern leicht lerne"	Antwort angekreuzt ⟶ Antwort nicht angekreuzt	1 s.u. / o
⋮			
32	Indikator-Merkmal für die Antwort "daß ich im Unterricht viel mitarbeite"	Antwort angekreuzt ⟶ Antwort nicht angekreuzt	1 s.u. / o

Diese Zuordnungen der Werte zu den einzelnen Merkmalsausprägungen nennt man Kodierung
(Verschlüsselung). Um die spätere Verarbeitung zu vereinfachen, kodieren wir alle
Merkmalsausprägungen als numerische Werte, d.h. als Zahlen.
Durch die Zuordnungsvorschriften eines Kodeplans sollten verschiedene Ausprägungen
eines Merkmals stets auf verschiedene Werte abgebildet werden, damit man von den
Werten auf die Merkmalsausprägungen zurückschließen kann. Auch sollte man natürliche
Merkmalsausprägungen niemals verkomplizieren, indem man z.B. die angegebenen Stunden-
zahlen im Item 6 von Stunden in Minuten umrechnet. Besteht ferner eine Rangordnung
bei den Merkmalsausprägungen eines Items wie etwa beim Item 14, so sollte man diese
Beziehung durch die Verschlüsselung nicht verändern.

Kodierung von Mehrfachnennungen

Sind bei einer Frage Mehrfachnennungen, d.h. mehrere Antworten erlaubt, so muß man
dieses Merkmal für die Dateneingabe künstlich in eine geeignete Anzahl von Indikator-
Merkmalen zerlegen. Diese Indikatoren haben in der Regel jeweils zwei Werte, die ausdrücken, ob die entsprechende Antwort genannt ist oder nicht.

So sind in unserem Fragebogen Mehrfachnennungen bei der Frage "Worauf führen Sie Ihre
besseren Schulleistungen zurück?" (vgl. 1.2) zulässig. Die Antworten werden als Merkmalsausprägungen der Items 18 bis 32 verschlüsselt. Dabei wird jeweils entweder der
Wert 1 oder aber das Leerzeichen[+] in die Kodespalte eingetragen, falls die entsprechende Antwort "angekreuzt" bzw. "nicht angekreuzt" ist. Nach der Dateneingabe kann
man die 15 Indikator-Merkmale Item 18 bis Item 32 zusammenfassen und eine entsprechen-

---

[+] Bei der Eingabe numerischer Werte wird ein Leerzeichen (blank) vom SPSS-System
standardmäßig als o interpretiert. Will man die Ziffer o und das Leerzeichen
unterscheiden, so muß man das SPSS-Kommando RECODE mit dem Schlüsselwort BLANK
geeignet einsetzen (vgl. 3.7).

de Häufigkeitsverteilung ausdrucken lassen.[+)]

Missing Values

Bei der Entwicklung eines Fragebogens muß man stets gründlich überlegen, ob Antworten
der Form "weiß nicht", "keine Antwort" (Antwortverweigerung) oder "trifft nicht zu"
bei bestimmten Items möglich sind. Sollte dies der Fall sein, so sind diese Antwortkategorien als mögliche Merkmalsausprägungen im Fragebogen aufzuführen.[++)] Bei der
Kodierung muß man derartigen Ausprägungen dann gesonderte Werte zuordnen, die sich
von den regulären Werten prägnant unterscheiden (z.B. die Werte -1 oder auch o, falls
es sich nicht um Häufigkeiten handelt, bei denen der Wert o als reguläre Ausprägung
vorkommen darf).[+++)] Man sollte gegebenenfalls auch solche Werte wählen, die sich von
den regulären Werten auch schon optisch gut unterscheiden (etwa 99), da dies eine
evtl. erforderliche Fehlersuche oftmals sehr erleichtert.

Will man bei bestimmten Auswertungen die Merkmalsträger, welche bei einem Merkmal
einen derartigen gesonderten Wert besitzen, von der Verarbeitung ausschließen, so muß
man diesen Wert als _missing Value_ (fehlender Wert, auch "missing Data" genannt)
kennzeichnen.[++++)] Aus Gründen einer besseren Übersichtlichkeit und Durchschaubarkeit
der Datenanalyse sollte man für alle Merkmale möglichst dieselben Werte als missing
Values vergeben.

Bei unserem Fragebogen legen wir für die Fragen ohne Mehrfachnennungen fest, daß wir
den Wert o kodieren, falls eine Frage nicht beantwortet ist. Wollen wir bei den späteren Datenanalysen diejenigen Befragten ausschließen, die eine Frage nicht beantwortet
haben, so müssen wir folglich den Wert o als missing Value vereinbaren.

Datenmatrix

Nachdem wir die Merkmalsausprägungen unserer (Fragebogen-) Items nach den Angaben
unseres Kodeplans verschlüsselt haben, ordnen wir die Werte der 25o Merkmalsträger
in Form der folgenden, auf der nächsten Seite abgebildeten _Datenmatrix_ an (dieses
rechteckige Schema wird auch Datentabelle genannt).
Jede Zeile der Datenmatrix enthält die kodierten Daten eines Fragebogens. In dieser
Situation sprechen wir im folgenden von den Werten eines _Cases_ (Falles). In jeder
Kolumne (Tabellenspalte) der Datenmatrix sind die 25o Werte eines Items eingetragen.
Da 48 Items im Fragebogen erhoben wurden, erhalten wir folglich 48 Kolumnen. In einer
49. Kolumne fügen wir die Identifikationsnummern der Fragebögen als Werte der Cases
hinzu.

+) Diese Häufigkeitsverteilung wird durch das SPSS-Kommando MULT RESPONSE abgerufen (vgl. 4.6).
++) Kommt für ein Item nur eine dieser Kategorien als mögliche Merkmalsausprägung
   in Frage, so braucht sie nicht gesondert angegeben zu werden, da sie durch das
   Antwortverhalten "kein Kästchen angekreuzt" bestimmt wird.
+++) Diese Zuordnungsvorschrift sollte man auch bei der teilnehmenden Beobachtung und
   beim Experiment befolgen, sofern gewisse Beobachtungen bzw. Messungen nicht
   durchgeführt werden können.
++++) Dazu sind entsprechende Angaben im Kommando MISSING VALUES zu machen (vgl. 3.6).

Datenmatrix:

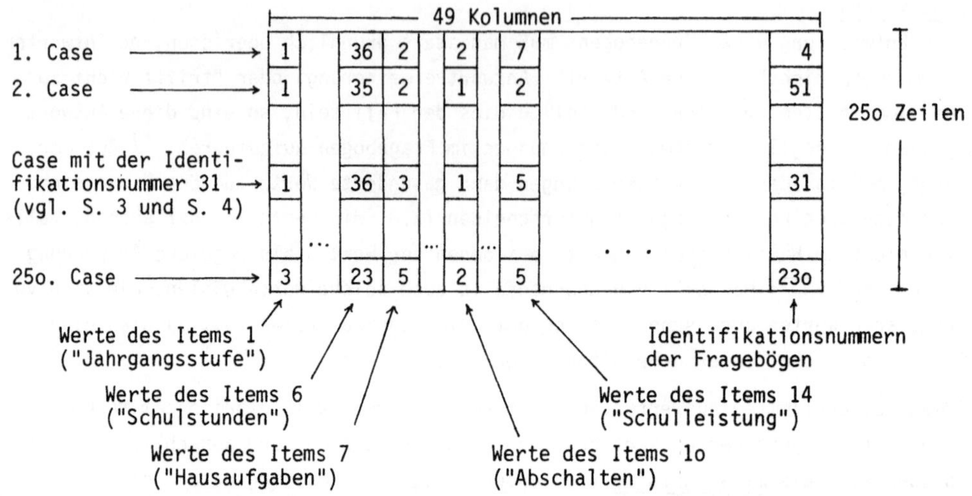

Generell kann man Datenanalysen nur dann mit dem SPSS-System durchführen, wenn man
die Daten in Form einer derartigen Datenmatrix anordnen kann, so daß in dem recht-
eckigen Schema jede durch Case und Kolumne bestimmte Position einen Wert enthält.

<u>Datenträger Lochkarte</u> .

Nachdem wir die erhobenen Daten nach den Vorschriften des Kodeplans verschlüsselt und
in Form der Datenmatrix angeordnet haben,[+] müssen wir diese Werte auf einen maschinell lesbaren Datenträger übertragen. Erst dann kann man sie über ein entsprechendes
Eingabe-Gerät in die Datenverarbeitungsanlage einlesen.

Als Datenträger wählen wir die <u>Lochkarte</u>,[++] auf welcher jeweils 8o Zeichen eingetragen werden können. Zur <u>Datenerfassung</u>, d.h. zur Übertragung der erhobenen Daten auf
den Datenträger Lochkarte benutzt man einen Kartenlocher, der mit einer Schreibtasta-
tur ausgestattet ist und jedes Zeichen automatisch auf eine spezielle Lochkombination
in jeweils einer Lochkartenspalte abbildet.

Die jeweilige Zuordnung eines Zeichens zur entsprechenden Lochkombination wird durch
einen standardisierten Lochkarten-Kode festgelegt (den der Anwender nicht zu kennen
braucht).

[+] In der Regel braucht man die Daten nicht gesondert in Form der Datenmatrix aufzu-
schreiben, um sie anschließend auf Lochkarten zu übertragen. Aus Gründen der Ar-
beitsersparnis und der Fehlerreduktion wird man nämlich die kodierten Werte direkt
in den Fragebogen eintragen, so daß man die Kodespalten des Fragebogens als Datenmatrix auffassen kann.

[++] Da die Datenerfassung heutzutage in der Regel an einem Bildschirmarbeitsplatz vorgenommen wird, schwindet die Bedeutung des Datenträgers Lochkarte. Jedoch sollte
man bei der Grundausbildung in der Datenverarbeitung nicht auf die Darstellung
dieses Datenträgers verzichten, weil die Lochkarte eine Anschaulichkeit ermöglicht,
die mit magnetischen Datenträgern nicht zu erzielen ist.

Für den Kode EBCDI, welcher bei den meisten Kartenlochern verwendet wird, gilt z.B.:

    Ziffer o   ————→   Lochung in Zeile o
    Ziffer 1   ————→   Lochung in Zeile 1
       ⋮   ⋮
    Ziffer 9   ————→   Lochung in Zeile 9
    Leerzeichen ␣   ————→   keine Lochung

So führt etwa die Ablochung der Werte des Cases mit der Identifikationsnummer 31 für
die Items, die im Fragebogenauszug (vgl. 1.2) enthalten sind, zu folgendem Ergebnis:

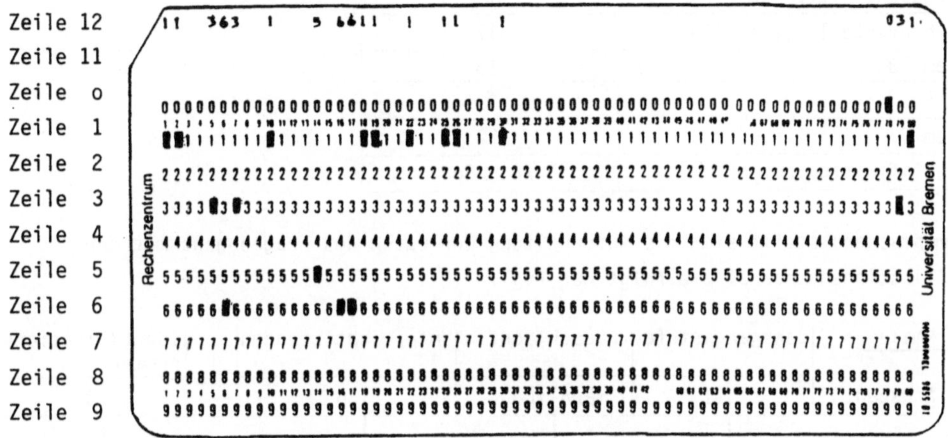

Spaltennummer: 1 ...   ... 8o

Da diese Erfassung auf einem Schreiblocher vorgenommen wurde (die meisten Kartenlocher sind Schreiblocher), wurde beim Stanzen gleichzeitig der obere Kartenrand
mit den kodierten Zeichen beschriftet.

Ablochvorschrift

Bevor die Werte einer Datenmatrix auf Lochkarten übertragen werden können, sind die
jeweiligen Spaltenbereiche festzulegen, in welche die Werte abgelocht werden sollen.
Bevor man diese <u>Ablochvorschriften</u> bestimmen kann, muß man sich zunächst überlegen,
ob alle Werte eines Cases auf <u>einer</u> Lochkarte untergebracht werden können. Sind nämlich
mehrere Lochkarten pro Case vorzusehen, so sollte auf jeder Karte neben einer Identifikationsnummer auch eine <u>Kartennummer</u> (für die jeweilige Kartenart) eingetragen werden, welche die Reihenfolge der zu einem Case gehörenden Lochkarten bestimmt.[+)]

Für unsere ausgewählten Items und die Identifikationsnummer legen wir die folgenden
Ablochvorschriften fest (vgl. 1.2):

[+)] Diese Kartennummern sollte man von vornherein an den entsprechenden Stellen im
Fragebogen mit abdrucken lassen. Nach der Datenerfassung sollte geprüft werden, ob
die Anzahl der Karten pro Case und die Reihenfolge der Karten für jeden Case
stimmig ist (s. dazu S. 5o).

Werte des Merkmals:	Lochkartenspalten:
"Jahrgangsstufe" (Item 1)	1
"Geschlecht" (Item 2)	2
"Unterrichtsstunden" (Item 6)	5 - 6
"Hausaufgaben" (Item 7)	7
"Abschalten" (Item 1o)	1o
"Schulleistung" (Item 14)	14
"Begabung" (Item 16)	16
"Lehrerurteil" (Item 17)	17
Item 18	18
⋮	⋮
Item 32	32
Identifikationsnummer	78 - 8o

$\longleftarrow$ +)

Zusammenfassend stellt sich die Aufbereitung der Daten des Fragebogens mit der
Identifikationsnummer 31 wie folgt dar (vgl. 1.2):

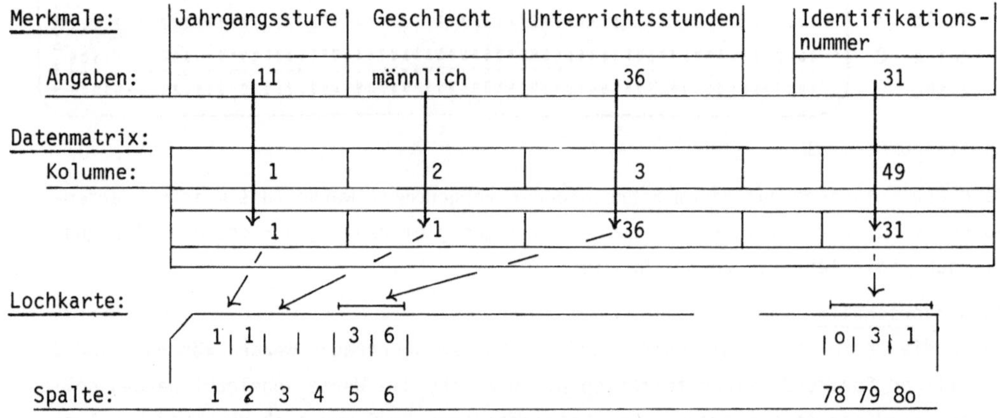

Erhebungs- und Erfassungsbeleg

Wir haben unseren Fragebogen (vgl. 1.2) so aufgebaut, daß wir nicht nur den zugehörigen Kodeplan, sondern auch die Ablochvorschriften in diesen Fragebogen integriert
haben. Dazu enthält die gesonderte Kästchenspalte, in welche die kodierten Werte eingetragen sind, die Nummern der Lochkartenspalten unter den einzelnen Kästchen. Dies
hat den Vorteil, daß der Fragebogen nicht nur als Erhebungsbeleg,[++] sondern gleichzeitig auch als Erfassungsbeleg dienen kann. Verzichtet man nämlich auf die Kästchen-

---

+) Beim Item 5, welches nicht im Fragebogenauszug (vgl. 1.2) aufgeführt ist, handelt
   es sich um eine offene Frage. Deren Antworten sind im Spaltenbereich 5o-51 und die
   Werte der Items 3 und 4 sind in den Spalten 3 und 4 erfaßt worden.
++) Neben Fragebögen sind auch Beobachtungsprotokolle und Ergebnislisten von Experi-
   menten Beispiele für Erhebungsbelege.

spalte, so müssen die Daten in ein spezielles Formular zur Datenerfassung, einen sog.
Ablochbeleg eingetragen werden, wobei es leicht zu Übertragungsfehlern kommen kann.
Um derartige Fehlermöglichkeiten auszuschließen, sollte man den Erhebungsbeleg gleich-
zeitig auch als Erfassungsbeleg gestalten.

Erfassungsfehler

Als mögliche Fehler bei der Datenerfassung sind u.a. zu nennen:

- falsche Übertragung von Werten,

- unvollständige Übertragung von Werten,

- doppelte Ablochung einer Karte,

- fehlende Karte für einen Case und

- falsche Reihenfolge der Karten, falls für einen Case mehrere Karten abzulochen sind.

Weil man derartige Erfassungsfehler leider nie ganz ausschalten kann, sollte man sich
eine Liste der erfaßten Daten ausgeben lassen [+] und darin nach Unregelmäßigkeiten
suchen. Dadurch kann man gewisse strukturelle Unstimmigkeiten auf Anhieb erkennen.
Darüberhinaus sollten auch sämtliche Möglichkeiten des SPSS-Systems genutzt werden,
um die Daten nach dem Einlesen auf ihre Richtigkeit hin zu überprüfen (vgl. 3.8).

Als Ergebnis der Erfassung erhalten wir in unserem Fall ein Kartenpaket von insgesamt
250 Lochkarten. Damit ist der erste Teil unserer Vorarbeit für die Datenanalyse erle-
digt. Die Daten sind EDV-gerecht aufbereitet, so daß sie über das Eingabe-Gerät
Lochkartenleser in die Datenverarbeitungsanlage eingelesen werden können.

Bevor wir uns näher mit der Dateneingabe und der nachfolgenden Datenanalyse durch das
SPSS-System befassen, wollen wir uns zunächst über das Meßniveau unserer Merkmale
Klarheit verschaffen.

1.5 Meßniveau der Merkmale

Die auf Lochkarten erfaßten Daten sind die Meßwerte, die an den befragten Schülern
als Merkmalsausprägungen der (Fragebogen-) Items erhoben wurden. So sind z.B. beim
Merkmalsträger, der den Fragebogen mit der Nummer 31 (vgl. 1.2) ausgefüllt hat, im
Item 2 die Merkmalsausprägung "männlich" und im Item 6 die Ausprägung "36" gemessen
worden. Im Gegensatz zu Item 2 sind die Werte des Items 6 bzgl. einer Ordnung vergleichbar und arithmetisch verknüpfbar, etwa durch Summen- und Differenzenbildung.

Generell hängt es vom Meßniveau der Merkmale ab, welche Art von Auswertungen wir mit
den Merkmalswerten durchführen können. Man unterscheidet drei wesentliche Arten von
Meßniveaus, für welche die folgenden hierarchischen Beziehungen gelten:

[+] Dazu muß ein Druckprogramm aufgerufen werden, welches auf jeder Datenverarbeitungsanlage vorhanden ist. Wie man dieses Programm einsetzt, wird dem Anwender von der
Programmberatung seines Rechenzentrums erläutert.

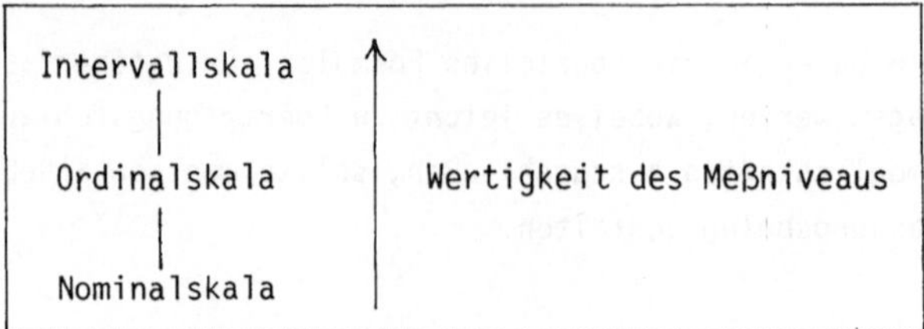

Dabei ist die Intervallskala das höchstwertige Meßniveau, und jedes Niveau hat die
Eigenschaften des in der Hierarchie darunter aufgeführten Niveaus.

Nominal- und Ordinalskalenniveau

Bei einem nominalskalierten Merkmal[+] legen die Merkmalsausprägungen eine Gruppenzu-
gehörigkeit fest (qualitative Klassifizierung). Nominal messen heißt also, die Merkmalsträger bestimmten Klassen zuzuordnen.

Beispiele für Nominalskalen sind bei unserem Fragebogen u.a. die Merkmale "Abschalten"
(Item 1o) und "Geschlecht" (Item 2). So werden nämlich durch die im Fragebogen auf-
geführten Merkmalsausprägungen des Items 2 die Merkmalsträger entweder der Gruppe der
Schüler oder aber der Gruppe der Schülerinnen zugeordnet.

Ein höheres als das nominale Meßniveau besitzt das Merkmal "Hausaufgaben" (Item 7).
Hier legen die Merkmalsausprägungen nicht nur eine Klassifizierung der Merkmalsträger
fest, sondern sie sind zudem noch geordnet bzgl. der Beziehung "weniger lang als"
(kurz: " < "). So gilt etwa "1-2 Std. am Tag" < "2-3 Std. am Tag" und "ich mache keine
Hausaufgaben" < "1/2 - 1 Std. am Tag".

Allgemein nennt man ein Merkmal dann eine Ordinalskala[+], falls die Merkmalsausprägungen geordnet und die Merkmalsträger entsprechend vergleichbar sind.

Das Merkmal "Hausaufgaben" ist folglich nicht nur nominal- sondern auch ordinalskaliert.

Intervallskalenniveau

Ein weiteres Beispiel für eine Ordinalskala stellt das Merkmal "Unterrichtsstunden"
(Item 6) dar. Zusätzlich zur vorliegenden Rangordnung können wir bei diesem Merkmal
ferner aus der Unterschiedlichkeit der einzelnen Merkmalsausprägungen auch eine Aussage über den Grad der Unterschiedlichkeit der jeweiligen Merkmalsträger ableiten.
Hat nämlich etwa Schüler A 33 Unterrichtsstunden, Schüler B 3o Stunden und Schüler C
36 Stunden, so ist der Unterschied zwischen A und B bzgl. der Unterrichtsstunden
genauso groß wie zwischen A und C.

Allgemein heißt ein Merkmal intervallskaliert[++] falls aus den Differenzen der Ausprägungen auf die Unterschiede zwischen den Merkmalsträgern geschlossen werden kann.

Bei dem Merkmal "Unterrichtsstunden" handelt es sich also um ein intervallskaliertes
Merkmal.

 +) Nominal- und Ordinalskalen nennt man auch nichtmetrische Skalen.
++) Eine Intervallskala nennt man auch metrische Skala.

Wären nun die ordinalskalierten Merkmale "Leistung" (Item 14), "Begabung" (Item 16)
und "Lehrerurteil" (Item 17) zusätzlich auch intervallskaliert, so müßten die Unterschiede in der Beurteilung zwischen zwei Schülern mit z.B. den Ausprägungen "+2" und
"o" gleich dem Unterschied sein, der durch die Ausprägungen "o" und "-2" ausgedrückt
wird. Dies ist sicherlich zu bezweifeln, und trotzdem unterstellt man in dieser
Situation sehr oft das Niveau einer Intervallskala.[+] Erst dann ist es nämlich sinnvoll, arithmetische Operationen mit den Merkmalsausprägungen durchzuführen, wie es
etwa bei der Bildung des arithmetischen Mittels erforderlich ist.

Für unsere (Fragebogen-) Items stellen wir die Meßniveaus in der folgenden Tabelle
zusammen:

Meßniveau	Item
Nominalskala	$1,^{++)}$ 2, 1o, 18, 19, ... , 32
Ordinalskala	7, 14, 16 und 17
Intervallskala	6

Diskrete und kontinuierliche Merkmale

Im Hinblick auf den Meßvorgang unterscheidet man bei intervallskalierten Merkmalen
die diskreten (discrete) und kontinuierlichen (continuous) Merkmale.

Bei diskreten Merkmalen sind nur ganz bestimmte Merkmalsausprägungen möglich. Diese
können exakt ermittelt werden und sind meistens durch Zählvorgänge bestimmt, wie z.B.
beim Merkmal "Unterrichtsstunden".

Bei kontinuierlichen Merkmalen (wie z.B. der Temperatur) kann theoretisch jeder Wert
in einem bestimmten Intervall als Meßwert auftreten, und eine Merkmalsausprägung wird
i. allg. nur als Näherungswert erhalten.

Konsequenzen

Die Ausführungen dieses Abschnitts werden insbesondere im Abschnitt 4.1 und im Kapitel
5 verwendet, um in Abhängigkeit vom Meßniveau darstellen zu können, welche Vertei-
lungsmaße zur Beschreibung der zentralen Tendenz und der Variabilität von Merkmalen
und welche Maßzahlen zur Kennzeichnung eines statistischen Zusammenhangs zwischen
Merkmalen berechnet werden dürfen. Diese Kenntnis ist entscheidend für den sinnvollen
Einsatz des SPSS-Systems, da dieses System auf eine entsprechende Anforderung hin für
jedes Merkmal jede abrufbare Maßzahl ermittelt. Entscheidend ist, daß man nur sinn-
volle Anforderungen im Hinblick auf die jeweiligen Meßniveaus der Merkmale stellt.
Insofern sollte man die Auswertungen niemals mechanisch betreiben, sondern sich stets
vorher damit auseinandersetzen, ob die Voraussetzungen zur Durchführung der jeweiligen
Datenanalysen auch erfüllt sind.

+) Als klassisches Beispiel für ein derartiges Vorgehen ist das Merkmal "Schulnote"
   zu nennen.
++) Wir betrachten nur den klassifikatorischen Aspekt bei der Diskussion des Skalen-
    niveaus von Item 1.

2. Das SPSS-Programm als Arbeitsauftrag an das SPSS-System

2.1 Ein SPSS-Programm zur Häufigkeitsauszählung

Das SPSS-Programm

Wir greifen die Fragestellung vom Abschnitt 1.3 auf und stellen uns die Aufgabe, die
Häufigkeitsverteilungen der Merkmale
- "Unterrichtsstunden" (Item 6, dessen Werte in den Lochkartenspalten 5-6 erfaßt sind),
- "Hausaufgaben" (Item 7 mit den Werten in Spalte 7),
- "Abschalten" (Item 1o mit den Werten in Spalte 1o) und
- "Schulleistung" (Item 14 mit den Werten in Spalte 14)

vom SPSS-System ermitteln zu lassen. Dazu formulieren wir unsere Anforderungen durch
das folgende SPSS-Programm:[+)]

```
↓Spalte 1        ↓Spalte 16
┌─────────────────────────────────────────────────────────────────────────┐
│ DATA LIST       FIXED VARoo6 5 - 6, VARoo7 7, VARo1o 1o, VARo14 14        │
│ READ INPUT DATA                                                          │
│   ⌐ Datenkarten mit den Werten der Datenmatrix                           │
│   L                                                                      │
│ END INPUT DATA                                                           │
│ FREQUENCIES     GENERAL = VARoo6, VARoo7, VARo1o, VARo14                  │
└─────────────────────────────────────────────────────────────────────────┘
```

Dieses Programm besteht aus den SPSS-Kommandos (commands)
- DATA LIST (zur Beschreibung der Datenübertragung),
- READ INPUT DATA (zur Einleitung der Daten),
- END INPUT DATA (zur Endekennung der Daten) und
- FREQUENCIES (zum Abruf der Häufigkeitsauszählungen),

welche auf jeweils einer Programmkarte abgelocht werden müssen.

Auf der ersten Programmkarte ist ab Spalte 1 der Kommandoname "DATA LIST" und ab
Spalte 16 die Zeichenfolge "FIXED VARoo6 5 - 6, VARoo7 7, VARo1o 1o, VARo14 14" ein-
zutragen. Die zweite Programmkarte muß in den ersten 15 Spalten den Kommandonamen
"READ INPUT DATA" enthalten. Es folgen die Datenkarten mit den Werten der Datenmatrix.
Hinter der letzten Datenkarte liegt die Programmkarte mit dem Kommandonamen
"END INPUT DATA", welcher in den ersten 14 Spalten abzulochen ist. Das SPSS-Programm
wird abgeschlossen durch die Karte mit dem Kommandonamen "FREQUENCIES"[++)]. Dieser Name
muß in den ersten 11 Spalten und die Zeichenfolge "GENERAL = VARoo6, VARoo7, VARo1o,
VARo14" ab Spalte 16 auf der Programmkarte eingetragen werden.

SPSS-file und Variablen

Mit dem Kommando DATA LIST (Datenliste) wird derjenige Ausschnitt der Datenmatrix
markiert, welcher für die nachfolgenden Datenanalysen bereitgestellt werden soll. Die
aus der Datenmatrix ausgewählten Kolumnen werden zu einem SPSS-file zusammengefaßt,

---

 +) Zur Notation der SPSS-Kommandos im Hinblick auf die Trennzeichen Komma und
    Leerzeichen s. Abschnitt 2.4.
++) Den eigentlichen Abschluß eines SPSS-Programms bildet das Kommando FINISH, welches
    vom SPSS-System am Programmende automatisch erzeugt wird, falls es nicht explizit
    aufgeführt ist.

welches im Speicher der Datenverarbeitungsanlage abgelegt (gespeichert) wird. Bei der
Ausführung unseres SPSS-Programms wird das SPSS-file folgendermaßen aufgebaut:

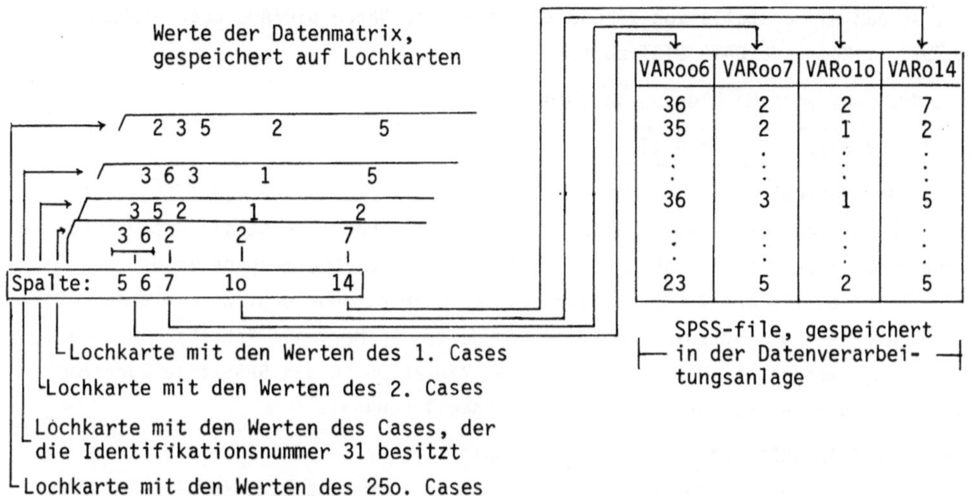

VARoo6	VARoo7	VARo1o	VARo14
36	2	2	7
35	2	1	2
:	:	:	:
36	3	1	5
:	:	:	:
23	5	2	5

So werden alle außerhalb der Spalten 5 - 6, 7, 1o und 14 eingetragenen Informationen
zwar mit eingelesen,[+] aber nicht gespeichert und sind daher anschließend auch nicht
mehr verfügbar.

Im Kommando DATA LIST wird mit dem Schlüsselwort[++] <u>FIXED</u> (fest) angezeigt, daß die
Werte eines Merkmals auf jeder Lochkarte stets im gleichen Spaltenbereich eingetragen
sind. So sind z.B. alle Werte des Merkmals "Unterrichtsstunden" (Item 6) auf allen
Lochkarten im Spaltenbereich 5 - 6 kodiert, der Wert des 1. Cases auf der 1. Karte,
der Wert des 2. Cases auf der 2. Karte usw.

Hinter dem Schlüsselwort FIXED legt die erste Markierungsangabe

<pre>
VARoo6 5 - 6
</pre>

fest, daß alle auf den Datenkarten im Spaltenbereich 5 - 6 eingetragenen Werte (das
sind die Werte des Merkmals "Unterrichtsstunden") in die erste Kolumne des SPSS-files
einzuspeichern sind, und daß anschließend die Gesamtheit dieser Werte über den Namen
VARoo6 für die Datenanalysen bereitgestellt werden können.

Die Gesamtheit der Werte, die in einer Kolumne des SPSS-files abgespeichert werden,
bezeichnet man als <u>Variable</u>, und den Namen, mit dem man auf die Werte einer Variablen
zugreifen kann, nennt man <u>Variablennamen</u>.

Damit wird "VARoo6" als Variablennamen vereinbart, mit welchem die Gesamtheit aller
Variablenwerte angesprochen werden kann, die in der ersten Kolumne des SPSS-files

---

+) Dies hat allein technische Gründe, weil stets der gesamte Lochkarteninhalt auf
    einmal übertragen wird.
++) Schlüsselwörter sind Sprachelemente, die bei den einzelnen SPSS-Kommandos eine
    bestimmte Bedeutung haben.

abgespeichert sind.

Innerhalb gewisser Einschränkungen (genauere Angaben s. 3.1) sind Variablennamen frei
wählbar, so daß wir anstelle von VARoo6 z.B. auch die Namen STDZAHL oder STUNZAHL oder
auch ANZSTD im Kommando DATA LIST aufführen könnten.

Über die drei weiteren Markierungsangaben

> VARoo7 7, VARo1o 1o, VARo14 14

wird folgendes festgelegt:

Der Name der zweiten Variablen im SPSS-file ist VARoo7 und benennt die Gesamtheit
aller Werte des Merkmals "Hausaufgaben", welche - vor der Übertragung in das
SPSS-file - in jeweils der 7. Spalte auf den Datenkarten abgelocht worden sind. Die
in der 1o. und 14. Lochkartenspalte kodierten Werte der Merkmale "Abschalten" und
"Schulleistung" werden als Werte der 3. und 4. Variablen in das SPSS-file übertragen
und sind durch die Variablennamen VARo1o und VARo14 benannt.[+)]

Die Kommandos READ INPUT DATA und END INPUT DATA

Die Eingabe der Daten wird durch die Ausführung des Kommandos READ INPUT DATA (Lies
Eingabedaten) veranlaßt. Daher muß die Programmkarte mit dem READ INPUT DATA=Komman-
do[++)] unmittelbar vor der ersten Datenkarte liegen.

Das Ende der Datenkarten wird durch die Programmkarte END INPUT DATA (Ende der Eingabedaten) angezeigt. Diese Karte muß somit direkt im Anschluß an die letzte Datenkarte
folgen.

Basis der Datenanalyse

Nach dem Einlesen der Daten liegt für die durchzuführenden Datenanalysen die folgende
Ausgangssituation vor:

	SPSS-file			
	VARoo6	VARoo7	VARo1o	VARo14
1. Case →	36	2	2	7
2. Case →	35	2	1	2
	⋮	⋮	⋮	⋮
Case mit der Iden- tifikationsnummer 31 →	36	3	1	5
	⋮	⋮	⋮	⋮
25o. Case →	23	5	2	5

Unser SPSS-file besteht aus den vier Variablen VARoo6, VARoo7, VARo1o und VARo14. Mit
Hilfe dieser Namen stellen wir die Variablenwerte für die Häufigkeitsauszählungen bereit, welche wir für unsere vier Merkmale vom SPSS-System abrufen wollen.

+) Durch die Wahl der Variablennamen dokumentieren wir die Spalte bzw. das Ende des
   Spaltenbereichs, in dem die Werte des jeweiligen Merkmals auf dem Datenträger
   kodiert sind. Bei einer größeren Anzahl von Variablen erleichtert dieses Vorgehen
   die Kontrolle der Korrespondenz zwischen den Variablennamen und den Spaltenbereichen, in denen die Werte der Datenmatrix abgelocht sind.
++) Als Bindeglied zwischen einem Kommandonamen (hier: "READ INPUT DATA") und dem Wort
   "Kommando" verwenden wir das Gleichheitszeichen "=" anstelle des Bindestrichs "-".

Häufigkeitsauszählung

Mit dem Kommando FREQUENCIES (Häufigkeiten) fordern wir eine Häufigkeitsauszählung für
diejenigen Variablen an, deren Namen im Anschluß an das Schlüsselwort GENERAL hinter
dem Gleichheitszeichen "=" angegeben sind.

Somit rufen wir durch das FREQUENCIES=Kommando

FREQUENCIES   GENERAL = VARoo6, VARoo7, VARolo, VARol14

Häufigkeitsauszählungen für die Werte der Variablen VARoo6, VARoo7, VARolo und VARo14
ab. Als Ergebnis dieser Auswertung erhalten wir für die Variable VARolo die folgende
Druckausgabe:

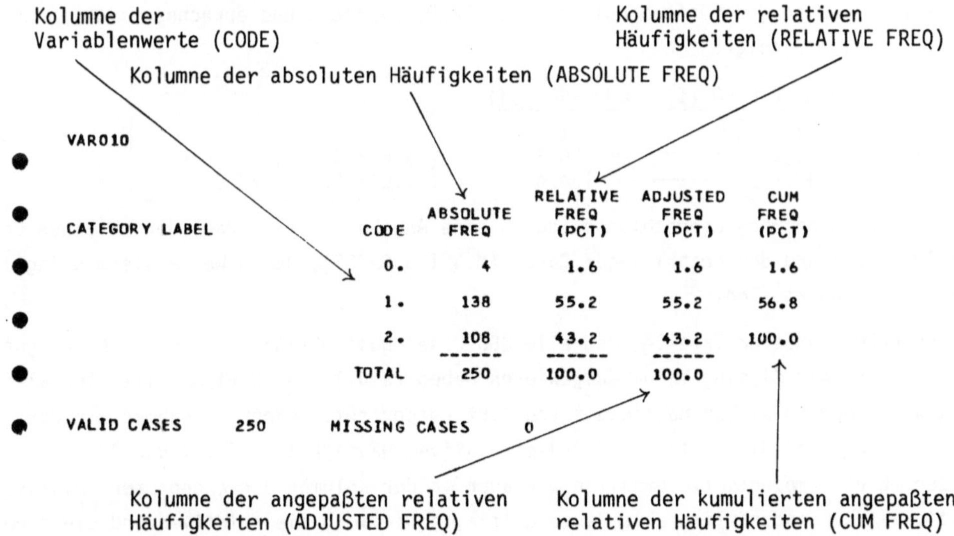

Die Ergebnisse der Häufigkeitsauszählung, die in Form von fünf Kolumnen (Tabellenspalten)präsentiert werden, sind mit dem Variablennamen VARolo überschrieben. In der
ersten Kolumne sind die auftretenden Variablenwerte (hier: o, 1 und 2) in aufsteigen-
der Reihenfolge ausgegeben.

In der nächsten Kolumne der absoluten Häufigkeiten (ABSOLUTE FREQ) wird für jeden
Variablenwert die Anzahl der Cases ausgedruckt, welche diesen Wert als Ausprägung
besitzen.

Die dritte Kolumne (RELATIVE FREQ) enthält die zugehörigen relativen Häufigkeiten.
Dabei wird die jeweilige absolute Häufigkeit durch die Anzahl aller Cases geteilt
und mit dem Faktor loo multipliziert, so daß die Ergebnisse als Prozentsätze (PCT)
ausgegeben werden.[+)]

+) Bei der Druckausgabe muß man besonders darauf achten, daß diese Werte - nach einer
   Rundung - mit nur einer Nachkommastelle protokolliert werden.

Bezieht man bei der Ermittlung der relativen Häufigkeiten die absoluten Häufigkeiten
nicht auf die Gesamtzahl aller Cases, sondern nur auf die <u>gültigen Cases</u> (VALID CASES)
- d.h. die Cases, deren Werte nicht als missing Values vereinbart sind (vgl. 3.6) -
so resultieren daraus die Werte in der vierten Kolumne (ADJUSTED FREQ) der <u>angepaßten</u>
<u>relativen Häufigkeiten.</u>

Bekanntlich erhält man kumulierte Häufigkeiten durch die Summation von Häufigkeiten,
und daher errechnet sich die <u>kumulierte angepaßte relative Häufigkeit</u> eines Variablen-
werts als die Summe der angepaßten relativen Häufigkeiten aller der Werte, welche
nicht als missing Values vereinbart sind und - bzgl. der Reihenfolge der Variablenwerte - nicht unter dem zugehörigen Variablenwert protokolliert sind.[+] Die ermittelten Werte sind in der fünften Kolumne (CUM FREQ) plaziert und errechnen sich in unserem Beispiel wie folgt:

```
 CODE    ADJUSTED FREQ (%)    CUM FREQ (%)
   o            1.6 ┐┌┐ ┌──────→   1.6
   1           55.2 │└┼─┼──────→  56.8      = ( 1.6 + 55.2 )
   2           43.2 ┘  └──────────→ loo.o   = ( 1.6 + 55.2 + 43.2 )
```

Die Druckausgabe wird abgeschlossen durch eine Angabe zu der Anzahl der gültigen Cases
(VALID CASES) und der Anzahl jener Cases (MISSING CASES), deren Werte als missing
Values vereinbart sind.

Wir entnehmen unserer Tabelle, daß alle 25o Cases gültig sind, da wir die Ausprägung
o noch nicht als missing Value ausgewiesen haben (s.u.). Der Wert o tritt viermal
auf, was einer relativen Häufigkeit von 1.6% entspricht. Ferner entnehmen wir der
Tabelle z.B., daß die Werte 1 und 2 die relativen Häufigkeiten 55.2% und 43.2% besitzen. Diese Prozentsätze erhalten wir auch in der Kolumne der angepaßten relativen
Häufigkeiten. Sind nämlich alle Cases gültig, so stimmen die relativen und die angepaßten relativen Häufigkeiten überein. Abschließend schauen wir in die letzte Kolumne
und interpretieren etwa den Wert 56.8 als den Prozentsatz, mit dem die Werte o oder 1
auftreten.

Die Ergebnisse der Häufigkeitsauszählung werden zwar übersichtlich präsentiert, jedoch
empfinden wir es bei der tabellarischen Darstellung als störend, daß wir bei der Interpretation wieder in unserem Kodeplan nachschauen müssen, um uns zu vergegenwärtigen,
daß wir mit dem Namen VARo1o das Merkmal "Abschalten" und mit den Werten 1 und 2 die
Ausprägungen "stimmt" bzw. "stimmt nicht" bezeichnen. Angenehmer wäre es, wenn man
die Lesbarkeit der Häufigkeitstabelle durch entsprechende zusätzliche Texteintragungen
erhöhen könnte. Diesen Komfort stellt das SPSS-System dadurch bereit, daß man Variab-
len- und Werteetiketten vereinbaren kann.
Werteetiketten können wir durch das Kommando VALUE LABELS (s. 3.5) festlegen. Die dadurch vereinbarten Etiketten werden dann in der gesonderten Kolumne "CATEGORY LABEL"

[+] Bei ordinalskalierten Merkmalen sind es die Werte, welche kleiner oder gleich dem
    betreffenden Variablenwert sind.

in der Häufigkeitstabelle ausgedruckt. In gleicher Weise können wir auch dem inhaltlich nichtssagenden Variablennamen VARo1o ein Variablenetikett wie z.B. "ABSCHALTEN"
mit dem Kommando VAR LABELS (s. 3.4) zuordnen, welches in der Häufigkeitstabelle
hinter dem Variablennamen ausgegeben wird.
Ferner wird in der Tabelle nicht dokumentiert, daß der Wert o als missing Value behandelt werden soll. Dies hätte zuvor durch das Kommando MISSING VALUES (s. 3.6) ver-
abredet werden müssen.

Wir haben jedoch bewußt auf diese zusätzlich abrufbaren Leistungen verzichtet, um
unser erstes SPSS-Programm so kurz wie möglich zu gestalten. Im Abschnitt 2.4 werden
wir ein entsprechend vervollständigtes Programm angeben.

2.2 Ablaufplan der Datenanalyse

Als Zusammenfassung der vorausgehenden Darstellungen skizzieren wir nun die Arbeits-
gänge, die zur Durchführung von Datenanalysen erforderlich sind. Dazu geben wir den
folgenden Ablaufplan an:

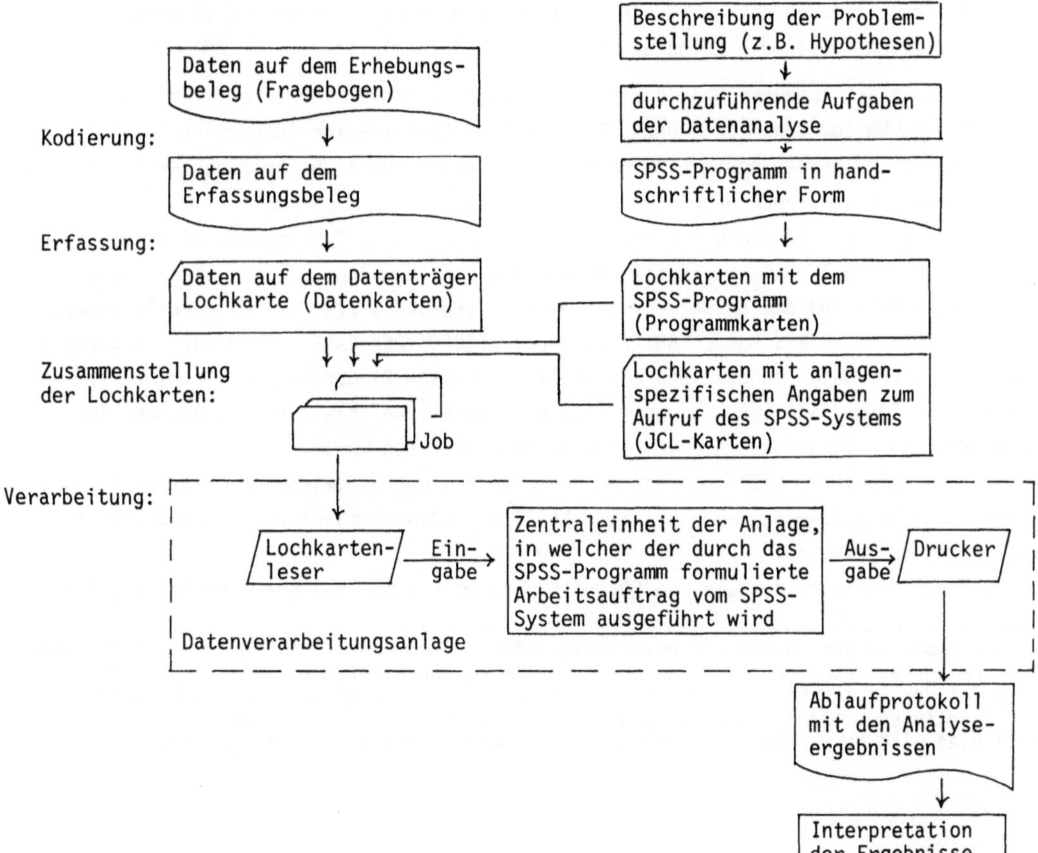

Nachdem wir die im Erhebungsbeleg enthaltenen Daten auf einen Erfassungsbeleg eingetragen haben[+], übertragen wir sie auf einen maschinell lesbaren Datenträger. Dazu
lochen wir die Daten am Kartenlocher ab. Das zugehörige Eingabe-Gerät für die Übertragung der Informationen ist dann der Lochkartenleser.

Für die Datenanalyse, welche wir mit dem SPSS-System durchführen wollen, müssen wir
unsere Anforderungen als SPSS-Programm formulieren. Dazu schreiben wir die einzelnen
SPSS-Kommandos wie z.B. DATA LIST, READ INPUT DATA, END INPUT DATA und FREQUENCIES auf
einem Erfassungsbeleg (wie etwa dem Ablochbeleg) auf und übertragen die Angaben zeilenweise auf jeweils eine Lochkarte.[++] Anschließend fügen wir die schon abgelochten
Datenkarten zwischen den Kommandos READ INPUT DATA und END INPUT DATA ein.
Dieses Kartenpaket ergänzen wir durch weitere Lochkarten, auf denen anlagenspezifische
Informationen (vgl. 2.3) eingetragen sind, zu einem <u>Job</u>, welcher über den Lochkartenleser eingelesen[+++] und innerhalb der Anlage bearbeitet wird. Durch den Job ist festgelegt, wie das SPSS-Programm als Arbeitsauftrag an das SPSS-System übergeben wird
und in welcher Form die Analyseergebnisse dem Anwender bereitgestellt werden. Nach der
Ausführung unseres SPSS-Programms erhalten wir am Jobende ein <u>Ablaufprotokoll</u>, welches
über den Drucker ausgegeben wird. In diesem Druckprotokoll werden die Druckausgaben
des SPSS-Systems durch die folgenden Mitteilungen eingeleitet (s. S. 23).

Zunächst wird der Anwender über die vorliegende Programmversion (hier: VERSION M,
RELEASE 9.o vom 1o. Juni 1981) und die aktuelle SPSS-Literatur informiert. Daran
schließen sich - an den geübten Anwender gerichtete - nützliche Angaben zur Aufteilung
des Datenspeichers (SPACE ALLOCATION) an (s. 6.3).
Es folgt die Protokollierung der Programmkarten unseres SPSS-Programms (mit vorausge-
hender Numerierung). Dabei wird hinter dem DATA LIST=Kommando die Anzahl der verein-
barten Variablen und die Anzahl der Datenkarten (records) pro Case mitgeteilt (hier:
"THE DATA LIST PROVIDES FOR 4 VARIABLES AND 1 RECORDS PER CASE"), und für den geübten
Anwender wird zusätzlich das intern ermittelte FORTRAN-Eingabeformat ("LIST OF THE
CONSTRUCTED FORMAT STATEMENT", vgl. 6.2) ausgedruckt, welches nach den Angaben im
Kommando DATA LIST automatisch vom SPSS-System berechnet wurde.
Hinter dem READ INPUT DATA=Kommando wird die Anzahl der eingelesenen Cases protokol-
liert. (Das im SPSS-Programm enthaltene END INPUT DATA=Kommando wird im Ablaufproto-
koll nicht aufgeführt.)
Es schließt sich eine Ausgabe zum FREQUENCIES=Kommando an, bei der eine Meldung über

---

+) Wie wir wissen, dient ein gut entwickelter Fragebogen selbst schon als Erfassungsbeleg, so daß Erhebungs- und Erfassungsbeleg übereinstimmen.
++) Bei der Eintragung der SPSS-Kommandos auf Lochkarten müssen bestimmte Ablochkon-
   ventionen eingehalten werden, welche wir im Abschnitt 2.4 angeben.
+++) Dies wird in der Regel vom Bediener der Anlage (Operator) durchgeführt.

die Größe des Workspace (vgl. 6.3) erfolgt.[+] Daran schließen sich die Druckausgaben der durch das Kommando FREQUENCIES abgerufenen Tabellen mit den Häufigkeitsauszählungen der Variablen VARoo6, VARoo7, VARolo und VARo14 an (zum Ausdruck der Tabelle für die Variable VARolo s. S. 19).

Anfang der Druckausgabe des SPSS-Systems:

```
                         ++)
SPSS BATCH SYSTEM                                                    06/27/83       PAGE    1

SPSS FOR OS/360, VERSION M, RELEASE 9.0, JUNE 10, 1981

                                    CURRENT DOCUMENTATION FOR THE SPSS BATCH SYSTEM
ORDER FROM MCGRAW-HILL:  SPSS, 2ND ED. (PRINCIPAL TEXT)         ORDER FROM SPSS INC.:  SPSS STATISTICAL ALGORITHMS
                        SPSS UPDATE 7-9 (USE W/SPSS,2ND FOR REL. 7, 8, 9)           KEYWORDS: THE SPSS INC. NEWSLETTER
                        SPSS POCKET GUIDE, RELEASE 9
                        SPSS PRIMER (BRIEF INTRO TO SPSS)


DEFAULT SPACE ALLOCATION..      ALLOWS FOR..    128 TRANSFORMATIONS
WORKSPACE        89600 BYTES                    512 RECODE VALUES + LAG VARIABLES
TRANSPACE        12800 BYTES                   2048 IF/COMPUTE OPERATIONS

           1 DATA LIST        FIXED VAR006 5-6, VAR007 7, VAR010 10, VAR014 14

THE DATA LIST PROVIDES FOR   4 VARIABLES AND  1 RECORDS ('CARDS') PER CASE. A MAXIMUM OF   14 COLUMNS ARE USED ON A RECORD.

LIST OF THE CONSTRUCTED FORMAT STATEMENT..
        (4X,F2.0,F1.0,2X,F1.0,3X,F1.0)

           2 READ INPUT DATA

AFTER READING    250 CASES FROM SUBFILE NONAME  ,  END OF DATA WAS ENCOUNTERED ON LOGICAL UNIT # 5




SPSS BATCH SYSTEM                                                    06/27/83       PAGE    2


           3 FREQUENCIES     GENERAL = VAR006, VAR007, VAR010, VAR014
GIVEN WORKSPACE ALLOWS FOR   6400 VALUES AND   1920 LABELS PER VARIABLE FOR 'FREQUENCIES'
```

+) Standardmäßig steht für die Ausführung des Kommandos FREQUENCIES ein Workspace zur Verfügung, welcher für Auswertungen mit maximal 64oo Werten (VALUES) und 192o Werteetiketten (LABELS) ausreicht.

++) Beim Batchbetrieb (Stapelbetrieb) wird der Arbeitsauftrag an die Datenverarbeitungsanlage als Gesamtauftrag formuliert. Eine andere Betriebsform ist der Dialogbetrieb (s. S. 18o), bei dem die Anforderungen nach und nach im Wechsel von "Frage und Antwort" an einem Terminal gestellt werden.

2.3 Jobaufbau

Zur Ausführung unseres SPSS-Programms müssen die Programm- und die Datenkarten durch JCL-Karten (Karten mit den Anweisungen der Job Control Language) zu einem Job ergänzt werden. Diese sind abhängig von der benutzten Datenverarbeitungsanlage und richten sich an das zugehörige Betriebssystem.[+)]

In der Regel ist ein Job folgendermaßen strukturiert:[++)]

```
I Jobanfangskarte
I JCL-Karten zum Aufruf des SPSS-Systems          |
I SPSS-Programmkarten (inkl. Datenkarten)     Job-Karten
I Jobendekarte
```

Eingabe der Daten von Lochkarten

Bei der Benutzung der Datenverarbeitungsanlage SIEMENS 7.88o [+++)] mit dem Betriebssystem BS 3ooo leiten wir unseren Job mit der Jobanfangskarte

```
//A2oA$  JOB  PASSWORD=GEHEIM,USER=A2oA
```

ein und weisen uns mit der Benutzernummer A2oA und dem Paßwort GEHEIM gegenüber dem Betriebssystem aus. Mit den beiden JCL-Karten

```
// EXEC SPSS
//SYSIN DD *
```

teilen wir dem Betriebssystem mit, daß es das SPSS-System in den Hauptspeicher der Datenverarbeitungsanlage übertragen und bei dessen Ausführung unsere SPSS-Programmkarten zur Eingabe bereitstellen soll.[++++)]

Zum Abschluß des Jobs kodieren wir die Jobendekarte

```
//
```

und folglich stellt sich der Job zur Ausführung unseres SPSS-Programms folgendermaßen dar:

```
//A2oA$  JOB  PASSWORD=GEHEIM,USER=A2oA
// EXEC SPSS
//SYSIN DD *
DATA LIST        FIXED VARoo6 5 - 6, VARoo7 7, VARolo lo, VARol4 14 I
READ INPUT DATA                                                      | SPSS-Programm-
 I Datenkarten                                                       | karten (inkl.
END INPUT DATA                                                       | Datenkarten)
FREQUENCIES      GENERAL = VARoo6, VARoo7, VARolo, VARol4            I
//
```

+) Das Betriebssystem ist ein Programm, welches alle Vorgänge in der Datenverarbeitungsanlage steuert und kontrolliert. Alle Anforderungen, die man in einem Job an das Betriebssystem stellt, muß man auf JCL-Karten eintragen.

++) Jedes Rechenzentrum stellt in der Regel den Ausdruck der für die betreffende Anlage benötigten JCL-Karten als Rezept bereit.

+++) Die folgenden anlagebezogenen Darstellungen gelten auch für IBM-Anlagen.

++++) Die zur Ausführung des SPSS-Systems erforderlichen Betriebsmittel werden durch die JCL-Karten-Prozedur SPSS - aufgerufen durch EXEC - angefordert (vgl. A.4).

In diesem Job haben wir unsere Datenkarten mit den Werten der Datenmatrix zwischen den
Programmkarten READ INPUT DATA und END INPUT DATA plaziert. Diese Form der Dateneingabe ist sehr zeitaufwendig wegen der verhältnismäßig geringen Lesegeschwindigkeit
der Lochkartenleser und zudem mit einem hohen Verschleißrisiko für die Datenkarten
verbunden.
Insofern sollte man die auf Lochkarten erfaßten Daten auf einem magnetischen Datenträger wie etwa der <u>Magnetplatte</u> abspeichern (s. 6.8.1).

<u>Eingabe der Daten von einer Magnetplatten-Datei (INPUT MEDIUM)</u>
Bei der Datenübertragung vom Datenträger Lochkarte auf die Magnetplatte werden jeweils
8o Zeichen, die auf einer Lochkarte kodiert sind, in einem <u>Datensatz</u> (record) abgelegt. Die Gesamtheit dieser Datensätze wird zu einer <u>Magnetplatten-Datei</u> zusammengefaßt. Diese wird durch einen Dateinamen gekennzeichnet, über welchen man auf die in
der Datei enthaltenen Informationen zugreifen kann.

Sind unsere Daten in der Magnetplatten-Datei "A2oA.SPSS.DATA" abgespeichert[+], so
können wir die Datenkarten mit den Werten der Datenmatrix aus unserem Job entfernen
und dabei die folgende Vereinfachung vornehmen:

```
//A2oA$  JOB   PASSWORD=GEHEIM,USER=A2oA
// EXEC SPSS,INFILE='A2oA.SPSS.DATA'
//SYSIN DD *
DATA LIST        FIXED VARoo6 5 - 6, VARoo7 7, VARo1o 1o, VARo14 14
INPUT MEDIUM     DISK
FREQUENCIES      GENERAL = VARoo6, VARoo7, VARo1o, VARo14
//
```

Im SPSS-Programm tragen wir also anstelle von

```
READ INPUT DATA
  Datenkarten mit den Werten der Datenmatrix
END INPUT DATA
```

das SPSS-Kommando <u>INPUT MEDIUM</u> (Eingabemedium) in der Form

```
INPUT MEDIUM    DISK
```

ein, in welchem mit dem Schlüsselwort <u>DISK</u> (Magnetplatte) auf eine Magnetplatten-Datei verwiesen wird. Den Namen dieser Datei, in welcher unsere Daten abgespeichert
sind, geben wir beim Aufruf der JCL-Karten-Prozedur SPSS in der Form

```
// EXEC SPSS,INFILE='A2oA.SPSS.DATA'
```

an (vgl. Anhang A.4).

Im folgenden gehen wir stets davon aus, daß die Werte unserer Datenmatrix in der Magnetplatten-Datei "A2oA.SPSS.DATA" eingetragen sind, so daß wir für die Dateneingabe
stets das Kommando INPUT MEDIUM mit dem Schlüsselwort DISK kodieren werden.

+) Wie man die Übertragung von Lochkarten in die Magnetplatten-Datei "A2oA.SPSS.DATA"
   durchführt, geben wir im Abschnitt 6.8.1 an.

2.4 Aufbau eines SPSS-Programms

Programm-Struktur

Nachdem wir ein erstes SPSS-Programm angegeben und dessen Ausführung kennengelernt
haben, wollen wir uns jetzt mit dem grundsätzlichen Aufbau von SPSS-Programmen ver-
traut machen.

Die Gliederung unseres Beispielprogramms in der Form

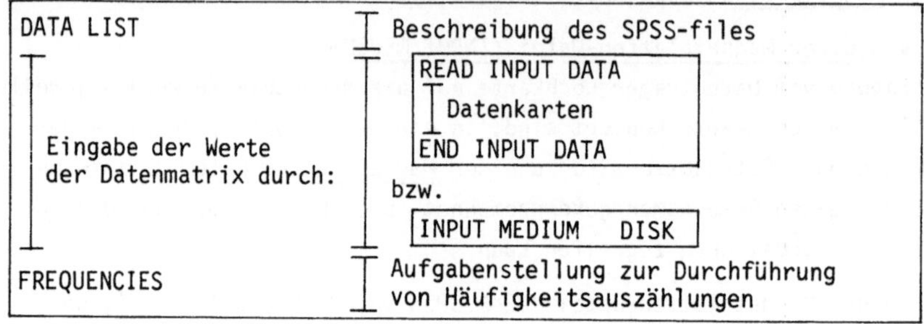

ist abgeleitet aus der folgenden allgemeinen Struktur eines SPSS-Programms:

Zur Demonstration dieses Programmschemas erweitern wir unser erstes Beispielprogramm
(vgl. 2.1) und kodieren:

```
\Spalte 1        \Spalte 16
DATA LIST         FIXED VARoo6 5 - 6, VARoo7 7, VARo1o 1o, VARo14 14  ⌐
VAR LABELS        VARoo6 UNTERRICHTSSTUNDEN/                          |
                  VARoo7 HAUSAUFGABEN/                                |
                  VARo1o ABSCHALTEN/                                  |
                  VARo14 SCHULLEISTUNG                                |
VALUE LABELS      VARoo7                                              |
                  (1)KEINE HAUSAUFGABEN                               |
                  (2)WENIGER ALS o.5 STD.                             |
                  (3)o.5 - 1 STD.                                     |
                  (4)1 - 2 STD.                                       |
                  (5)2 - 3 STD.                               Beschreibung
                  (6)3 - 4 STD.                               des SPSS-files
                  (7)MEHR ALS 4 STD.                                  |
VALUE LABELS      VARo1o                                              |
                  (1)STIMMT                                           |
                  (2)STIMMT NICHT                                     |
VALUE LABELS      VARo14                                              |
                  (1)SEHR SCHLECHT                                    |
                  (5)DURCHSCHNITTLICH                                 |
                  (9)SEHR GUT                                         |
MISSING VALUES    VARoo7, VARo1o ( o )                                ⌐
INPUT MEDIUM      DISK                                       Eingabe
FREQUENCIES       GENERAL = VARoo6, VARoo7, VARo1o, VARo14   Aufgabenstellung
```

Ergänzend zu unserem ersten Programm (vgl. 2.1) werden jetzt in die ausgedruckten
Häufigkeitstabellen auch die Variablenetiketten (vereinbart durch VAR LABELS, vgl.
3.4) und die Werteetiketten(vereinbart durch VALUE LABELS, vgl. 3.5) eingetragen,
und es wird bei den Variablen VARoo7 und VARo1o der Wert o als missing Value (vereinbart durch MISSING VALUES, vgl. 3.6) erkannt und entsprechend verrechnet.

Das SPSS-file wird hier nicht nur durch das Kommando DATA LIST sondern auch durch
die Kommandos VAR LABELS, VALUE LABELS und MISSING VALUES beschrieben. Die Werte
der Datenmatrix werden aus einer Magnetplatten-Datei eingelesen, da das Kommando
INPUT MEDIUM mit dem Schlüsselwort DISK kodiert ist. Die Aufgabenstellung ist wiederum durch das Kommando FREQUENCIES spezifiziert.

Struktur eines SPSS-Kommandos

Als Beispiele für SPSS-Kommandos haben wir bereits DATA LIST, VAR LABELS, VALUE
LABELS, MISSING VALUES, READ INPUT DATA, END INPUT DATA und FREQUENCIES eingesetzt
und dabei in unseren beiden Beispielprogrammen eine bestimmte Ablochkonvention eingehalten.

Grundsätzlich müssen die Angaben für jedes SPSS-Kommando stets so erfolgen:

Spalte 1   Spalte 16   Spalte 8o
↓   ↓   ↓

| Kommandoname   zugehörige Spezifikationen |

Jedes SPSS-Kommando wird durch einen speziellen <u>Kommandonamen</u> (Kontrollwort) wie z.B.
DATA LIST oder FREQUENCIES eingeleitet, welcher stets in der ersten Spalte beginnen
muß. Die zu einem Kommandonamen gehörigen Zusatzangaben - Spezifikationen genannt -
dürfen erst ab Spalte 16 eingetragen werden. Das sog. <u>Spezifikationsfeld</u> reicht somit
von Spalte 16 bis Spalte 8o.[+] Kommt man mit einer Lochkarte für die anzugebenden
Spezifikationen nicht aus, so muß man die restlichen Angaben auf <u>Fortsetzungskarten</u>
machen, bei denen der Bereich von Spalte 1 - 15 nur aus Leerzeichen bestehen darf.

Struktur des Spezifikationsfeldes und Trennzeichen

Generell unterscheidet man die folgenden Arten von möglichen Spezifikationen:
- Namen wie z.B. Variablennamen,
- Werte wie etwa die Zahlen 1 oder 1.5,
- Schlüsselwörter wie z.B. das Wort GENERAL,
- Operationszeichen wie das Gleichheitszeichen "=" und
- Etiketten wie etwa den Text "UNTERRICHTSSTUNDEN".

Jeweils zwei dieser Elemente müssen durch ein oder mehrere <u>allgemeine Trennzeichen</u>
gegeneinander abgegrenzt werden. Zu den allgemeinen Trennzeichen zählen das Komma
"," und das Leerzeichen "⎵" (Zwischenraum).

+) Das Spezifikationsfeld kann auf den Bereich von Spalte 16 bis Spalte 72 durch das
   Kommando NUMBERED eingegrenzt werden (vgl. 6.1.1).

Oftmals muß die Trennung von Spezifikationen auch durch eines der drei <u>speziellen</u> <u>Trennzeichen</u> "(", ")" oder "/" vorgenommen werden. Dies wird durch die Beschreibung der Kommando-Struktur (Syntax) festgelegt, welche wir für die von uns eingesetzten SPSS-Kommandos in den folgenden Abschnitten kennenlernen werden.

So haben wir z.B. bei der Kodierung des VAR LABELS=Kommandos in unserem Programm auf S. 26 das spezielle Trennzeichen "/" in der folgenden Form verwendet:

```
VAR LABELS       VARoo6 UNTERRICHTSSTUNDEN/
                 VARoo7 HAUSAUFGABEN/
                 VARo1o ABSCHALTEN/
                 VARo14 SCHULLEISTUNG
```

Bei der Angabe des VALUE LABELS=Kommandos in der Form

```
VALUE LABELS     VARo1o
                 (1)STIMMT
                 (2)STIMMT NICHT
```

haben wir die beiden speziellen Trennzeichen "(" und ")" kodiert.

In den Abschnitten 3.4 und 3.5 werden wir darstellen, wie die Kommandos VAR LABELS und VALUE LABELS aufgebaut sind und an welchen Stellen diese Trennzeichen plaziert werden müssen.

Sind bei einem SPSS-Kommando keine speziellen Trennzeichen vorgeschrieben, so darf man zur Trennung der Spezifikationswerte beliebige allgemeine Trennzeichen verwenden.

So hätten wir z.B. für das in unseren Beispielprogrammen angegebene DATA LIST=Kommando in der Form

```
DATA LIST        FIXED VARoo6 5 - 6, VARoo7 7, VARo1o 1o, VARo14 14
```

auch

```
DATA LIST        FIXED,
                 VARoo6, 5 - 6, VARoo7, 7, VARo1o, 1o,
                 VARo14, 14
```

oder auch

```
DATA LIST        FIXED
                 VARoo6 5 - 6 VARoo7 7 VARo1o 1o
                 VARo14 14
```

kodieren dürfen.

Das oben aufgeführte VAR LABELS=Kommando haben wir auf drei, das anschließend angegebene VALUE LABELS=Kommando und die beiden zuletzt kodierten DATA LIST=Kommandos auf jeweils zwei Lochkarten fortgesetzt.

Grundsätzlich darf man ein SPSS-Kommando auf beliebig vielen Karten fortsetzen.[+)]

+) Dabei dürfen Namen, Werte und Schlüsselwörter niemals (über eine Kartengrenze hinweg) getrennt werden. Anders ist es bei den Etiketten, die man auf einer Karte beginnen und auf der nächsten (ab Spalte 16) fortsetzen kann. Die restlichen Leerzeichen auf der ersten Karte sind signifikant, d.h. sie gehören mit zum Etikett.

3. Vereinbarung und Beschreibung des SPSS-files

Nachdem wir im vorigen Kapitel den Aufbau eines SPSS-Programms an Beispielen kennengelernt haben, wollen wir in diesem Kapitel wichtige SPSS-Kommandos zur Vereinbarung und Beschreibung eines SPSS-files erläutern.

3.1 Dateneingabe (DATA LIST)

Bevor die Daten der Datenmatrix, die auf dem maschinell lesbaren Datenträger Lochkarte erfaßt sind, vom Datenanalysesystem SPSS verarbeitet werden können, müssen sie zunächst in die Datenverarbeitungsanlage eingelesen und in der Form eines SPSS-files abgespeichert werden. Die Übertragung in das SPSS-file wird durch das Kommando
DATA LIST (Datenliste) in der Form[+)]

DATA LIST   FIXED name1 spn1 [- spn2] [name2 spn3 [- spn4]] ...

festgelegt.

Bei unserem Beispielprogramm in 2.1 haben wir das Kommando

DATA LIST   FIXED VARoo6 5 - 6, VARoo7 7, VARo1o 1o, VARo14 14

kodiert, welches sich als der Spezialfall

DATA LIST   FIXED name1 spn1 - spn2, name2 spn3, name3 spn4, name4 spn5

aus der o.a. allgemeinen Form des DATA LIST=Kommandos ableitet. Die Platzhalter
"name1" bis "name4" haben wir dabei durch die Namen VARoo6, VARoo7, VARo1o und VARo14
ersetzt. Hinter dem Variablennamen VARoo6 geben wir einen Spaltenbereich der Form
"spn1 - spn2" an[++)], indem wir für "spn1" und "spn2" die konkreten Werte 5 und 6 eintragen, und für die Namen VARoo7, VARo1o und VARo14 ersetzen wir die Platzhalter
"spn3", "spn4" und "spn5" für die jeweiligen Spaltennummern durch die konkreten Spaltennummern 7, 1o und 14.

Variablennamen

Allgemein dürfen die Namen, welche für die Platzhalter "name1", "name2" usw. eingetragen werden können, aus bis zu 8 Zeichen langen Kombinationen von Buchstaben und Ziffern bestehen.[+++)] Jeder Name muß mit einem Buchstaben eingeleitet werden.

Anstelle der von uns gewählten Namen VARoo6, VARoo7, VARo1o und VARo14 hätten wir beispielsweise auch die Namen STDZAHL, HAUSAUFG, ABSCHALT und LEISTUNG angeben können.

  +) Die in sog. Optionalklammern "[" und "]" eingeschlossenen Ausdrücke dürfen angegeben werden oder auch fehlen. Durch die drei Punkte "..." hinter dem Zeichen
 "]" wird angedeutet, daß der eingeklammerte Ausdruck beliebig oft aufgeführt
 werden darf. Die Zeichenfolge "spn" soll das Wort "Spaltennummer" abkürzen und
 als Platzhalter für eine ganze Zahl fungieren.
 ++) Bei der Lochkarteneingabe dürfen für die Platzhalter der Spaltennummern nur Werte
 zwischen 1 und 8o eingetragen werden.
+++) Die folgenden Schlüsselwörter haben eine feststehende Bedeutung und dürfen daher
 nicht verwendet werden:
 ABS, ALL, AND, ATAN, BY, CASWGT, COS, EQ, EXP, GE, GT, LE, LG1o, LN, LT, MOD1o,
 NE, NORMAL, NOT, OR, RND, SEQNUM, SIN, SQRT, SUBFILE, TO, TRUNC, UNIFORM, WITH.

Jeder im DATA LIST=Kommando aufgeführte Name bezeichnet eine Variable, d.h. eine
Kolumne des SPSS-files (vgl. 2.1), so daß wir im folgenden stets von einem Variablennamen sprechen wollen.

Werden in die Variablen bei der Dateneingabe numerische Werte (Zahlen) übertragen -
so wie es bei unserer Untersuchung der Fall ist - so spricht man von <u>numerischen</u>
Variablen.

Der erste im DATA LIST=Kommando angegebene Variablenname bezeichnet die erste Variable
des SPSS-files, der zweite Variablenname die zweite Variable usw., so daß jedes SPSS-
file die folgende Struktur besitzt:

		SPSS-file	
	name1	name2	. . .
1. Case	Werte der	Werte der	
2. Case	Variablen	Variablen	
letzter Case	name1	name2	. . .

1. Variable   2. Variable

Durch das Kommando DATA LIST werden folglich die Anzahl, die Reihenfolge und die
Namen der Variablen des SPSS-files vereinbart.[+)]

<u>Eingabe ganzzahliger Werte</u>

Welche Daten in welche Variablen übertragen werden sollen, wird durch die Angabe der
Variablennamen und der Spaltenbereiche bzw. der einzelnen Spalten im DATA LIST=Komman-
do in der Form

name spn1 [- spn2]

beschrieben. Will man hinter dem Variablennamen "name" keinen Spaltenbereich sondern
nur eine einzige Spalte angeben, so kodiert man

name spn1

und legt damit fest, daß der Inhalt der Lochkartenspalte "spn1" als Wert der Variablen
"name" übernommen werden soll.

Sind die Werte im Bereich von Spalte "spn1" bis "spn2" abgelocht, so muß man

name spn1 - spn2

angeben.[++)]

Folglich wird durch das DATA LIST=Kommando

DATA LIST   FIXED VARoo6 5 - 6, VARoo7 7, VARo1o 1o, VARo14 14

+) Es dürfen maximal 1ooo Variablen definiert werden.
++) Ganzzahlige Werte sollten aus maximal sieben Ziffern bestehen, weil Zahlen mit mehr
    Stellen intern i.a. nicht exakt dargestellt werden können, so daß ein derartiger
    eingelesener Wert von dem gespeicherten Wert verschieden sein kann.

insgesamt festgelegt, daß der Variablen VARoo6 die Werte zugewiesen werden, die zwei-
spaltig in den Spalten 5 und 6 abgelocht sind. Die Werte in den Spalten 7, 1o und 14
werden den Variablen VARoo7, VARo1o und VARo14 - in dieser Reihenfolge - zugeordnet.

Eingabe von Leerzeichen

Sind in einer Spalte oder in einem Spaltenbereich Leerzeichen eingetragen, so werden
diese Zeichen bei der Zuweisung an numerische Variablen standardmäßig als o interpretiert.

Mit Hilfe des Kommandos RECODE mit dem Schlüsselwort BLANK (vgl. 3.7) kann man den
Wert o und das Leerzeichen bei der numerischen Dateneingabe unterscheiden.

Variablenliste

Sind die zu übertragenden Werte in gleichlangen und benachbarten Spaltenbereichen eingetragen, so darf man abkürzend den Gesamtbereich und davor die Liste der zu verein-
barenden Variablennamen in der Form

```
name1 [ name2 ] ... spn1 - spn2
```

wie z.B.

```
VARoo1, VARoo2 1 - 2
```

angeben.

Im folgenden nennen wir eine derartige Reihung von Variablennamen eine Variablenliste,
und wir schreiben abkürzend: +)

```
variablenliste spn1 - spn2
```

So können wir etwa durch das Kommando

```
DATA LIST        FIXED VARoo1, VARoo2 1 - 2, VARoo6 5 - 6, VARo18, VARo19, VARo2o,
                 VARo21, VARo22, VARo23, VARo24, VARo25, VARo26, VARo27,
                 VARo28, VARo29, VARo3o, VARo31, VARo32 18 - 32
```

ein SPSS-file mit achtzehn Variablen aufbauen, wobei die Zuordnung so erfolgt:

Variablennamen:	VARoo1	VARoo2	VARoo6	VARo18	VARo19		VARo31	VARo32
Lochkartenspalten:	1	2	5 - 6	18	19	. . .	31	32

Inklusive Variablenlisten

Die Angaben im Spezifikationsfeld dieses DATA LIST=Kommandos kann man durch

```
DATA LIST        FIXED VARoo1, VARoo2 1 - 2, VARoo6 5 - 6, VARo18 TO VARo32 18 - 32
```

abkürzen, indem man eine inklusive Variablenliste der Form

```
name1 TO name2
```

+) Als Spezialfall darf eine Variablenliste auch nur aus einem einzigen Variablennamen bestehen.

wie etwa

> VARo18 TO VARo32

verwendet.

Eine inklusive Variablenliste hat die Eigenschaft, daß der Anfang des ersten Variablennamens "name1" nur aus Buchstaben und das Ende nur aus Ziffern bestehen darf. Der hinter dem Schlüsselwort TO angegebene Variablenname "name2" muß mit derselben Buchstabenfolge beginnen und wieder mit einer Ziffernfolge enden, deren numerischer Wert größer als derjenige Wert der Ziffernfolge im Variablennamen "name1" ist.
Von den durch eine derartige inklusive Variablenliste vereinbarten Variablen erhält die erste Variable den Namen "name1" und die letzte den Namen "name2". Alle anderen tragen Variablennamen, welche mit der (charakteristischen) Buchstabenfolge beginnen und mit einer Ziffernfolge enden, deren numerischer Wert zwischen den festgelegten Anfangs- und Endwerten liegt.
Die Ziffernfolgen von Anfangs- und Endwert brauchen nicht stets die gleiche Länge zu besitzen.

So ist es z.B. erlaubt, die Variablen ITEM9, ITEM1o, ITEM11 und ITEM12 mit Hilfe der inklusiven Variablenliste

> ITEM9 TO ITEM12

zu definieren.

Grundsätzlich dürfen alle Variablennamen nur einmal im Kommando DATA LIST aufgeführt werden, unabhängig davon, ob sie explizit oder durch eine inklusive Variablenliste implizit vereinbart sind.

Eingabe nicht ganzzahliger Werte
Ist die Ziffernfolge eines Spaltenbereichs als nicht ganzzahliger Wert zu interpretieren, so muß man im DATA LIST=Kommando eine entsprechende Angabe machen. Dazu muß man festlegen, wie viele der am weitesten rechts kodierten Ziffern des Spaltenbereichs als Nachkommastellen aufgefaßt werden sollen. Bezeichnet man diese Anzahl durch den Platzhalter "dezzahl", so ist diese Vereinbarung in der Form

> variablenliste spn1 [- spn2] (dezzahl)

vorzunehmen.[+)]

Wäre etwa das wöchentliche Taschengeld erhoben und in den Lochkartenspalten 61 bis 65 so eingetragen worden, daß die beiden letzten Ziffern die Nachkommastellen darstellen, so müßte dies durch die Kodierung von

> TASCHENG 61 - 65 (2)

+) Ist ein nicht ganzzahliger Wert mit Dezimalpunkt im Spaltenbereich erfaßt worden, so braucht die Nachkommastellenzahl nicht angegeben zu werden, da die erforderliche Interpretation automatisch erfolgt.

beschrieben werden. Dann würde etwa für die im Spaltenbereich 61 - 65 eingetragene
Ziffernfolge "oo75o" die Zahl 7.5o als Wert interpretiert und in die Variable
TASCHENG eingetragen werden.

Mehrere Lochkarten pro Case

Bei unserer Untersuchung (vgl. 1.4) reicht eine Lochkarte aus, um die Werte eines
Cases zu erfassen.

In vielen Fällen benötigt man jedoch mehr als 8o Spalten, d.h. mehr als eine Lochkarte, um die Merkmalsausprägungen eines Cases zu kodieren. In dieser Situation muß
man mit Folgekarten arbeiten. Dazu ist auf jeder Karte neben einer Identifikationsnummer für den Case auch eine entsprechende Kartennummer einzutragen, damit man nach
dem Einlesen der Daten überprüfen kann, ob für jeden Case alle Folgekarten in der
richtigen Reihenfolge bereitgestellt waren.

Wieviele Lochkarten pro Case eingelesen werden sollen, muß man im Kommando DATA LIST
hinter dem Schlüsselwort FIXED in der Form

```
FIXED ( anzahl )
```

kodieren, und die Angaben zur m-ten Karte sind durch die Eintragung[+)]

```
/ m
```

einzuleiten, so daß sich als allgemeine Form des DATA LIST=Kommandos das folgende
Schema ergibt: [++)]

```
DATA LIST        FIXED [( anzahl )]
                      [/ m1] variablenliste1 spn1[ - spn2] [( dezzahl1 )]
                            [variablenliste2 spn3[ - spn4] [( dezzahl2 )]] ...
                   [[/ m2] variablenliste3 spn5[ - spn6] [( dezzahl3 )]
                            [variablenliste4 spn7[ - spn8] [( dezzahl4 )]] ...] ...
```

Alle Angaben für die Übertragung der Werte einer Lochkarte müssen vor denen der darauf
folgenden Karte gemacht werden, so daß man die Ablage der Daten auf der 1. Karte eines
Cases zuerst beschreiben muß, die Ablage auf der zweiten Karte daran anschließend usw.

Nach diesen Regeln entspricht das DATA LIST=Kommando in unseren Beispielprogrammen
(vgl. 2.1 und 2.4) der folgenden ausführlichen Formulierung:

```
DATA LIST        FIXED ( 1 ) / 1 VARoo6 5 - 6, VARoo7 7, VARo1o 1o, VARo14 14
```

Alphanumerische Variablen und alphanumerische Werte

Bislang haben wir allein die Dateneingabe von numerischen Werten dargestellt.

Mit dem SPSS-System kann man auch alphanumerische Werte, d.h. Texte in Variablen übertragen. Diese Werte dürfen aus maximal 4 Zeichen bestehen, und im Kommando DATA LIST

+) Das Zeichen "m" fungiert als Platzhalter für eine ganze Zahl, welche angibt, um
   die wievielte Lochkarte es sich handelt.
++) Werden pro Case mehrere Karten eingelesen, so muß die Gesamtzahl der Karten ohne
    Rest durch die Anzahl der Cases teilbar sein, da sonst die Dateneingabe mit einer
    Fehlermeldung abgebrochen wird.

muß hinter der zugehörigen Längenangabe für den Spaltenbereich die Markierungsangabe "(A)" eingetragen werden.

Nach dem Einlesen alphanumerischer Werte darf man natürlich mit diesen Werten keine numerischen Berechnungen durchführen, indem man etwa eine Summe bildet. Allerdings ist es z.B. sinnvoll, die Häufigkeitsverteilung einer derartigen alphanumerischen Variablen ermitteln zu lassen.

Hätten wir etwa das Merkmal "Geschlecht" (Item 2 des Fragebogens, vgl. 1.2 und 1.4) nicht mit den numerischen Werten 1 und 2 sondern mit den alphanumerischen Werten "M" (für "männlich") und "W" (für "weiblich") verschlüsselt, so müßten wir

```
DATA LIST        FIXED VARoo1 1, VARoo2 2 ( A )
```

kodieren, falls wir Häufigkeitsauszählungen für die Merkmale "Jahrgangsstufe" (Item 1) und "Geschlecht" abrufen wollten.

Anstelle dieses DATA LIST=Kommandos ist die Kodierung von

```
DATA LIST        FIXED VARoo1, VARoo2 1 - 2 ( A )
```

nicht sinnvoll, da sich die Markierungsangabe "(A)" jetzt auch auf die Variable VARoo1 bezieht, so daß VARoo1 - unbeabsichtigt - ebenfalls als alphanumerische Variable vereinbart wird.

3.2 Kennzeichnung von Variablen (PRINT FORMATS)

Vereinbarung alphanumerischer Variablen

Mit dem Kommando

```
DATA LIST        FIXED VARoo1 1, VARoo2 2 ( A )
```

wird festgelegt, daß das Zeichen in der ersten Lochkartenspalte als numerischer und das Zeichen in der zweiten Spalte als alphanumerischer Wert interpretiert werden soll. Daß es sich bei VARoo2 um eine alphanumerische Variable handelt, wird durch das DATA LIST=Kommando nicht automatisch festgelegt. Dazu muß eine gesonderte Kennzeichnung mit dem Kommando PRINT FORMATS (Druckformate) in der Form

```
PRINT FORMATS  variablenliste1 ( wert1 )[ / variablenliste2 ( wert2 )] ...
```

erfolgen, wobei man hinter der Variablenliste für den Platzhalter "wert" die Markierungsangabe "A" - als Abkürzung für "alphanumerisch" - anzugeben hat.[+)]

Um nach der Dateneingabe VARoo2 als alphanumerische Variable zu kennzeichnen, müssen wir folglich kodieren:

```
PRINT FORMATS  VARoo2 ( A )
```

+) Bei numerischen Variablen muß das PRINT FORMATS=Kommando nur dann kodiert werden, wenn man die standardmäßige Voreinstellung für die Druckausgabe der Nachkommastellen verändern will (s. S. 35).

Reflexive Variablenlisten

Wie die allgemeine Form des PRINT FORMATS=Kommandos zeigt, darf man vor der Markierungsangabe mit dem Platzhalter "wert" nicht nur einen einzigen Variablennamen sondern
eine Variablenliste aufführen.

In der besonderen Situation, daß nämlich einige Variablennamen direkt aufeinanderfol-
gende Variablen des SPSS-files bezeichnen, kann man die ausführliche Nennung aller
Variablennamen durch die Kodierung einer reflexiven Variablenliste mit dem Schlüssel-
Wort TO in der Form

> name1 TO name2

abkürzen. Durch diese Angabe sind die Variablen "name1" und "name2" und alle Variablen des SPSS-files benannt, welche zwischen "name1" und "name2" abgespeichert sind.

```
├─────────────────── SPSS-file ───────────────────┤
┌──────────┬────────┬────────┬────────┬───────────┐
│          │ name1  │        │ name2  │           │
│   . . .  │        │  . . . │        │   . . .   │
└──────────┴────────┴────────┴────────┴───────────┘
           ├──── name1 TO name2 ────┤
```

Für den Fall, daß man sämtliche Variablen des SPSS-files benennen will, darf man abkürzend das Schlüsselwort ALL angeben.[+)]

Vereinbarung der Nachkommastellenzahl

Mit dem Kommando PRINT FORMATS kann man nicht nur alphanumerische Variablen vereinbaren, sondern darüberhinaus für numerische Variablen auch die Anzahl der Nachkommastellen festlegen, mit denen Variablenwerte bei der Ausführung der Kommandos
FREQUENCIES und LIST CASES (vgl. 3.8) ausgedruckt werden sollen.

So vereinbaren wir z.B. durch das Kommando

> PRINT FORMATS   VARoo1 (o)

daß die Werte der Variablen VARoo1 ganzzahlig ausgegeben werden sollen. Diese Verab-
redung ist nicht erforderlich, weil für jede numerische Variable der Wert o voreingestellt ist, d.h. es werden keine Nachkommastellen ausgedruckt. Eine Angabe im PRINT
FORMATS=Kommando muß somit immer nur dann erfolgen, falls Werte nicht ganzzahliger
Variablen ausgegeben werden sollen.

Mehrere Kennzeichnungen

Wollten wir etwa die durch

> DATA LIST   FIXED VARoo1 1, VARoo2 2 (A), TASCHENG 61 - 65 (2)

vereinbarten Variablen für eine nachfolgende Häufigkeitsauszählung und der damit zu-

---

+) Werden im Anschluß an ein Kommando mit dem Schlüsselwort ALL neue Variablen zum
   SPSS-file hinzugefügt (etwa durch das Kommando COMPUTE, vgl. 3.7), so gelten die
   getroffenen Vereinbarungen nicht für diese neuen sondern nur für die Variablen,
   die schon im SPSS-file enthalten waren.

sammenhängenden Druckausgabe - abgerufen durch das Kommando FREQUENCIES - entsprechend kennzeichnen, so müßten wir

```
PRINT FORMATS  VARoo2 ( A ) / TASCHENG ( 2 )
```

oder ausführlich

```
PRINT FORMATS  VARoo1 ( o ) / VARoo2 ( A ) / TASCHENG ( 2 )
```

oder auch

```
PRINT FORMATS  VARoo2 ( A )
PRINT FORMATS  VARoo1 ( o ) / TASCHENG ( 2 )
```

angeben. In einem SPSS-Programm dürfen nämlich beliebig viele PRINT FORMATS=Kommandos kodiert werden, und in jedem Kommando darf man mehrere Vereinbarungen treffen, welche jeweils durch das spezielle Trennzeichen Schrägstrich "/" voneinander abzugrenzen sind. Die Kennzeichnung einer Variablen durch das PRINT FORMATS=Kommando ist solange gültig, bis sie durch ein nachfolgendes PRINT FORMATS=Kommando abgeändert wird.

3.3 Benennung des SPSS-files (FILE NAME)

Zur Dokumentation der Druckausgabe kann man für das SPSS-file einen geeigneten Namen durch das Kommando <u>FILE NAME</u> (Dateiname) in der Form

```
FILE NAME        filename [ etikett ]
```

festlegen und dadurch den implizit vergebenen Namen <u>NONAME</u> überschreiben.
Als Namen darf man eine maximal 8 Zeichen lange Zeichenkette aus Buchstaben und Ziffern kodieren, welche durch einen Buchstaben eingeleitet werden muß.
Zur Dokumentation kann man außerdem ein maximal 64 Zeichen langes Etikett[+] (label) aufführen, welches im SPSS-file abgespeichert und bei der Druckausgabe zusammen mit dem Namen des SPSS-files protokolliert wird.

Wollen wir unser SPSS-file etwa durch den Namen NGO benennen (vgl. 1.2) und ihm das Etikett "NEUGESTALTETE GYMNASIALE OBERSTUFE" zuordnen, so müssen wir unser SPSS-Programm folgendermaßen formulieren:[++]

```
FILE NAME       NGO NEUGESTALTETE GYMNASIALE OBERSTUFE
DATA LIST       FIXED VARoo6 5 - 6, VARoo7 7, VARo1o 1o, VARo14 14
INPUT MEDIUM    DISK
FREQUENCIES     GENERAL = VARoo6, VARoo7, VARo1o, VARo14
```

+) Ein Etikett darf bis auf die speziellen Trennzeichen "(", ")" und "/" sämtliche
   darstellbaren Zeichen enthalten.
++) Zur Stellung des FILE NAME=Kommandos innerhalb eines SPSS-Programms s. Anhang A.1.

3.4 Etikettierung von Variablen (VAR LABELS)

In unserem Beispielprogramm (vgl. 2.1) haben wir durch das Kommando DATA LIST die
Variablen unseres SPSS-files durch die inhaltlich nichtssagenden Namen VARoo6, VARoo7,
VARo1o und VARo14 vereinbart. Die in diesen Namen angegebenen Nummern beschreiben
dabei entweder die Position der Lochkartenspalte oder das Ende des Spaltenbereichs,
in welchem die jeweiligen Werte auf den Lochkarten abgespeichert sind. Diese Bezeich-
nung erleichtert zwar die Vereinbarung des SPSS-files, erschwert jedoch die Lesbarkeit der Druckausgabe, weil man i. allg. immer wieder im Kodeplan (vgl. 1.4) nach-
schlagen muß, um sich über die Korrespondenz zwischen Merkmal und Variablennamen zu
informieren.

Die Lesbarkeit der Druckausgabe kann man durch den Einsatz des Kommandos VAR LABELS
(Variablenetiketten) verbessern, welches in der folgenden Form angegeben werden muß:

```
VAR LABELS        variablenname1 etikett1 [ / variablenname2 etikett2 ] ...
```

Dadurch kann man jedem Variablennamen ein maximal 4o Zeichen langes Etikett[+] zuordnen,
welches im SPSS-file abgespeichert und bei der Auswertung zusammen mit dem Variablennamen ins Ablaufprotokoll eingetragen wird. Mehrere Zuordnungen in einem VAR LABELS=
Kommando müssen durch das spezielle Trennzeichen "/" voneinander abgegrenzt werden.

Z.B. haben wir in unserem zweiten Beispielprogramm (vgl. S. 26) die folgende
Etikettierung durchgeführt:

```
VAR LABELS        VARoo6 UNTERRICHTSSTUNDEN/
                  VARoo7 HAUSAUFGABEN/
                  VARo1o ABSCHALTEN/
                  VARo14 SCHULLEISTUNG
```

Anstelle dieses einen Kommandos hätten wir die Zuordnungen auch durch vier VAR LABELS=
Kommandos in der Form

```
VAR LABELS        VARoo6 UNTERRICHTSSTUNDEN
VAR LABELS        VARoo7 HAUSAUFGABEN
VAR LABELS        VARo1o ABSCHALTEN
VAR LABELS        VARo14 SCHULLEISTUNG
```

vornehmen können.

3.5 Etikettierung von Werten (VALUE LABELS)

Nicht nur bei der Ausgabe von Variablennamen sondern auch bei der Protokollierung von
Werten (s. die vom FREQUENCIES=Kommando erzeugte Druckausgabe) ist es wichtig, die
Lesbarkeit der Ausgabeinformationen zu verbessern. Die durch den Kodeplan erzwungene
Umwandlung der meist "sprechenden" Merkmalsausprägungen des Fragebogens in i. allg.
nichtssagende numerische Werte sollte bei der Druckausgabe wieder rückgängig gemacht
werden können, indem nicht die Werte sondern gewisse diesen Werten zugeordnete Texte

---

+) Ein Etikett darf bis auf die speziellen Trennzeichen "(", ")" und "/" sämtliche
   darstellbaren Zeichen enthalten.

ausgegeben werden. Diese Forderung wird vom SPSS-System durch das Kommando <u>VALUE</u>
<u>LABELS</u> (Werteetiketten) in der Form

```
VALUE LABELS    variablenliste1 ( wert1 ) etikett1 [( wert2 ) etikett2] ...
                [/ variablenliste2 ( wert3 ) etikett3 [( wert4 ) etikett4] ...] ...
```

unterstützt. Dabei kann jede Variablenliste aus einer oder mehreren Variablen bestehen, welche gegebenenfalls durch reflexive Variablenlisten vereinbart sind.
Die Angaben hinter einer Variablenliste in der Form[+)]

```
( wert1 ) etikett1 [( wert2 ) etikett2] ...
```

gelten für alle Variablen, die in dieser Variablenliste explizit oder implizit aufgeführt sind.
Jedes Etikett[++)], welches aus maximal 2o Zeichen bestehen darf, wird zusammen mit dem
davor in Klammern angegebenen Wert im SPSS-file abgespeichert und bei der Druckausgabe zusammen mit oder stellvertretend für diesen Wert protokolliert.

Für jede Variablenliste dürfen beliebig viele Zuordnungen getroffen werden, und die
Vereinbarungen für verschiedene Variablenlisten müssen durch das spezielle Trennzeichen "/" voneinander abgegrenzt werden.

In unserem Beispielprogramm (vgl. S. 26) haben wir die Etiketten für die Werte der
Variablen VARoo7, VARo1o und VARo14 durch die folgenden Kommandos vereinbart:[+++)]

```
VALUE LABELS    VARoo7
                (1)KEINE HAUSAUFGABEN
                (2)WENIGER ALS o.5 STD.  ←──────────────── ++++)
                (3)o.5 - 1 STD.
                (4)1 - 2 STD.
                (5)2 - 3 STD.
                (6)3 - 4 STD.
                (7)MEHR ALS 4 STD.
VALUE LABELS    VARo1o
                (1)STIMMT
                (2)STIMMT NICHT
VALUE LABELS    VARo14
                (1)SEHR SCHLECHT
                (5)DURCHSCHNITTLICH
                (9)SEHR GUT
```

Diese drei VALUE LABELS=Kommandos hätten wir auch in der Form

```
VALUE LABELS    VARoo7 (1)KEINE HAUSAUFGABEN (2)WENIGER ALS o.5 STD. (3)o.5 - 1 STD.
                (4)1 - 2 STD. (5)2 - 3 STD. (6)3 - 4 STD. (7)MEHR ALS 4 STD. /
                VARo1o (1)STIMMT (2)STIMMT NICHT / VARo14 (1)SEHR SCHLECHT
                (5)DURCHSCHNITTLICH (9)SEHR GUT
```

zusammenfassen können - mit dem Nachteil der Unübersichtlichkeit.

─────────────────────

   +) Alphanumerische Werte müssen durch Hochkommata (') eingeschlossen sein.
  ++) Ein Etikett darf nicht die speziellen Trennzeichen "(", ")" und "/" enthalten.
 +++) Da die numerischen Werte von VARoo6 die Stundenzahlen selbst darstellen, erüb-
      rigt sich für VARoo6 eine Vereinbarung durch das Kommando VALUE LABELS.
++++) Da ein Etikett nicht das spezielle Trennzeichen "/" enthalten darf, können wir
      nicht "1/2 STD." sondern müssen "o.5 STD." schreiben.

3.6 Vereinbarung von missing Values (MISSING VALUES)

Für unseren Fragebogen haben wir festgelegt, daß für eine nicht beantwortete Frage
der Wert o kodiert wird (vgl. 1.4). Sollen bei einer Auswertung diejenigen Cases,
für welche die zu analysierenden Variablen diesen gesonderten Wert besitzen, nicht
berücksichtigt werden, so muß dieser Wert als <u>missing Value</u> ausgewiesen werden. Dazu
sind entsprechende Angaben in einem <u>MISSING VALUES=Kommando</u> in der Form

> MISSING VALUES variablenlistel (wertelistel)[/ variablenliste2 (werteliste2)]...

zu machen.[+)]

Jede Variablenliste kann aus einer oder mehreren Variablen bestehen, die gegebenenfalls in Form reflexiver Variablenlisten vereinbart sind.[++)] Die in einer Werteliste
enthaltenen Angaben - eingeklammert durch "(" und ")" - legen die missing Values für
alle in der vorausgehenden Variablenliste explizit oder implizit aufgeführten Variablen fest.

Will man in einem MISSING VALUES=Kommando derartige Vereinbarungen für mehrere
Variablenlisten treffen, so muß man sie durch den Schrägstrich "/" voneinander trennen.

In unserem SPSS-Programm (vgl. 2.4) haben wir durch die Angabe von

> MISSING VALUES VARoo7, VARo1o (o)

festgelegt, daß der Wert o bei den Variablen VARoo7 und VARo1o in den nachfolgenden
Datenanalysen als missing Value behandelt wird.

Allgemein dürfen in einer <u>Werteliste</u> nicht nur ein sondern <u>bis zu drei</u> Werte eingetragen sein, so daß man in bestimmten Fällen z.B. die Werte für die Antwortkategorien
"keine Antwort", "weiß nicht" und "trifft nicht zu" allesamt als missing Values deklarieren kann. Damit sind Angaben der Form

> (wert) bzw. (wert1, wert2) bzw. (wert1, wert2, wert3)

als Eintragung hinter einer Variablenliste möglich.[+++)]

Das Schlüsselwort THRU

In vielen Fällen - etwa beim Messen quantitativer Variablen - ist es u.U. erforderlich,
ein gesamtes Werteintervall von einer Auswertung auszuschließen, so daß nicht nur einzelne Werte sondern alle möglichen Werte zwischen etwa "wert1" und "wert2" (mit Einschluß dieser beiden Werte) als missing Values zu deklarieren sind. Diese Situation
muß durch die Angabe von

> (wert1 THRU wert2)

 +) Die Anzahl der Cases mit derartigen missing Values wird in der Druckausgabe für
    jede Auswertung gesondert ausgewiesen.
++) Alle aufgeführten Variablen müssen Bestandteil des SPSS-files sein. Gibt man an-
    stelle einer Variablenliste das Schlüsselwort ALL an, so werden die Festlegungen
    nur für die Variablen getroffen, die durch Kommandos, welche vor dem MISSING
    VALUES=Kommando angegeben sind, als Variablen des SPSS-files vereinbart wurden.
+++) Alphanumerische Werte müssen durch Hochkommata (') eingeschlossen werden.

mit Hilfe des Schlüsselwortes THRU gekennzeichnet werden.
Neben einem Werteintervall darf man noch einen weiteren Wert in der Form

```
( wert1 THRU wert2, wert3 )
```

als missing Value vereinbaren.

Die Schlüsselwörter LOWEST und HIGHEST

Will man bei einer Auswertung alle Werte ausschließen, die kleiner oder gleich "wert2" sind, so muß man die Untergrenze durch das Schlüsselwort LOWEST in der Form

```
( LOWEST THRU wert2 )
```

kodieren, und durch die Angabe

```
( wert1 THRU HIGHEST )
```

wird das Intervall aller derjenigen Werte beschrieben, welche größer oder gleich "wert1" sind, indem die Obergrenze durch das Schlüsselwort HIGHEST gekennzeichnet wird.

So könnte man z.B. durch das Kommando

```
MISSING VALUES VARoo6 ( LOWEST THRU 28 )
```

festlegen, daß alle Werte des Merkmals "Schulstunden" (VARoo6), welche kleiner als 29 sind, als missing Values behandelt werden sollen.

Die beiden aufgeführten MISSING VALUES=Kommandos

```
MISSING VALUES VARoo7, VARo1o ( o )
```

und

```
MISSING VALUES VARoo6 ( LOWEST THRU 28 )
```

kann man auch zu einem MISSING VALUES=Kommando in der Form

```
MISSING VALUES VARoo7, VARo1o ( o ) / VARoo6 ( LOWEST THRU 28 )
```

zusammenfassen.

Das Aufheben von missing Values

Jede Festlegung von missing Values kann zu einem späteren Zeitpunkt - vor einer entsprechenden Aufgabenstellung - durch ein weiteres MISSING VALUES=Kommando verändert oder durch die Angabe der leeren Werteliste "()" auch wieder gänzlich aufgehoben werden.

Wir betonen an dieser Stelle nochmals, daß man möglichst für alle Variablen dieselben Werte als missing Values auswählen sollte. Dies erleichtert die Formulierung der Aufgabenstellungen und die Interpretation der Analyseergebnisse.

3.7 Ergänzung des SPSS-files (COMPUTE, RECODE, *COMPUTE, *RECODE)

Wollen wir im Hinblick auf spätere Analysen - wie z.B. die Untersuchung, ob zwischen
den Merkmalen "Schulleistung" und "Lehrerurteil" ein statistischer Zusammenhang besteht - aus der Variablen VARo14 ("Schulleistung") eine neue Variable VARo14R konstruieren, bei der die alten Werte von VARo14 gemäß der Vorschrift

```
1 2 3   4 5 6   7 8 9   : alte Werte
|-----|  |-----| |-----|
   1       2       3    : neue Werte
```

klassifiziert werden, so können wir die beiden folgenden Kommandos kodieren:

```
COMPUTE       VARo14R = VARo14
RECODE        VARo14R ( 1, 2, 3 = 1 ), ( 4, 5, 6 = 2 ), ( 7, 8, 9 = 3 )
```

COMPUTE

Durch das Kommando COMPUTE (berechne) wird eine neue Variable namens VARo14R im SPSS-
file - hinter allen vorhandenen Variablen - eingetragen und caseweise mit den Werten
von VARo14 gefüllt. VARo14 wird dabei nicht verändert.

Allgemein kann man mit dem COMPUTE=Kommando eine neue Variable einrichten oder aber
die Werte einer bereits vorhandenen Variablen verändern. In beiden Fällen muß der
Name der betreffenden Variablen auf der linken Seite des Gleichheitszeichens "="
kodiert werden. Wie die Variablenwerte, die den Cases zugeordnet werden sollen, zu
berechnen sind, wird durch den rechts vom Gleichheitszeichen "=" angegebenen Ausdruck
beschrieben (weitere Angaben s. 6.4.1).

In unserem Fall wird für jeden Case der Variablenwert von VARo14 ermittelt und unverändert als Wert der Variablen VARo14R in das SPSS-file eingetragen. Mit der Namens-
wahl der neuen Variablen kennzeichnen wir, daß VARo14R aus VARo14 durch eine Rekodierung ("R") mit dem Kommando RECODE (verändere) hervorgeht.[+)]

RECODE

Wie die Rekodierung von VARo14R, d.h. die Veränderung der ursprünglichen Werte im einzelnen durchgeführt werden soll, geben wir in einem RECODE=Kommando an, indem wir
hinter dem Namen der zu verändernden Variablen die einzelnen Vorschriften für die
Modifikationen aufführen.
Bei der Ausführung des RECODE=Kommandos überprüft das SPSS-System diese Angaben für
jeden einzelnen Case. Dabei werden die durch die Klammern "(" und ")" begrenzten Vorschriften stets von links nach rechts untersucht.

Im o.a. RECODE=Kommando legt die erste Vorschrift

```
( 1, 2, 3 = 1 )
```

fest, daß die alten Werte 1, 2 und 3 in den neuen Wert 1 umgeändert werden sollen.
Ist der Wert des gerade untersuchten Cases weder 1, 2 oder 3, so wird als nächstes

---

+) Für Auswertungen mit VARo14R sind gegebenenfalls geeignete VAR LABELS=, VALUE
   LABELS= und PRINT FORMATS=Kommandos anzugeben.

die Angabe

```
( 4, 5, 6 = 2 )
```

überprüft. Hierdurch ist bestimmt, daß die ursprünglichen Werte 4, 5 und 6 in den
neuen Wert 2 umzuwandeln sind.
Trifft diese Vorschrift für den gerade untersuchten Case zu, so ist der neue Wert
bestimmt, und es wird für den nächsten Case wieder mit der Überprüfung der ersten
Vorschrift begonnen. Anderenfalls wird die letzte Angabe

```
( 7, 8, 9 = 3 )
```

untersucht und entsprechend verfahren. Trifft auch diese Rekodierungsvorschrift nicht
zu, so bleibt der ursprüngliche Wert von VARo14R unverändert.

Das Schlüsselwort ELSE

Anders ist es z.B. bei der Kodierung von

```
RECODE          VARo14R ( o = o ), ( 1, 2, 3 = 1 ), ( 4, 5, 6 = 2 ), ( ELSE = 3 )
```

In diesem Fall bewirkt das Schlüsselwort ELSE (sonst), daß jeder alte Wert dann durch
den neuen Wert 3 überschrieben wird, falls keine der drei vorausgehenden Rekodierungsvorschriften ausgeführt werden kann.

Allgemein kann man mit dem RECODE=Kommando die Werte einer Variablen abändern. Die
entsprechenden Rekodierungsvorschriften werden hinter dem Variablennamen angegeben.
Jede Vorschrift hat die Form

```
( werteliste = wert-neu )
```

und besagt, daß jeder in der Werteliste enthaltene Wert durch "wert-neu" zu ersetzen
ist. Trifft eine Rekodierungsvorschrift für einen alten Wert zu, so werden alle weiteren Rekodierungsvorschriften ignoriert.

So darf man z.B. anstelle von

```
RECODE          VARo14R ( 1, 2, 3 = 1 ), ( 4, 5, 6 = 2 ), ( 7, 8, 9 = 3 )
```

auch

```
RECODE          VARo14R ( 7, 8, 9 = 3 ), ( 1, 2, 3 = 1 ), ( 4, 5, 6 = 2 )
```

schreiben. Einem alten Wert 9 etwa wird nämlich durch die erste Vorschrift des letzten
RECODE=Kommandos die 3 als neuer Wert zugeordnet. Da die nachfolgenden Rekodierungsvorschriften ignoriert werden, wird dieser Wert nicht mehr durch den Wert 1 ersetzt,
was gemäß der zweiten Vorschrift zu geschehen hätte.

Die Schlüsselwörter THRU, LOWEST und HIGHEST

Als weitere Form dieses RECODE=Kommandos ist z.B. auch die Kodierung von

```
RECODE          VARo14R ( 1 THRU 3 = 1), ( 4 THRU 6 = 2 ), ( 7 THRU 9 = 3 )
```

möglich, da zusammenhängende Bereiche von Werten, die rekodiert werden sollen, durch das Schlüsselwort <u>THRU</u> - kodiert zwischen Anfangs- und Endpunkt - beschrieben werden können.

Darüberhinaus kann man den kleinsten Variablenwert durch das Schlüsselwort <u>LOWEST</u> und den größten Wert durch <u>HIGHEST</u> benennen, so daß wir auch

```
RECODE          VARo14R ( LOWEST THRU 3 = 1 ),( 4 THRU 6 = 2 ),( 7 THRU HIGHEST = 3 )
```

kodieren dürfen.

Hätten wir für die erhobenen Daten des Merkmals "Schulleistung" (VARo14) keine Verschlüsselung im Kodeplan vorgesehen (vgl. 1.2 und 1.4), sondern die Originalwerte -4, -3, -2, -1, o, 1, 2, 3 und 4 abgelocht - dazu hätten wir dann zwei Lochkartenspalten vorsehen müssen - so hätten wir auch noch nach der Dateneingabe die gewünschten Werte der Variablen VARo14 durch die Umformung

```
RECODE          VARo14 ( -4 = 1 ), ( -3 = 2 ), ( -2 = 3 ), ( -1 = 4 ), ( o = 5 ),
                       ( 1 = 6 ), ( 2 = 7 ), ( 3 = 8 ), ( 4 = 9)
```

erhalten können.

Das Schlüsselwort BLANK

Wir stellen uns in dieser Situation zusätzlich vor, daß bei einer fehlenden Antwort zwei Leerzeichen kodiert wären. Da standardmäßig bei der Dateneingabe für numerische Variablen ein Leerzeichen stets in den numerischen Wert o umgewandelt wird (vgl. 3.1), könnten wir anschließend nicht mehr unterscheiden, ob der Wert o für eine fehlende Antwort oder aber für die Merkmalsausprägung "durchschnittlich" (Kodewert 5) steht. In diesem Fall kann man das Schlüsselwort <u>BLANK</u> benutzen und eine Unterscheidung von Leerzeichen und o bei der numerischen Dateneingabe durch die Kodierung von

```
RECODE          VARo14 ( BLANK = o ), ( -4 = 1 ), ( -3 = 2 ), ( -2 = 3 ),
                       ( -1 = 4 ), ( o = 5 ), ( 1 = 6 ), ( 2 = 7 ),
                       ( 3 = 8 ), ( 4 = 9 )
```

herbeiführen.[+] Nach dieser Rekodierung steht der Wert 5 für die Ausprägung "durchschnittlich", und der Wert o repräsentiert die fehlende Antwort, welcher durch

```
MISSING VALUES  VARo14 ( o )
```

für nachfolgende Auswertungen als missing Value vereinbart werden kann.

Rekodierung alphanumerischer Variablen

Allgemein darf man die Werte alphanumerischer Variablen in entsprechende Werte numerischer Variablen rekodieren und umgekehrt. Dabei muß man die alphanumerischen Werte stets in Hochkommata (') einschließen. Bei der Umwandlung von alphanumerischen in numerische Werte darf man abkürzend anstelle von einzelnen Wertzuweisungen das Schlüsselwort <u>CONVERT</u> (wandle um) in der Form

---

[+] Das Schlüsselwort BLANK muß vor der Vorschrift für die Rekodierung des Wertes o aufgeführt sein.

```
RECODE          variablenname ( CONVERT )
```

benutzen, falls die zu rekodierende alphanumerische Variable nur Ziffernzeichen enthält. Dann werden die Zeichen "o", "1", ... , "9" in die zugehörigen Ziffern o, 1,
... , 9 umgewandelt.[+]

Nach einer derartigen Rekodierung sollte man die veränderte Situation durch entsprechende Angaben mit Hilfe der Kommandos PRINT FORMATS und VAR LABELS kennzeichnen.[++]

Permanente und temporäre Modifikationen

Wir haben gelernt, daß man mit den Kommandos COMPUTE und RECODE in der oben beschriebenen Weise den Inhalt des SPSS-files verändern kann.

Derartige Modifikationen gelten entweder _permanent_ (langfristig) bis zum Ende des
SPSS-Programms oder aber nur _temporär_ (kurzfristig) für die jeweils direkt folgende
Aufgabenstellung, so daß sich anschließend das SPSS-file wieder im ursprünglichen
Zustand befindet.

Will man eine Modifikation nur temporär durchführen, so muß man das jeweilige
Kommando durch das Zeichen Stern "*" einleiten.
Eine permanente Änderung erreicht man somit durch die Kommandos COMPUTE und RECODE
und eine temporäre Modifikation durch die Kommandos *COMPUTE und *RECODE.

Permanente Veränderungen muß man stets vor der ersten Aufgabenstellung durchführen,
und temporäre Modifikationen müssen immer direkt vor der Aufgabenstellung vorgenommen
werden, für welche sie gelten sollen.[+++] Änderungen derselben Variablen wirken stets
kumulativ, d.h. jede neue Veränderung orientiert sich an den Variablenwerten, welche
durch die zuvor durchgeführte Modifikation zugeordnet wurden.

So wird z.B. bei der Ausführung des Programms

```
DATA LIST        FIXED VARo14 14
COMPUTE          VARo14R = VARo14
RECODE           VARo14R ( 1, 2 = 1 ), ( 3, 4 = 2 ), ( 5 = 3 ), ( 6, 7 = 4 ),
                 ( 8, 9 = 5 )
INPUT MEDIUM     DISK
*COMPUTE         VARo14R1 = VARo14R
*RECODE          VARo14R1 ( 1, 2 = 1 ), ( 3 = 2 ), ( 4, 5 = 3 )
FREQUENCIES      GENERAL = VARo14R, VARo14R1
*RECODE          VARo14 ( 1 THRU 4 = 1 ), ( 5 = 2 ), ( 6 THRU 9 = 3 )
FREQUENCIES      GENERAL = VARo14
*RECODE          VARo14 ( 1, 2 = 1 ), ( 3, 4 = 2 ), ( 5 = 3 ), ( 6, 7 = 4 ),
                 ( 8, 9 = 5 )
FREQUENCIES      GENERAL = VARo14
```

 +) Enthält die alphanumerische Variable Zeichen, welche keine Ziffernzeichen sind,
    so ist der zugeordnete Wert gleich dem Produkt aus der Zahl 1o, potenziert mit
    der um 1 verminderten Zeichenkettenlänge, und einem Faktor, der dem am weitesten
    links stehenden Nicht-Ziffernzeichen zugeordnet ist - bei "-" ist dies 11, bei
    "+" ist dies 12 und bei allen anderen Zeichen ist dies 13. So wird z.B. "+" der
    Wert 12 und "+1" der Wert 12o zugeordnet.
++) Auf entsprechende Angaben im PRINT FORMATS=Kommando bei der Umwandlung von alpha-
    numerischen in numerische Werte und umgekehrt darf man in keinem Fall verzichten.
+++) Bei Modifikationen vor der ersten Aufgabenstellung müssen alle permanenten Ver-
    änderungen vor den temporären angegeben werden.

- die Variable VARo14 nicht permanent sondern zweimal temporär vor den beiden letzten FREQUENCIES=Kommandos modifiziert,
- das SPSS-file durch VARo14R permanent und durch VARo14R1 temporär vor der ersten Aufgabenstellung verändert und
- die Rekodierung von VARo14R1 auf der Basis der rekodierten Werte von VARo14R durchgeführt.

Die vor der letzten Aufgabenstellung temporär erzeugte Variable VARo14 stimmt mit der Variablen VARo14R und die vor der zweiten Aufgabenstellung temporär erzeugte Variable VARo14 stimmt mit der vor der ersten Aufgabenstellung temporär erzeugten Variablen VARo14R1 überein.

Die Häufigkeitsverteilungen der Variablen VARo14 (mit den eingelesenen Werten), VARo14R und VARo14R1 stellen wir graphisch durch die folgenden <u>Histogramme</u> dar:[+]

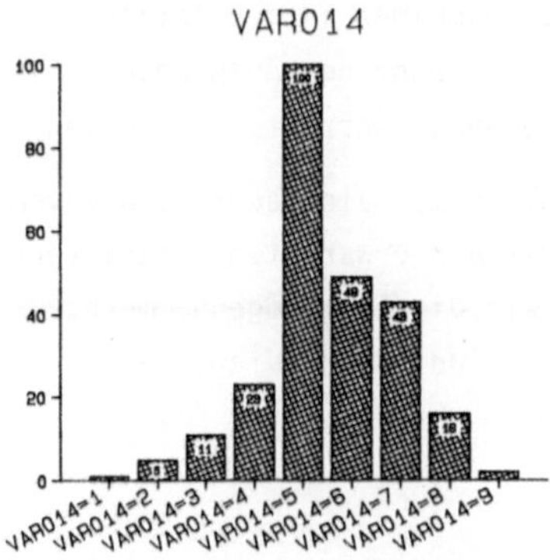

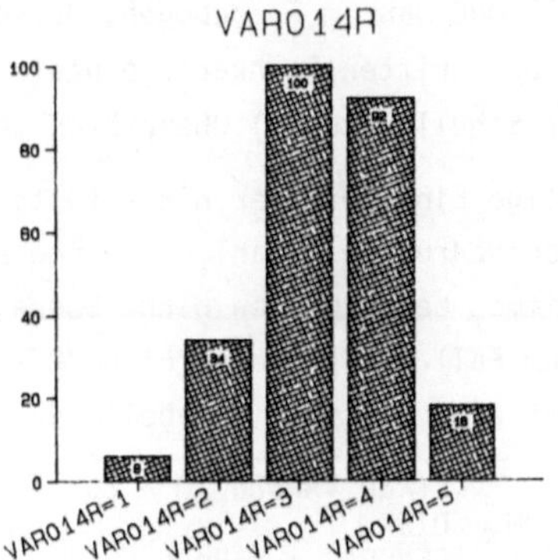

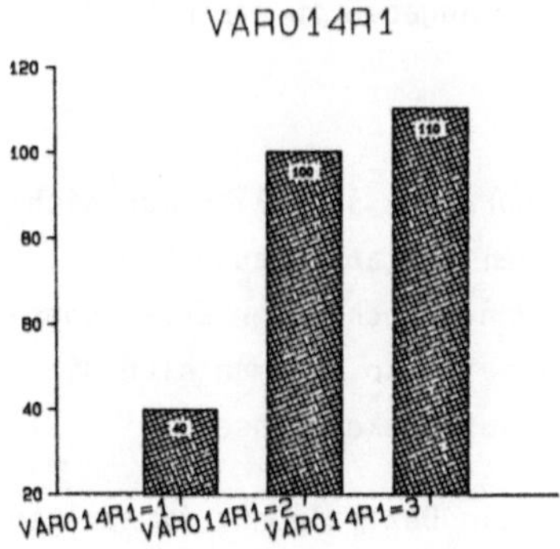

Es zeigt sich, daß die durchgeführte Rekodierung in drei Klassen - beschrieben durch die Werte von VARo14R1 - eine verzerrte Darstellung von VARo14 wiedergibt (diese Klasseneinteilung ist auch sachlogisch nicht begründbar). Dagegen ist die Bildung von fünf Klassen - beschrieben durch VARo14R - u.U. vertretbar, obwohl die Verteilung von VARo14 nicht symmetrisch ist.

+) Diese Zeichnungen wurden mit dem Graphik-System SPSS GRAPHICS erstellt.

3.8 Überprüfung der Eingabedaten (SELECT IF, *SELECT IF, LIST CASES)

Leider kann man in der Regel nicht davon ausgehen, daß die auf dem Datenträger Lochkarte kodierten Werte alle korrekt abgelocht sind. Deshalb muß man vor Beginn der
Datenanalyse zunächst eine Datenprüfung durchführen.

Eingabefehler

Bei der Dateneingabe kontrolliert das SPSS-System standardmäßig, ob die in numerische
Variablen zu übertragenden Werte auch tatsächlich nur aus Ziffern bestehen.[+)]

Ist etwa versehentlich für den 3. Case in der Lochkartenspalte 14 der Buchstabe "A"
abgelocht worden, so wird dies bei der Dateneingabe vom SPSS-System durch die folgende Fehlermeldung angezeigt:

```
ERROR NUMBER 1780
INPUT ITEM    4 (PROBABLY VAR014  ) READ AS BLANKS.  INPUT DATA = 'A'
READ FOR CASE        3 OF SUBFILE NONAME
```

In diesem Fall muß man im Fragebogen, dessen Identifikationsnummer in den letzten
drei Spalten der dritten Lochkarte eingetragen ist, die Kodierung der Ausprägung
von Item 14 ("Schulleistung") überprüfen und eine entsprechende Korrektur vornehmen.

Werden derartige Eingabefehler nicht festgestellt, so sollte man als nächstes die vom
SPSS-System ausgedruckte Anzahl der eingelesenen Cases mit der erwarteten Anzahl vergleichen. Stimmen beide Größen nicht überein, so müssen wir die Fragebogennummern,
die in unserem Fall im Spaltenbereich 78 - 8o eingetragen sind, überprüfen. Dazu
lassen wir uns eine Häufigkeitstabelle durch das Programm

```
DATA LIST        FIXED VARo8o 78 - 8o
INPUT MEDIUM     DISK
FREQUENCIES      GENERAL = VARo8o
```

ausdrucken, mit Hilfe der wir ermitteln können, ob z.B. die Angaben zu einem Case
fehlen oder u.U. mehrfach erfaßt wurden.

Überprüfung von Werten

Sind die Anzahl und die Identifikationsnummern der Cases korrekt, so sollte man sich
zunächst die Häufigkeitsverteilungen aller zu analysierenden Variablen ausgeben
lassen.[++)] Dadurch kann man feststellen, ob etwa infolge von Abloch- oder Erfassungs-
fehlern unzulässige Werte auftreten. Sollte dies der Fall sein, so muß man sich die
zugehörigen Identifikationsnummern der betreffenden Cases ausdrucken lassen.

+) Ferner darf ein einleitendes Vorzeichen und u.U. auch ein Dezimalpunkt im Spaltenbereich eingetragen sein.
++) Hier sollte man beim FREQUENCIES=Kommando die Kennzahl 5 in einem zugehörigen
   OPTIONS=Kommando (vgl. 4.1.2) zur Verdichtung der Druckausgabe verwenden und darauf achten, daß bei nicht ganzzahligen numerischen Variablen eine geeignete Nachkommastellenzahl durch das PRINT FORMATS=Kommando eingestellt ist, da sonst immer
   nur die ganzzahligen Anteile ausgegeben werden (vgl. 3.2). Ferner sollte vor dem
   FREQUENCIES=Kommando der automatische Seitenvorschub durch die Kodierung des Kommandos PAGESIZE mit dem Spezifikationswert NOEJECT (vgl. 6.7.1) aufgehoben werden,
   damit Druckpapier eingespart werden kann.

Nehmen wir an, daß wir für VARoo7 dreimal den unzulässigen Wert 9 und für VARo14 zweimal den unzulässigen Wert o festgestellt hätten. Dann könnten wir uns die betreffenden Fragebogennummern und die relative Lage der gesuchten Cases im SPSS-file etwa so ausgeben lassen:

```
DATA LIST        FIXED VARoo7 7, VARo14 14, VARo8o 78 - 8o
INPUT MEDIUM     DISK
*SELECT IF       ( VARoo7 = 9 )
LIST CASES       CASES = 3 / VARIABLES = VARoo7, VARo8o, SEQNUM
FREQUENCIES      GENERAL = VARoo7
*SELECT IF       ( VARo14 = o )
LIST CASES       CASES = 2 / VARIABLES = VARo14, VARo8o, SEQNUM
FREQUENCIES      GENERAL = VARo14
```

Zum Verständnis dieses SPSS-Programms müssen wir unsere bisherigen Kenntnisse über die Struktur des SPSS-files erweitern.

<u>Die interne Variable SEQNUM</u>

Es gibt eine intern vom SPSS-System im SPSS-file eingerichtete Variable namens SEQNUM (Abkürzung von "<u>seq</u>uential <u>num</u>ber", d.h. Reihenfolgenummer), welche für jeden Case die zugehörige Positionsnummer im SPSS-file als Wert enthält, d.h. als wievielter Case er eingelesen wurde.

Für unser o.a. SPSS-Programm ergibt sich nach der Dateneingabe die folgende Situation:

SEQNUM	VARoo7	VARo14	VARo8o
1	2	7	4
2	2	2	51
:	:	:	:
25o	5	5	23o

⊢——— SPSS-file NONAME ———⊣   ←——+)

Da wir 25o Lochkarten eingelesen haben, enthält die Variable SEQNUM, die stets als erste Variable im SPSS-file eingetragen ist, die Werte 1 bis 25o.

<u>SELECT IF</u>

Mit Hilfe des Kommandos *SELECT IF (wähle aus, falls) bestimmen wir diejenigen Cases, welche in die durch FREQUENCIES abgerufene Häufigkeitsauszählung einbezogen werden sollen. So wird durch die Angabe

```
*SELECT IF       ( VARoo7 = 9 )
```

festgelegt, daß nur diejenigen Cases in die Auswertung einbezogen werden, für welche VARoo7 den Wert 9 besitzt. Durch das Kommando

```
*SELECT IF       ( VARo14 = o )
```

werden die Cases herausgefiltert, für welche VARo14 den Wert o hat.

+) Die Variable VARo8o enthält als Werte die Identifikationsnummern der Fragebögen. Es ist unerheblich, ob die Cases nach diesen Nummern geordnet sind oder nicht.

Die beiden *SELECT IF=Kommandos haben wir in ihrer temporären Form kodiert, weil sie
jeweils nur auf die unmittelbar folgende Aufgabenstellung wirken sollen.

Wir erfahren die gesuchten Fragebogen- und Positionsnummern natürlich nicht durch die
ausgedruckten Häufigkeitstabellen, welche wir uns nur zur Kontrolle ausgeben lassen.
Vielmehr fordern wir durch das LIST CASES=Kommando an, daß die Werte der Variablen
VARoo7, VARo8o und SEQNUM bzw. VARo14, VARo8o und SEQNUM für die ersten drei (CASES
= 3) bzw. die ersten zwei Cases (CASES = 2), d.h. für alle zur Auswertung zugelasse-
nen Cases protokolliert werden. Mit diesen Werten können wir auf die zugehörigen
Fragebögen zugreifen und die entsprechenden Korrekturen für die Variablenwerte von
VARoo7 und VARo14 vornehmen.

Allgemein kann man durch das Kommando <u>SELECT IF</u> Cases mit bestimmten Eigenschaften
für eine Aufgabenstellung auswählen (genauere Angaben s. 6.6.1), wobei man das
*SELECT IF=Kommando kodieren muß, falls die Auswahl temporär für allein die unmittel-
bar folgende Aufgabenstellung gültig sein soll.

Wirken mehrere derartige Kommandos, d.h.

- mehrere temporäre oder

- mehrere permanente oder

- sowohl permanente als auch temporäre,

für eine Aufgabenstellung, so werden diejenigen Cases herausgefiltert und in die
Datenanalyse einbezogen, deren Variablenwerte <u>sämtliche</u> aufgeführten Eigenschaften
besitzen.

Deshalb führt z.B. die Kodierung von

```
DATA LIST       FIXED VARoo7 7, VARo14 14, VARo8o 78 - 8o
SELECT IF       ( VARoo7 = 9 )
SELECT IF       ( VARo14 = o )
INPUT MEDIUM    DISK
LIST CASES      CASES = 5 / VARIABLES = VARoo7, VARo14, VARo8o, SEQNUM
FREQUENCIES     GENERAL = VARoo7, VARo14
```

nicht zum Erfolg, da für mindestens einen der gesuchten Cases nicht gleichzeitig der
Wert von VARoo7 gleich 9 und der von VARo14 gleich o sein kann.
Faßt man allerdings die beiden SELECT IF=Kommandos in der Form

```
SELECT IF       ( VARoo7 = 9 OR VARo14 = o )
```

zusammen, so werden die gesuchten Cases herausgefiltert, weil sie dadurch ausgezeichnet sind, daß sie entweder für VARoo7 den Wert 9 oder (OR) für VARo14 den Wert o besitzen. Dabei haben wir von der Möglichkeit Gebrauch gemacht, daß man die beiden Vergleichsbedingungen "VARoo7 = 9" und "VARo14· = o" durch den logischen Operator OR
(oder) verbinden darf.

Allgemein kann man mehrere Vergleichsbedingungen durch die logischen Operatoren OR, AND (und) und NOT (nicht) verknüpfen, und bei jeder einzelnen Vergleichsbedingung darf man neben der Gleichheitsabfrage "=" [+] als weitere Vergleichsoperatoren die folgenden Schlüsselwörter verwenden:[++]

- GT für "größer als" (greater than),
- LT für "kleiner als" (less than),
- NE für "ungleich" (not equal),
- GE für "größer oder gleich" (greater or equal) und
- LE für "kleiner oder gleich" (less or equal).

So kann man z.B. durch das Kommando

```
SELECT IF        ( NOT ( VARo14 GE 1 AND VARo14 LE 9 ) )
```

alle diejenigen Cases auswählen, für welche die Werte der Variablen VARo14 nicht zwischen 1 und 9 liegen, d.h. alle fehlerhaft kodierten Werte. Diese Auswahl kann man auch durch die folgende äquivalente Angabe erreichen:

```
SELECT IF        ( VARo14 LT 1 OR VARo14 GT 9 )
```

Wollen wir etwa die Fragebogennummern aller Schülerinnen der Jahrgangsstufe 13 ausdrucken lassen, so schreiben wir

```
SELECT IF        ( VARoo1 = 3 AND VARoo2 = 2 )
```

oder die beiden dazu äquivalenten Kommandos:

```
SELECT IF        ( VARoo1 = 3 )
SELECT IF        ( VARoo2 = 2 )
```

So können wir z.B. durch das Programm

```
DATA LIST        FIXED VARoo1 1, VARoo2 2, VARo14 14, VARo8o 78 - 8o
SELECT IF        ( VARoo1 = 3 AND VARoo2 = 2 )
INPUT MEDIUM     DISK
LIST CASES       CASES = 25 / VARIABLES = VARo8o
FREQUENCIES      GENERAL = VARo14
```

neben der Protokollierung der Fragebogennummern auch eine Häufigkeitsauszählung der Variablen VARo14 für die 25 Schülerinnen der Jahrgangsstufe 13 abrufen.[+++]

<u>LIST CASES</u>

Wir haben in den oben angegebenen Beispielen das LIST CASES=Kommando stets vor dem FREQUENCIES=Kommando kodiert, weil man mit diesem Kommando keine eigenständige Auswertung vornehmen kann. Dieses Kommando darf nämlich immer nur im Zusammenhang mit

---

+) Anstelle von "=" darf man auch "EQ" (equal) schreiben.
++) Vor und hinter diesen Operatoren muß mindestens ein allgemeines Trennzeichen eingetragen sein.
+++) Eine elegantere Möglichkeit zur Auswahl bestimmter Gruppierungen der Cases des SPSS-files wird durch eine Subfile-Strukturierung bereitgestellt (vgl. 4.2).

einer statistischen Aufgabenstellung direkt vor dem jeweiligen SPSS-Kommando in der folgenden Form aufgeführt werden:

```
LIST CASES      [CASES = anzahl /][VARIABLES = variablenliste]
```

Hinter dem Schlüsselwort <u>CASES</u> ist die maximale Anzahl der Cases anzugeben, für welche Variablenwerte ausgegeben werden sollen. Für jeden Case werden die zugehörigen Werte derjenigen Variablen ausgedruckt[+], deren Namen explizit oder implizit (durch eine reflexive Variablenliste mit dem Schlüsselwort TO) in der hinter dem Schlüsselwort <u>VARIABLES</u> kodierten Variablenliste enthalten sind.

Verzichtet man auf eine Angabe zu CASES, so werden standardmäßig die Werte der ersten zehn Cases protokolliert.[++]

Ohne Angaben zum Schlüsselwort VARIABLES erhält man die Werte sämtlicher Variablen des SPSS-files ausgedruckt.[+++]

<u>Überprüfung der Kartenfolge</u>

Neben den oben skizzierten Tätigkeiten im Rahmen der Datenprüfung muß man darüberhinaus in den Fällen, in denen mehrere Lochkarten pro Case erstellt sind, auch kontrollieren, ob bei der Dateneingabe für jeden Case die Reihenfolge der Karten korrekt ist.

Hat man etwa pro Case drei Lochkarten kodiert und dabei die Identifikationsnummer auf jeder Karte im Spaltenbereich 1 - 3 erfaßt und die jeweilige Kartenart in der vierten Spalte durch eine der Zahlen 1, 2 und 3 markiert, so kann man z.B. durch das folgende SPSS-Programm Ablochfehler bei den Werten der Kartenart bzw. Reihenfolgefehler bzgl. der Anordnung der Datenkarten feststellen:[++++]

```
DATA LIST        FIXED ( 3 ) / 1 VAR1o3 1 - 3, VAR1o4 4
                             / 2 VAR2o3 1 - 3, VAR2o4 4
                             / 3 VAR3o3 1 - 3, VAR3o4 4
*SELECT IF        ( ( NOT ( VAR1o3 = VAR2o3 AND VAR2o3 = VAR3o3 ) )
                  OR ( VAR1o4 NE 1 )
                  OR ( VAR2o4 NE 2 )
                  OR ( VAR3o4 NE 3 ) )
INPUT MEDIUM     DISK
LIST CASES
FREQUENCIES      GENERAL = VAR1o4, VAR2o4, VAR3o4
```

Durch das *SELECT IF=Kommando werden nämlich alle die Cases herausgefiltert, bei denen die Identifikationsnummern in den jeweils ersten drei Lochkartenspalten nicht übereinstimmen bzw. bei denen in der Spalte 4 nicht die erwartete Kartennummer eingetragen

---

+) Zur Ausgabe von Nachkommastellen s. das Kommando PRINT FORMATS in 3.2.
++) Besitzt das SPSS-file eine Subfile-Struktur (vgl. 4.2), so werden standardmäßig die jeweils ersten 1o Cases jedes Subfiles bearbeitet.
+++) Die Ausgabe sämtlicher Variablenwerte mit LIST CASES ist in der Regel zu papieraufwendig. Für einen derartigen Ausdruck sollte man das REPORT=Kommando einsetzen (vgl. 4.4).
++++) Bei den Variablennamen dokumentieren wir die Kartenart (Kartennummer) durch die jeweils erste Ziffer, und durch die folgenden Ziffern kennzeichnen wir das Ende des Spaltenbereichs, in dem die Identifikationsnummer erfaßt ist.

ist. Da das Kommando LIST CASES ohne Spezifikationswerte kodiert ist, werden für
maximal 1o der evtl. herausgefilterten Cases die Werte der Variablen VAR1o3, VAR1o4,
VAR2o3, VAR2o4, VAR3o3 und VAR3o4 protokolliert.
Dies reicht i. allg. aus, um eine falsche Reihenfolge der Datenkarten zu korrigieren.
Bei richtiger Reihenfolge und Kodierung dürfen die ausgedruckten Häufigkeitstabellen
für VAR1o4 nur den Wert 1, für VAR2o4 nur den Wert 2 und für VAR3o4 nur den Wert 3
enthalten.

Überprüfung der Konsistenz

Bislang haben sich unsere Darstellungen auf die Überprüfung der Identifikationsnum-
mern, der Kartenart (bei mehreren Lochkarten pro Case) und der zulässigen Werte pro
Variable beschränkt. Wegen der Vielzahl weiterer Fehlermöglichkeiten bei der Daten-
erfassung sollte man möglichst auch Konsistenzüberprüfungen durchführen.
Dabei muß man die vorhandene Kenntnis über mögliche Konstellationen von bestimmten
Variablenwerten einsetzen.

Wissen wir z.B., daß die Schüler der 12. Jahrgangsstufe immer mehr als 22 Unterrichtsstunden gehabt haben, so überprüfen wir die Konsistenz der Antworten durch
das folgende SPSS-Programm:

```
DATA LIST        FIXED VARoo1, VARoo2 1 - 2, VARoo6 5 - 6, VARo8o 78 - 8o
INPUT MEDIUM     DISK
*SELECT IF       ( VARoo1 = 2 AND VARoo2 = 1 AND VARoo6 LE 22 )
LIST CASES       CASES = 5o  / VARIABLES = VARo8o
FREQUENCIES      GENERAL = VARoo6
```

Wollen wir zusätzlich feststellen, ob es Schülerinnen der Jahrgangsstufe 13 gibt,
welche mehr als 38 Unterrichtsstunden angegeben haben - was auch nicht sein darf -
so können wir dieses SPSS-Programm durch die folgenden Kommandos ergänzen:

```
*SELECT IF       ( VARoo1 = 3 AND VARoo2 = 2 AND VARoo6 GT 38 )
LIST CASES       CASES = 25 / VARIABLES = VARo8o
FREQUENCIES      GENERAL = VARoo6
```

Selbstverständlich darf man in dieser Situation die beiden Aufgabenstellungen nicht
zu einer Aufgabenstellung zusammenfassen, indem man etwa die beiden temporären
SELECT IF=Kommandos untereinander vor dem LIST CASES=Kommandos aufführt, da sich die
Bedingungen "VARoo1 = 2" und "VARoo1 = 3" ausschließen und daher grundsätzlich kein
Case herausgefiltert werden würde.

Anders ist dies, falls man etwa das folgende SPSS-Programm kodieren würde:

```
DATA LIST        FIXED VARoo1, VARoo2 1 - 2, VARoo6 5 - 6, VARo8o 78 - 8o
INPUT MEDIUM     DISK
*SELECT IF       ( ( VARoo1 = 2 AND VARoo2 = 1 AND VARoo6 LE 22 ) OR
                   ( VARoo1 = 3 AND VARoo2 = 2 AND VARoo6 GT 38 ) )
LIST CASES       CASES = 75 / VARIABLES = VARoo6, VARo8o
FREQUENCIES      GENERAL = VARoo6
```

4. Beschreibung von Merkmalen

4.1 Die Kommandos FREQUENCIES und CONDESCRIPTIVE

4.1.1 Ausgabe von Häufigkeitsverteilungen (FREQUENCIES)

Bei der Auswertung einer empirischen Untersuchung steht zunächst die Beschreibung der
Merkmale im Vordergrund. Allein durch das Anschauen der einzelnen Merkmalsausprägungen kann man sich in der Regel keinen Eindruck von der Häufigkeitsverteilung eines
Merkmals machen, zumal die Cases i. allg. nicht nach den Ausprägungen geordnet sind.
Deshalb geht man zu einer tabellarischen Darstellung über. Bei kontinuierlichen Merkmalen (vgl. 1.5) und bei diskreten Merkmalen, bei denen die Anzahl der Merkmalsausprägungen sehr groß ist, muß man die Ausprägungen zuvor geeignet klassifizieren, d.h.
in Klassen zusammenfassen.

Zur Durchführung einer Häufigkeitsauszählung muß man das Kommando FREQUENCIES (s. 2.1)
in der folgenden Form kodieren:

```
FREQUENCIES     GENERAL = variablenliste
```

Die Variablenliste kann aus einer oder mehreren Variablen bestehen[+], die gegebenenfalls in Form reflexiver Variablenlisten (vgl. 3.1) der Form "variablenname1 TO
variablenname2" vereinbart sind. Für alle explizit oder implizit aufgeführten Variablen wird eine Häufigkeitsverteilung ausgedruckt. Dabei werden neben den Variablenwerten die absoluten, die relativen, die angepaßten relativen und die kumulierten angepaßten relativen Häufigkeiten ausgegeben (vgl. S. 19f). In diese Auswertung werden
standardmäßig alle diejenigen Cases einbezogen, deren Werte für die betreffende
Variable nicht als missing Values vereinbart sind.

Stellvertretend für die Items unseres Fragebogens wollen wir im folgenden die Häufigkeitsverteilungen der Merkmale "Unterrichtsstunden" (VARoo6), "Abschalten" (VARo1o)
und "Schulleistung" (VARo14) beschreiben (vgl. 1.2 und 2.1). Wir lesen die Daten
unserer Datenmatrix aus einer Magnetplatten-Datei ein und kodieren somit das folgende
SPSS-Programm:

```
DATA LIST        FIXED VARoo6 5 - 6, VARo1o 1o, VARo14 14
VAR LABELS       VARoo6 UNTERRICHTSSTUNDEN/
                 VARo1o ABSCHALTEN/
                 VARo14 SCHULLEISTUNG
VALUE LABELS     VARo1o
                 (1)STIMMT
                 (2)STIMMT NICHT
VALUE LABELS     VARo14
                 (1)SEHR SCHLECHT
                 (5)DURCHSCHNITTLICH
                 (9)SEHR GUT
MISSING VALUES   VARo1o ( o )
INPUT MEDIUM     DISK
FREQUENCIES      GENERAL = VARoo6, VARo1o, VARo14
```

+) Es dürfen auch die Namen von alphanumerischen Variablen kodiert werden.

Da wir jetzt die in der Datenmatrix enthaltenen Werte des Merkmals "Hausaufgaben"
im Gegensatz zu unserem früheren Beispielprogramm (vgl. 2.1 und 2.4) nicht mehr auswerten wollen, brauchen wir diese Daten auch nicht mehr in das SPSS-file zu übertra-
gen, so daß wir nun auf die Vereinbarung der Variablen VARoo7 im DATA LIST=Kommando
und die zugehörigen Eintragungen in den Kommandos MISSING VALUES, VAR LABELS und
VALUE LABELS verzichten können.
Durch die Ausführung des SPSS-Programms erhalten wir die Häufigkeitstabellen der drei
Variablen VARoo6, VARo1o und VARo14 ausgedruckt, deren standardmäßige Form wir uns am
Beispiel von VARo14 und VARo1o noch einmal verdeutlichen wollen (vgl. 2.1).
Wir betrachten zunächst die vom SPSS-System ausgegebene Tabelle der Häufigkeitsvertei-
lung von VARo14.[+)]

```
VAR014      SCHULLEISTUNG


                                      RELATIVE   ADJUSTED     CUM
                            ABSOLUTE    FREQ       FREQ       FREQ
CATEGORY LABEL        CODE    FREQ      (PCT)      (PCT)      (PCT)

SEHR SCHLECHT          1.       1        0.4        0.4        0.4

                       2.       5        2.0        2.0        2.4

                       3.      11        4.4        4.4        6.8

                       4.      23        9.2        9.2       16.0

DURCHSCHNITTLICH       5.     100       40.0       40.0       56.0

                       6.      49       19.6       19.6       75.6

                       7.      43       17.2       17.2       92.8

                       8.      16        6.4        6.4       99.2

SEHR GUT               9.       2        0.8        0.8      100.0
                             ------     ------     ------
                    TOTAL      250      100.0      100.0


VALID CASES       250     MISSING CASES       0
```

Die Eintragungen in der CODE-Kolumne sind aufsteigend nach den Variablenwerten geordnet.[++)] Z.B. haben 1oo Cases, d.h. 4o% aller Cases, als Ausprägung von VARo14 den Wert
5 mit dem Werteetikett "DURCHSCHNITTLICH". Da VARo14 keine als missing Values vereinbarten Werte besitzt, stimmen die Kolumnen der angepaßten relativen Häufigkeiten und
der relativen Häufigkeiten überein. Somit sagt dann z.B. die kumulierte relative Häufigkeit von 56.o aus, daß 56% aller Cases einen Wert haben, welcher kleiner oder
gleich der Zahl 5 ist.

 +) Die Prozentwerte werden stets mit einer Nachkommastelle ausgegeben.
++) Bei nicht ganzzahligen Werten wird ohne eine geeignete Angabe im Kommando PRINT
    FORMATS (vgl. 3.2) nur der ganzzahlige Anteil der Werte ausgedruckt.

In dem folgenden Ausdruck der Häufigkeitsverteilung von VARolo werden 4 Cases, d.h.
1.6% mit dem als missing Value vereinbarten Wert o ausgewiesen.[+)] Dadurch unterscheiden sich die Werte der angepaßten relativen Häufigkeiten von denen der relativen
Häufigkeiten.

```
VAR010     ABSCHALTEN


                                        RELATIVE   ADJUSTED    CUM
                              ABSOLUTE    FREQ       FREQ      FREQ
CATEGORY LABEL        CODE      FREQ      (PCT)      (PCT)     (PCT)

STIMMT                1.        138       55.2       56.1      56.1

STIMMT NICHT          2.        108       43.2       43.9     100.0

                      0.          4        1.6     MISSING    100.0
                                -------   -------   -------
                     TOTAL      250      100.0      100.0


VALID CASES     246     MISSING CASES     4
```

4.1.2 Steuerung der Druckausgabe (OPTIONS)

Will man die oben abgebildete Standardform der Druckausgabe abändern, so muß man das
Kommando OPTIONS (Wahlmöglichkeiten) hinter dem FREQUENCIES=Kommando im SPSS-Programm
anfügen und geeignete Kennzahlen als Spezifikationswerte eintragen.

Z.B. fordern wir mit den Kommandos

```
FREQUENCIES     GENERAL = VARoo6, VARolo, VARol4
OPTIONS         5
```

durch die Kennzahl 5 eine verdichtete Ausgabe der Häufigkeitstabellen an, so daß wir
etwa für VARoo6 das folgende Druckbild erhalten:

```
VAR006     UNTERRICHTSSTUNDEN

              ADJ CUM                  ADJ CUM                  ADJ CUM
  CODE   FREQ PCT PCT     CODE    FREQ PCT PCT     CODE    FREQ PCT PCT
  18.      1   0   0      29.       2   1   7      36.      56  22  89
  20.      1   0   1      30.      16   6  13      37.       7   3  92
  22.      3   1   2      31.      10   4  17      38.       7   3  95
  23.      5   2   4      32.      15   6  23      39.       9   4  98
  24.      2   1   5      33.      61  24  48      40.       3   1 100
  26.      1   0   5      34.      22   9  56      42.       1   0 100
  27.      2   1   6      35.      26  10  67

VALID CASES     250     MISSING CASES     0
```

Wollen wir neben dieser Häufigkeitstabelle die Verteilung durch ein Histogramm
graphisch darstellen, so müssen wir zusätzlich zur Kennzahl 5 die Zahl 8 als Spezifikationswert im OPTIONS=Kommando eintragen. Somit erhalten wir durch die Kommandos

---

+) Die Werte, die als missing Values gekennzeichnet sind, werden stets am Tabellenende protokolliert.

```
FREQUENCIES     GENERAL = VARoo6, VARolo, VARo14
OPTIONS         5, 8
```

z.B. für die Variable VARo14 das folgende Histogramm ausgedruckt:

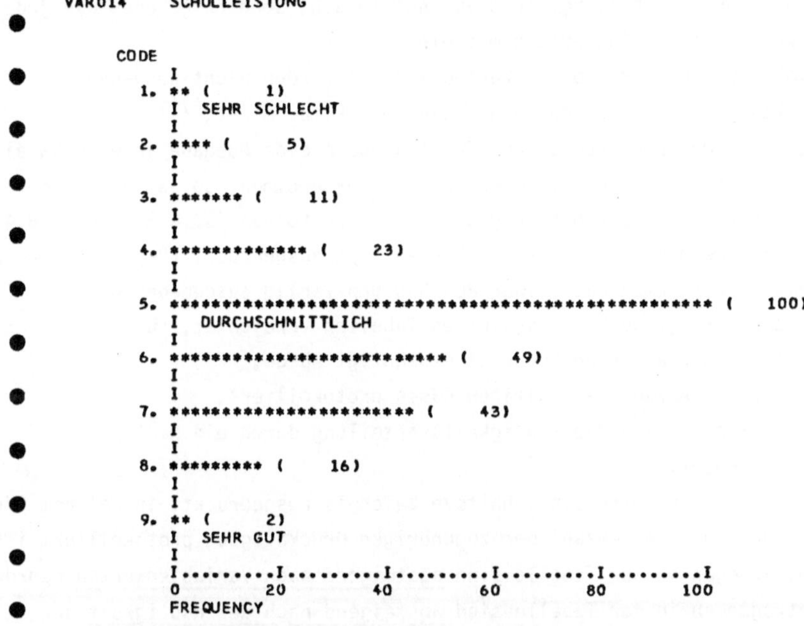

Wollen wir im Anschluß an Häufigkeitstabellen und Histogramme zusätzlich ein Inhaltsverzeichnis ausdrucken lassen, in welchem für jede Variable die Seitenzahl der zugehörigen Druckausgabe protokolliert wird,[+)] so müssen wir die Kennzahl 9 in der Form

```
FREQUENCIES     GENERAL = VARoo6, VARolo, VARo14
OPTIONS         5, 8, 9
```

im OPTIONS=Kommando hinzufügen. Dann endet die Druckausgabe mit der Eintragung:

POSITIONAL INDEX

VARIABLE	PAGE	VARIABLE	PAGE	VARIABLE	PAGE	VARIABLE	PAGE
VAROO6	19	VARO1O	22	VARO14	24		

Allgemein kann man die Art der Auswertung, die mit dem Kommando FREQUENCIES abgerufen
wird, und die Form der Druckausgabe durch geeignete Angaben im Kommando OPTIONS bestimmen. Dabei können mit diesem Kommando, welches hinter dem FREQUENCIES=Kommando
in der Form

```
FREQUENCIES     GENERAL = variablenliste
OPTIONS         kennzahl1 [kennzahl2]...
```

+) Dies ist i. allg. nur sinnvoll, wenn sehr viele Variablennamen hinter dem Schlüsselwort GENERAL im FREQUENCIES=Kommando aufgeführt sind.

kodiert werden muß, die folgenden Leistungen durch die jeweils zugehörigen Kennzahlen abgerufen werden:

> 1 : Einschluß von missing Values, d.h. die als missing Values vereinbarten Werte werden bei der Verarbeitung nicht ausgeschlossen, sondern gehen - wie jeder andere Wert - in die Auswertung mit ein,
>
> 2 : durch VALUE LABELS vereinbarte Werteetiketten werden nicht ausgegeben,
>
> 3 : die Druckausgabe wird auf das DIN-A-4-Format komprimiert,[+]
>
> 4 : es wird keine Druckausgabe durchgeführt sondern eine Ausgabe in eine Datei auf der Magnetplatte oder einem Magnetband vorgenommen, so daß die Tabellen anschließend z.B. wiederholt ausgedruckt werden können (s. 6.8.3 und 6.8.4),
>
> 5 : die Tabellen werden in einer verdichteten Form ausgedruckt (Papierersparnis!), wobei die Prozentsätze nach einer Rundung ganzzahlig ausgegeben werden,
>
> 6 : die Ausgabe erfolgt nur für diejenigen Tabellen verdichtet, für die in der Standardform mehr als eine Druckseite benötigt würde,
>
> 7 : es wird nur die Anzahl der gültigen Cases protokolliert,
>
> 8 : für jede Variable wird die Häufigkeitsverteilung durch ein Histogramm graphisch verdeutlicht,
>
> 9 : hinter den Tabellen wird ein Inhaltsverzeichnis ausgedruckt, in welchem für jede Variable die Seitenzahl der zugehörigen Druckausgabe protokolliert ist,
>
> 1o : die Eintragungen in der Tabelle sind <u>absteigend nach Variablenwerten</u> geordnet,
>
> 11 : die Eintragungen in der Tabelle sind <u>absteigend nach der Häufigkeit</u> der Variablenwerte sortiert und
>
> 12 : die Eintragungen in der Tabelle sind <u>aufsteigend nach der Häufigkeit</u> der Variablenwerte geordnet.

4.1.3 Berechnung von Statistiken (STATISTICS)

I. allg. ist man nicht nur an den Häufigkeitstabellen der Merkmale interessiert, sondern man möchte die Verteilungen auch durch geeignete Maßzahlen, d.h. <u>Statistiken</u> beschreiben. Dadurch nimmt man bewußt einen Informationsverlust hin, um die Verlaufsform (Gestalt) einer Verteilung durch z.B. die Maßzahlen der zentralen Tendenz und der Variabilität, d.h. der Unterschiedlichkeit der Cases zu charakterisieren. Zudem sind Statistiken im Gegensatz zu den tabellarischen Darstellungen besser geeignet, um etwa mehrere Verteilungen im Hinblick auf spezielle Eigenschaften zu vergleichen.

Maße der zentralen Tendenz

Um den typischen, den zentralen oder durchschnittlichen Wert einer Verteilung zu beschreiben, benutzt man die Maße der zentralen Tendenz.[++]

[+] Diese Kennzahl ist nicht sinnvoll, falls man vorher durch das Kommando PAGESIZE den Seitenvorschub für die Druckausgabe abgeschaltet hat (vgl. 6.7.1).

[++] Eine derartige Maßzahl ist auch eine gute Schätzung für den Wert eines zufällig ausgewählten Cases.

Bei <u>nominalskalierten</u> Merkmalen ermittelt man hierfür den <u>Modus</u> (mode), d.h. den Wert
mit der größten Häufigkeit, welcher auch Modalwert genannt wird.
Gibt es mehrere Modi,[+] die nicht benachbart sind, so ist die Verteilung des Merkmals
mehrgipflig.

Für <u>ordinalskalierte</u> Merkmale berechnet man als Maß für die zentrale Tendenz den
<u>Median</u> (median), welcher auch Zentralwert genannt wird. Diese Größe charakterisiert
einen "mittleren Wert" in folgendem Sinn:
Man ordnet die N erhobenen Werte gemäß der zugrundegelegten Ordnungsbeziehung und legt
- bei ungerader Anzahl - diesen Wert an der Stelle (N + 1) / 2 fest. Bei gerader
Anzahl N ermittelt man die beiden mittleren Werte an den Stellen N / 2 und N / 2 + 1,
summiert diese und teilt die Summe durch 2 (dieses Ergebnis ist u.U. gar keine mögliche Merkmalsausprägung). Gemäß dieser Berechnungen sind mindestens 5o% der erhobenen
Werte kleiner oder gleich und mindestens 5o% größer oder gleich dem Median.

Man kann die Werte der beiden Statistiken Modus und Median direkt aus der Tabelle der
Häufigkeitsverteilung ablesen. So hat z.B. VARo1o als Modus den Wert 1 und VARo14 den
Modus 5 (s. S. 53f). Aus der Kolumne der kumulierten angepaßten relativen Häufigkeiten
lesen wir bei VARoo6 den Median 34 (s. S. 54) und bei VARo14 den Wert 5 ab (s. S. 53).
Bei kontinuierlichen intervallskalierten Merkmalen, welche klassifiziert wurden,[++]
berechnet man unter der Annahme, daß das Merkmal in allen Klassen gleichverteilt[+++]
ist, den Median durch eine Interpolation nach der folgenden Formel:

$$\boxed{\text{Median} \;=\; K5o + MK * (\; o.5 - (\; KK - (\; N / 2 \;) \;) / AK \;)}$$

Dabei bezeichnen die Größen K5o den Wert der Klasse K, in der die kumulierte Häufigkeit den Wert 5o% annimmt, MK den kleinsten Klassenabstand, KK die kumulierte Häufigkeit in der Klasse K und AK die absolute Häufigkeit in Klasse K.

Obwohl es sich bei VARo14 um eine diskrete ordinalskalierte Variable handelt, berechnen wir zur Illustration den Median nach dieser Formel und erhalten als Ergebnis:

   5.35 = 5 + 1 * (o.5 - (14o - (25o / 2)) / 1oo)

Dieser Wert tritt als Merkmalsausprägung überhaupt nicht auf. Daher ist es für diskrete Merkmale empfehlenswert, den Median direkt aus der Kolumne der kumulierten angepaßten relativen Häufigkeiten in der Tabelle zu entnehmen.

Für <u>intervallskalierte</u> Merkmale ermittelt man als Maß für die zentrale Tendenz i. allg.
das <u>arithmetische Mittel</u> (mean), welches als Summe aller Werte, geteilt durch die
Anzahl der Cases, bestimmt ist. Dabei muß man beachten, daß alle Merkmalsausprägungen
- auch die evtl. vorhandenen statistischen Ausreißer - gleichgewichtig in die Berech-

---

  +) Das SPSS-System gibt bei mehreren Modi nur den kleinsten Wert aus.
 ++) Als stellvertretenden Wert für die Cases einer Klasse nimmt man in der Regel die
     Klassenmitte an.
+++) Ein Merkmal ist gleichverteilt, falls alle Werte gleich häufig sind.

nung mit eingehen, so daß es u.U. zu gravierenden Verfälschungen kommen kann. Vorsicht
ist auch geboten, falls die Verteilung mehrgipflig oder ausgeprägt asymmetrisch ist.
In diesen Fällen sollte man eher den Median zur Beschreibung der zentralen Tendenz
benutzen.

Will man sich die Statistiken Modus, Median und arithmetisches Mittel automatisch vom
SPSS-System berechnen lassen, so muß man das Kommando STATISTICS (Statistiken) im Anschluß an das Kommando FREQUENCIES in der folgenden Form kodieren:[+)

```
FREQUENCIES     GENERAL = variablenliste
STATISTICS      kennzahl1 [kennzahl2] ...
```

Jeder Statistik, welche vom SPSS-System ausgegeben werden kann, ist eine spezielle
ganzzahlige Kennzahl zugeordnet. Die Statistiken für die zentrale Tendenz kann man
durch folgende Kennzahlen abrufen:

Kennzahl	Statistik für die zentrale Tendenz
1	arithmetisches Mittel
3	Median[++)
4	Modus

Wollen wir uns für das intervallskalierte Merkmal "Unterrichtsstunden" (VARoo6) diese
drei Statistiken ausdrucken lassen, so kodieren wir

```
FREQUENCIES     GENERAL = VARoo6
OPTIONS         7
STATISTICS      1, 3, 4
```

und erhalten als Ergebnis:

```
    VAROO6        UNTERRICHTSSTUNDEN

●   MEAN          33.600     MEDIAN      33.773      MODE        33.000

●   VALID CASES   250        MISSING CASES    0
```

Diese Werte weichen nur wenig voneinander ab[+++) und charakterisieren die Verteilung
von VARoo6 in dem Sinn: die zentrale Tendenz liegt bei etwa 33 Unterrichtsstunden.

<u>Maße der Variabilität</u>

Will man Aussagen über die Homogenität (Gleichartigkeit) bzw. Heterogenität (Unterschiedlichkeit) der Merkmalsträger machen, so muß man die Variabilität, d.h. die
Unterschiedlichkeit der Cases im Hinblick auf ihre Merkmalsausprägungen durch geeig-

---

 +) Soll zusätzlich ein OPTIONS=Kommando kodiert werden, so darf das STATISTICS=
    Kommando vor oder hinter dem OPTIONS=Kommando angegeben werden. In jedem Fall
    muß das FREQUENCIES=Kommando beiden Kommandos vorangestellt sein.
++) Der Median wird vom SPSS-System stets durch Interpolation nach der Formel auf
    S. 57 berechnet.
+++) Bei einer theoretischen Verteilung impliziert die Gleichheit von Modus, Median
    und arithmetischem Mittel, daß diese Verteilung eingipflig (unimodal) und symme-
    trisch ist. Eingipfligkeit und z.B. Rechtsschiefe werden dagegen durch die
    Gültigkeit der Beziehung " Modus < Median < arithmetisches Mittel " angezeigt.

nete Maßzahlen beschreiben. Dazu kann man sich durch das SPSS-System die folgenden
Statistiken berechnen lassen, wobei man die zugehörigen Kennzahlen in einem STATISTICS=
Kommando in Verbindung mit einem FREQUENCIES=Kommando geeignet angeben muß:

Kennzahl	Statistik für die Variabilität
5	Standardabweichung
6	Varianz
9	Spannweite
lo	minimaler Wert
11	maximaler Wert

Für nominalskalierte Merkmale kann die Variabilität nur durch die Anzahl der möglichen verschiedenen Merkmalsausprägungen beschrieben werden.

Als geeignete Statistiken für ordinalskalierte Merkmale kann man den minimalen Wert
(minimum), den maximalen Wert (maximum) und die Spannweite (range) als Differenz
dieser beiden Werte berechnen lassen.[+)]
Als weitere Statistik läßt sich aus der tabellarischen Häufigkeitsverteilung der sog.
Quartilsabstand (quartil deviation) ermitteln. Dieser Wert errechnet sich als Differenz
des 3. Quartils (d.h. oberhalb dieses Wertes liegen 25% der Ausprägungen) und des
1. Quartils (d.h. unterhalb dieses Wertes liegen 25% der Ausprägungen). Diese Größe
hat den Vorteil, daß ihr Wert nicht von den Extremwerten der Verteilung beeinflußt
wird.

So kann man z.B. für die Variable VARoo6 aus der Tabelle der Häufigkeitsverteilung
(s. S. 54) die Variabilitätsmaße

   minimaler Wert = 18, maximaler Wert = 42, Spannweite = 42 - 18 = 24 und
   Quartilsabstand = 36 - 33 = 3

direkt ermitteln bzw. für die ersten drei Statistiken durch die Ausführung von

```
FREQUENCIES      GENERAL = VARoo6
OPTIONS          7
STATISTICS       lo, 11, 9
```

ausdrucken lassen.

Für intervallskalierte Merkmale beschreibt man die Variabilität in der Regel durch
die Varianz (variance). Zur Berechnung dieses Wertes werden die quadrierten Abwei-
chungen der einzelnen Ausprägungen vom arithmetischen Mittel über alle Cases summiert
und anschließend durch die um 1 verminderte Anzahl der Cases geteilt. Dadurch wird
die durchschnittliche Abweichung der Werte vom arithmetischen Mittel beschrieben.
Dieser Wert läßt sich auch als Prognosefehler auffassen, falls man das arithmetische
Mittel zur Vorhersage eines zufällig ausgewählten Cases verwendet.

+) Streng genommen darf die Differenzbildung nur bei Intervallskalen vorgenommen
   werden.

4.1.3 Wölbung und Schiefe   - 6o -

In vielen Fällen beschreibt man die Variabilität auch durch die <u>Standardabweichung</u>
(standard deviation), welche auch Streuung genannt wird. Diese Größe ist als die positive Quadratwurzel aus der Varianz definiert. Durch die Angabe dieser Statistik kann
man die Unterschiedlichkeit der Merkmalsträger in der Maßeinheit des Merkmals (und
nicht in deren Quadrat) mitteilen.

So erhalten wir durch die Kodierung der Kommandos

```
FREQUENCIES    GENERAL = VARoo6
OPTIONS        7
STATISTICS     5, 6
```

die folgenden Werte ausgedruckt:

```
        VAROO6        UNTERRICHTSSTUNDEN
●
        STD DEV       3.557        VARIANCE        12.651

●       VALID CASES    250         MISSING CASES      0
```

Die Ausprägungen von VARoo6 streuen also durchschnittlich um 3.6 Stunden um das arithmetische Mittel von 33.6 Stunden, d.h. die Werte aller Cases sind relativ eng um den
Wert der zentralen Tendenz angeordnet.

Mit den Kommandos

```
FREQUENCIES    GENERAL = VARo14
OPTIONS        7
STATISTICS     1, 3, 4, 9, 1o, 11
```

erhalten wir für die Variable VARo14 ("Schulleistung") die folgenden Statistiken[+)]
ausgedruckt:

```
        VARO14        SCHULLEISTUNG
●
        MEAN        5.508     MEDIAN     5.350     MODE       5.000
        RANGE       8.000     MINIMUM    1.000     MAXIMUM    9.000
●
        VALID CASES   250     MISSING CASES    0
```

Aus der Häufigkeitsverteilung von VARo14 (s. S. 53) ermitteln wir zusätzlich als
Median den Wert 5 und als Quartilsabstand den Wert 1 (= 6 - 5). Diese Werte decken
sich mit den Einsichten aus dem Histogramm von VARo14 (vgl. S. 55), d.h. die Verteilung ist fast symmetrisch, die zentrale Tendenz liegt beim Wert 5, und die Variabilität ist sehr gering.

<u>Maße der Wölbung und der Schiefe</u>

Zusätzlich zu den Statistiken, welche die zentrale Tendenz und die Variabilität beschreiben, können noch die folgenden Statistiken bei der Ausführung des Kommandos
FREQUENCIES abgerufen werden:

+) Wir berechnen das arithmetische Mittel als Näherungswert für die zentrale Tendenz,
   da das Merkmal "Schulleistung" nicht intervallskaliert ist (vgl. 1.5).

Kennzahl	Statistik
2	Standardfehler
7	Wölbung
8	Schiefe

Grundsätzlich sollte man diese Statistiken nur für intervallskalierte Merkmale berechnen lassen. Durch die Maße der Wölbung und der Schiefe kann man die Verlaufsform der Verteilung im Hinblick auf eine Normalverteilung[+] beschreiben.

Das Maß der Schiefe (skewness)[++] legt dabei fest, in wieweit die Verteilung von einer symmetrischen Verteilung abweicht. Symmetrie liegt beim Wert o vor, Rechtsschiefe bei einem positiven und Linksschiefe bei einem negativen Wert.

Ist eine Verteilung genauso gewölbt wie eine Normalverteilung, so erhält man als Maßzahl für die Wölbung (kurtosis)[+++] - auch Exzeß genannt - den Wert o. Bei einem positiven Wert ist die Verteilung zentrierter als eine entsprechende Normalverteilung mit gleichem Mittelwert und gleicher Varianz, und bei einem negativen Wert verläuft die Verteilungskurve vergleichsweise flacher.

So ermitteln wir durch die Kodierung der Kommandos

```
FREQUENCIES    GENERAL = VARoo6
OPTIONS        7
STATISTICS     7, 8
```

die Werte

```
VAROO6        UNTERRICHTSSTUNDEN

KURTOSIS      3.707      SKEWNESS      -1.476

VALID CASES   250        MISSING CASES     O
```

und beschreiben dadurch, daß die Verteilung des Merkmals "Unterrichtsstunden" (VARoo6) leicht linksschief und zentrierter als eine entsprechende Normalverteilung ist.

<u>Maß für die Schätzgüte</u>

Betrachtet man die Gesamtheit der Cases als Zufallsstichprobe, und berechnet man das arithmetische Mittel als Schätzung für die zentrale Tendenz (Erwartungswert) in der Grundgesamtheit, so ist der Standardfehler (standard error) ein Maß für die Güte

---

+) Eine Normalverteilung - auch Gauß'sche Glockenkurve genannt - ist eine kontinuierliche, eingipflige, symmetrische theoretische Verteilung, bei der ungefähr 95% aller Ausprägungen innerhalb des Bereichs von ± 2 Standardabweichungen und etwa 66% innerhalb von ± 1 Standardabweichung vom arithmetischen Mittel entfernt sind.
Diese Verteilung besitzt zentrale Bedeutung für die induktive Statistik.

++) Das Maß der Schiefe ist dadurch bestimmt, daß die Differenzen zwischen den Ausprägungen x_i und dem arithmetischen Mittel $\bar{x}$ durch die Standardabweichung s geteilt, in die 3. Potenz erhoben und nach der Summation über alle derartigen Größen durch die Anzahl n der Cases geteilt werden, in Formeln:

$$(1/n) * \sum_{i=1}^{n} ((x_i - \bar{x}) / s)^3.$$

+++) Die Wölbung errechnet sich zu: $(1/n) * \sum_{i=1}^{n} ((x_i - \bar{x}) / s)^4 - 3$

dieser Schätzung. Der Standardfehler berechnet sich als Quotient aus der Standardabweichung und der aus der Anzahl der Cases gezogenen positiven Quadratwurzel. Er wird
in erster Linie zur Bestimmung von Konfidenzintervallen benutzt.
So ermittelt man z.B. ein 95%-Konfidenzintervall für die zentrale Tendenz als dasjeni-
ge Intervall, welches das arithmetische Mittel als Mittelpunkt enthält und dessen
halbe Breite der Größe entspricht, die sich aus der Multiplikation des Standardfehlers
mit dem Faktor 1.96 ergibt.

So erhalten wir für die Variable VARoo6 durch die Kommandos

```
FREQUENCIES     GENERAL = VARoo6
OPTIONS         7
STATISTICS      1, 2
```

als arithmetisches Mittel und Standardfehler die folgenden Werte ausgedruckt:

```
    VAROO6        UNTERRICHTSSTUNDEN

●   MEAN          33.600      STD ERR         0.225

●   VALID CASES   250         MISSING CASES   0
```

Dadurch ergibt sich als 95%-Konfidenzintervall das Intervall

$$[33.6 - 1.96 * o.225, \ 33.6 + 1.96 * o.225] \ , \ d.h. \ [33.2, \ 34.o]$$

welches wir wie folgt interpretieren können:
Bei wiederholter Stichprobenziehung und entsprechend ermittelten Konfidenzintervallen,
von denen das soeben berechnete eines ist, enthalten 95% der so bestimmten Intervalle
den unbekannten Erwartungswert der Grundgesamtheit. Unser 95%-Konfidenzintervall ist
somit eine gute Schätzung für die Lage der zentralen Tendenz in der Grundgesamtheit.

4.1.4 Berechnung von Statistiken für kontinuierliche Merkmale (CONDESCRIPTIVE)

Bei kontinuierlichen Merkmalen ist eine Ausgabe von Häufigkeitstabellen durch das
Kommando FREQUENCIES in der Regel nicht sinnvoll. In diesem Fall beschreibt man die
Häufigkeitsverteilungen besser durch geeignete Statistiken wie etwa das arithmetische
Mittel, die Varianz, die Schiefe und die Wölbung. Zum Abruf derartiger Statistiken
muß man das Kommando CONDESCRIPTIVE (als Abk. für: continous descriptive statistics)
in der folgenden Form kodieren:

```
CONDESCRIPTIVE variablenliste
OPTIONS         kennzahl1 [kennzahl2]...
STATISTICS      kennzahl3 [kennzahl4]...
```

Für alle in der Variablenliste explizit oder implizit (durch reflexive Variablenlisten)
aufgeführten Variablen kann man durch die Angabe von entsprechenden Kennzahlen im

STATISTICS=Kommando die folgenden Statistiken berechnen und ausgeben lassen:[+)]

Kennzahl	Statistiken
1	arithmetisches Mittel
2	Standardfehler
5	Standardabweichung
6	Varianz
7	Wölbung
8	Schiefe
9	Spannweite
lo	minimaler Wert
11	maximaler Wert
12	Summe aller Werte

Diese Kennzahlen entsprechen denen, welche in Verbindung mit dem Kommando FREQUENCIES zugelassen sind. Allerdings kann man hier die Statistiken Median und Modus nicht berechnen lassen. Als Ergänzung gibt es hier jedoch die Möglichkeit, durch die Angabe der Kennzahl 12 die Summe aller Ausprägungen ermitteln zu lassen.

Wollen wir z.B. für die Variable VARoo6 ("Unterrichtsstunden") das arithmetische Mittel, die Standardabweichung und die Summe aller Werte ausgeben lassen, so spezifizieren wir die erforderlichen Kennzahlen im Kommando STATISTICS in der Form

```
CONDESCRIPTIVE VARoo6
STATISTICS     1, 5, 12
```

und erhalten dadurch das Ergebnis (vgl. S. 58 und S. 6o):

```
VARIABLE  VAR006      UNTERRICHTSSTUNDEN
MEAN          33.600              STD DEV      3.557         SUM       8400.000
VALID OBSERVATIONS -    250            MISSING OBSERVATIONS -     0
```

Die Steuerung der Druckausgabe kann man genauso wie beim Kommando FREQUENCIES mit Hilfe einer zusätzlichen Kodierung des Kommandos OPTIONS vornehmen. Dabei kann man die Standardform der Druckausgabe und die Berechnungsvorschrift für die Statistiken durch die Angabe der folgenden Kennzahlen verändern:

1 : Einschluß von missing Values,
2 : durch VAR LABELS vereinbarte Variablenetiketten werden nicht ausgedruckt und
4 : hinter den zuletzt ausgegebenen Statistiken wird ein Inhaltsverzeichnis ausgedruckt, in welchem für jede Variable die Seitenzahl der zugehörigen Druckausgabe protokolliert ist.[++)]

+) Es dürfen keine alphanumerischen Variablen angegeben werden. Alle aufgeführten numerischen Variablen sollten intervallskaliert sein.

++) Dies ist i. allg. nur sinnvoll, wenn sehr viele Variablennamen in dem Spezifikationsfeld des CONDESCRIPTIVE=Kommandos aufgeführt sind.

Sollen einzelne Merkmalsträger oder verschiedene Merkmale, bei denen sich die Meßein-
heiten unterscheiden, miteinander verglichen werden, so kann man eine Standardisierung
vornehmen und die standardisierten Variablenwerte, die sog. z-scores in eine Magnetplatten-Datei eintragen lassen, so daß sie durch einen nachfolgenden SPSS-Lauf weiterverarbeitet werden können (vgl. 6.8.4).

Bei dieser Standardisierung wird von jedem Wert das arithmetische Mittel subtrahiert
und diese Differenz durch die Standardabweichung geteilt. Die Berechnung und Ausgabe
dieser z-scores wird durch die Kennzahl 3 im Kommando OPTIONS abgerufen:

3 : die standardisierten Werte werden in eine Datei auf der Magnetplatte oder einem Magnetband ausgegeben, und der Aufbau der Datensätze wird protokolliert.

Der Vorteil der Standardisierung besteht vor allem darin, daß zunächst unterschiedli-
che Verteilungen nach der Transformation gleiche Verteilungskennwerte bzgl. der zentralen Tendenz und der Variabilität haben, da das arithmetische Mittel der standardisierten Werte sich zu o und die Standardabweichung sich zu 1 errechnet.

4.2 Die Subfile-Struktur (SUBFILE LIST, RUN SUBFILES)

Will man die Auswertung von Variablen wie z.B. die Bestimmung von Häufigkeitsverteilungen auf bestimmte Gruppierungen der Cases einschränken, so kann man das SPSS-file
mit Hilfe des Kommandos SUBFILE LIST (Unterdatei-Liste) geeignet strukturieren.

Wollen wir etwa unsere Cases nach den Jahrgangsstufen zusammenfassen und dazu das
SPSS-file in drei Subfiles mit z.B. den Namen J11, J12 und J13 aufteilen, so können
wir dies durch die Kommandos

SUBFILE LIST   J11 (1oo), J12 (1oo), J13 (5o) DATA LIST   FIXED VARo14 14, VARo16, VARo17 16 - 17

erreichen. Dadurch werden die Werte der Variablen VARo14, VARo16 und VARo17 eingelesen
und das SPSS-file wie folgt strukturiert:

	SEQNUM	SUBFILE	VARo14	VARo16	VARo17	
	1	J11	7	6	6	
	2	J11	2	4	5	
Subfile J11	:	:	:	:	:	
	1oo	J11	5	6	5	
	1	J12	5	8	5	SPSS-file mit dem Namen
	2	J12	7	6	7	NONAME, bestehend aus
Subfile J12	:	:	:	:	:	25o Cases
	1oo	J12	7	7	5	
	1	J13	5	5	6	
	2	J13	6	5	7	
Subfile J13	:	:	:	:	:	
	5o	J13	5	5	6	

Die ersten 1oo Cases sind zu einem Subfile mit dem Subfilenamen J11, die zweiten 1oo
Cases zum Subfile J12 und die restlichen 5o Cases zum Subfile J13 gruppiert. Diese
Gliederung (und die damit verbundene Wahl der Subfilenamen) ist natürlich nur dann
sinnvoll, wenn die Cases bei der Dateneingabe nach den Jahrgangsstufen 11, 12 und 13
(in dieser Reihenfolge) geordnet sind.[+]

Dem angegebenen Schema entnehmen wir, daß es neben der internen Variablen SEQNUM eine
weitere interne Variable namens <u>SUBFILE</u> gibt, deren (maximal 4 Zeichen lange) alphanumerischen Werte die einzelnen Cases dem entsprechenden Subfile zuordnen.[++]

<u>SUBFILE LIST</u>

Soll bei der Dateneingabe das SPSS-file in Subfiles gegliedert werden, so ist die gewünschte Subfile-Struktur durch das Kommando SUBFILE LIST in der folgenden Form festzulegen:[+++]

```
SUBFILE LIST    subfilename1 ( anzahl1 ) subfilename2 ( anzahl2 )
                [subfilename3 ( anzahl3 )]...
```

Dann werden die ersten "anzahl1" Cases zu einem Subfile mit dem Subfilenamen
"subfilename1" zusammengefaßt. Das nächste Subfile besteht aus den folgenden "anzahl2"
Cases und trägt den Namen "subfilename2" usw. Die angegebenen (maximal 8 Zeichen langen) Subfilenamen müssen sich in den ersten 4 Zeichen unterscheiden, da in der internen alphanumerischen Variablen SUBFILE nur maximal 4 Zeichen abgespeichert werden
können.

Bei der Anwendung des SUBFILE LIST=Kommandos sollte man stets abprüfen, ob sich die
eingelesenen Daten auch tatsächlich in der richtigen Reihenfolge befinden.
Da wir in dem o.a. Beispiel die Cases nach Jahrgangsstufen gliedern wollen, müssen
wir uns folglich davon überzeugen, daß die Variable VARoo1 im Subfile J11 den Wert 1
und in den beiden anderen Subfiles die Werte 2 und 3 besitzt. Dies können wir z.B.
dadurch überprüfen, daß wir unter Anwendung des Kommandos RUN SUBFILES (s. S. 66f)
die entsprechenden Häufigkeiten von VARoo1 durch das folgende SPSS-Programm ausdrucken
lassen:

```
SUBFILE LIST    J11 ( 1oo ), J12 ( 1oo ), J13 ( 5o )
DATA LIST       FIXED VARoo1 1
INPUT MEDIUM    DISK
RUN SUBFILES    ( J11 ), ( J12 ), ( J13 )
FREQUENCIES     GENERAL = VARoo1
```

Hierdurch werden drei Häufigkeitsverteilungen von VARoo1 ausgegeben - für jedes der
Subfiles J11, J12 und J13 eine - und wir können uns davon überzeugen, daß VARoo1 in

---

+) Wie man eine derartige Subfile-Struktur erzeugen kann, falls die Eingabedaten
   nicht so sortiert sind, lernen wir im Abschnitt 4.3 kennen.
++) Die Werte der Variablen SEQNUM beziehen sich auf das jeweilige Subfile und nicht
   auf das gesamte SPSS-file - wie es ohne Subfile-Struktur der Fall ist.
+++) Es können maximal 1oo Subfiles vereinbart werden.

jedem dieser Subfiles nur den charakteristischen Indikatorwert für die jeweilige
Jahrgangsstufe besitzt.

Wollen wir - nach Jahrgangsstufen getrennt - eine Häufigkeitsauszählung für die
Variablen VARo14 ("Schulleistung"), VARo16 ("Begabung") und VARo17 ("Lehrerurteil")
ermitteln, so können wir das folgende SPSS-Programm kodieren:

```
SUBFILE LIST    J11 ( 1oo ), J12 ( 1oo ), J13 ( 5o )
DATA LIST       FIXED VARo14 14, VARo16, VARo17 16 - 17
INPUT MEDIUM    DISK
RUN SUBFILES    ( J11 ), ( J12 ), ( J13 )
FREQUENCIES     GENERAL = VARo14, VARo16, VARo17
STATISTICS      1, 3, 4, 9, 1o, 11
```

Mit dem STATISTICS=Kommando rufen wir für die Variablen VARo14, VARo16 und VARo17
die Ausgabe der Statistiken arithmetisches Mittel, Median, Modus, Spannweite, minimaler und maximaler Wert ab.[+] Für VARo14 geben wir die Ergebnisse in der folgenden
Tabelle an:

Statistiken	Jahrgangsstufe		
	11	12	13
arithmetisches Mittel	5.43	5.53	5.62
Median	5.33	5.37	5.36
Modus	5	5	5
Spannweite	8	7	5
minimaler Wert	1	2	3
maximaler Wert	9	9	8
Median, ermittelt aus Tabelle	5	5	5
Quartilsabstand, ermittelt aus Tabelle	1	1	2

Diese Werte geben einen Einblick, in wieweit die Verteilung von VARo14 (vgl. S. 6o)
durch die jeweilige Jahrgangsstufe beeinflußt wird. Bzgl. der zentralen Tendenz und
der Variabilität gibt es keine stärkeren Unterschiede (das arithmetische Mittel wächst
geringfügig mit den Jahrgangsstufen).

RUN SUBFILES

Wollen wir zusätzlich eine gemeinsame Auswertung der Jahrgangsstufen 11 und 12 durchführen, so müssen wir unser SPSS-Programm durch die Kommandos

```
RUN SUBFILES    ( J11, J12 )
FREQUENCIES     GENERAL = VARo14, VARo16, VARo17
```

ergänzen.

Will man nämlich in einem strukturierten SPSS-file mehrere Subfiles für eine Auswertung zusammenfassen, so muß dies in Verbindung mit dem Kommando RUN SUBFILES (werte
die Unterdateien aus) geschehen, welches wie folgt anzugeben ist:[++]

[+] Wir berechnen das arithmetische Mittel als Näherungswert für die zentrale Tendenz,
    da das Merkmal "Schulleistung" nicht intervallskaliert ist (vgl. 1.5).
[++] Ein Subfilename darf nicht gleichzeitig in mehreren derartigen Listen auftreten.

```
RUN SUBFILES    ( subfilenamen-liste1 )[( subfilenamen-liste2 )]...
```

Das RUN SUBFILES=Kommando muß stets vor dem Kommando für die jeweilige Aufgabenstellung
aufgeführt sein. Dann werden alle nachfolgenden Auswertungen für jede in diesem Kommando angegebene Subfile-Gruppierung - in der Reihenfolge ihrer Nennungen - vorgenommen.
Dabei besteht jede Gruppierung aus den Subfiles, deren Namen[+] durch die Klammern "("
und ")" zusammengefaßt sind. Diese Regelung bleibt solange gültig, bis sie durch ein
nachfolgend kodiertes RUN SUBFILES=Kommando abgelöst wird.

Um Schreibarbeit zu sparen, kann man durch die Kodierung von

```
RUN SUBFILES    EACH
```

anzeigen, daß die nachfolgenden Auswertungen für alle Subfiles _einzeln_ durchgeführt
werden sollen, und durch das Kommando

```
RUN SUBFILES    ALL
```

kann man eine Auswertung für das gesamte SPSS-file abrufen.

Sind etwa unsere Eingabedaten gemäß der Abfolge

```
Schüler der Jahrgangsstufe 11
Schülerinnen der Jahrgangsstufe 11
Schüler der Jahrgangsstufe 12
Schülerinnen der Jahrgangsstufe 12
Schüler der Jahrgangsstufe 13
Schülerinnen der Jahrgangsstufe 13
```

geordnet, so rufen wir durch das SPSS-Programm

```
SUBFILE LIST    J11M ( 5o ), J11W ( 5o ), J12M ( 5o ), J12W ( 5o ),
                J13M ( 25 ), J13W ( 25 )
DATA LIST       FIXED VARoo1, VARoo2 1 - 2, VARo14 14, VARo16, VARo17 16 - 17
INPUT MEDIUM    DISK
RUN SUBFILES    EACH
FREQUENCIES     GENERAL = VARoo1, VARoo2                                       (+)
FREQUENCIES     GENERAL = VARo14, VARo16, VARo17                               (++)
RUN SUBFILES    ( J11M, J12M, J13M ), ( J11W, J12W, J13W )
FREQUENCIES     GENERAL = VARo14, VARo16, VARo17                               (+++)
RUN SUBFILES    ( J11M, J11W ), ( J12M, J12W ), ( J13M, J13W )
FREQUENCIES     GENERAL = VARo14, VARo16, VARo17                               (++++)
```

die folgenden Leistungen ab:

Durch (+) überprüfen wir, ob unsere Daten bei der Eingabe in der richtigen Reihenfolge
bereitgestellt werden (u.a. dürfen VARoo1 und VARoo2 in jedem Subfile nur jeweils eine
Ausprägung besitzen). Durch (++) ermitteln wir für jedes der 6 Subfiles die Häufigkeitsverteilungen der Variablen VARo14, VARo16 und VARo17, da das in (+) angegebene
Kommando RUN SUBFILES auch für diese Auswertung wirksam ist. Durch (+++) fassen wir
die Cases geschlechtsspezifisch zusammen, und durch (++++) werten wir die Variablen
nach einzelnen Jahrgangsstufen getrennt aus.

+) Die Anzahl der Cases in den Subfiles wird hier nicht mehr spezifiziert.

4.3 Sortieren des SPSS-files (SORT CASES)

Die Vereinbarung einer Subfile-Struktur mit dem Kommando SUBFILE LIST setzt voraus,
daß die Cases bei der Dateneingabe geeignet gruppiert sind. Ist diese Voraussetzung
nicht erfüllt, so kann man die Cases mit Hilfe des Kommandos SORT CASES (sortiere die
Fälle) geeignet sortieren und das SPSS-file dadurch nachträglich in Subfiles gliedern.

So legen wir z.B. durch das Kommando

```
SORT CASES      VARoo1 ( A ) / SUBFILES = J11, J12, J13
```

fest, daß die Cases unseres SPSS-files nach Jahrgangsstufen gemäß der Werte von
VARoo1 (dies sind 1, 2 und 3) geordnet werden sollen. Die Angabe von "(A)" hinter
der Sortiervariablen VARoo1 besagt, daß die Werte der Cases aufsteigend (ascending)
zu sortieren sind.
Ferner sollen diejenigen Cases, für welche VARoo1 den kleinsten Wert (das ist der
Wert 1) besitzt, zu einem Subfile mit dem Namen J11 zusammengefaßt werden, und die
Namen J12 und J13 sollen die Subfiles derjenigen Cases bezeichnen, für welche VARoo1
die Werte 2 bzw. 3 annimmt. Die Subfile-Variable SUBFILE erhält demzufolge die alphanumerischen Werte "J11", "J12" und "J13" zugewiesen.

Wollen wir z.B. die Subfile-Struktur

```
Schüler der Jahrgangsstufe 11
Schülerinnen der Jahrgangsstufe 11
Schüler der Jahrgangsstufe 12
Schülerinnen der Jahrgangsstufe 12
Schüler der Jahrgangsstufe 13
Schülerinnen der Jahrgangsstufe 13
```

erzeugen, so müssen wir die Cases nach dem Schema

```
Cases mit: VARoo1 = 1 und VARoo2 = 1 ┐
Cases mit: VARoo1 = 1 und VARoo2 = 2 │
Cases mit: VARoo1 = 2 und VARoo2 = 1 │
Cases mit: VARoo1 = 2 und VARoo2 = 2 │ SPSS-file
Cases mit: VARoo1 = 3 und VARoo2 = 1 │
Cases mit: VARoo1 = 3 und VARoo2 = 2 ┘
```

gruppieren. Hier wird die Struktur durch die Wertekombination zweier Variablen bestimmt. Wir müssen die Cases daher zunächst nach den Werten von VARoo1 sortieren und
anschließend innerhalb der daraus resultierenden drei Gruppierungen nach den Werten
von VARoo2 ordnen.

Wollen wir ferner für die sechs Subfiles die Namen J11M, J11W, J12M, J12W, J13M und
J13W - in dieser Reihenfolge - als entsprechende Werte der Subfile-Variablen SUBFILE
vergeben, so müssen wir das folgende Kommando kodieren:

```
SORT CASES      VARoo1 ( A ), VARoo2 ( A ) /
                SUBFILES = J11M, J11W, J12M, J12W, J13M, J13W
```

Das Spezifikationsfeld muß man mit dem Namen der Variablen einleiten, nach deren
Werten zuerst sortiert werden soll.

So können wir - ohne eine vorherige Vereinbarung einer Subfile-Struktur mit dem
SUBFILE LIST=Kommando - durch die Angabe von

```
SORT CASES      VARoo1 ( A ), VARoo2 ( A ) /
                SUBFILES = J11M, J11W, J12M, J12W, J13M, J13W
RUN SUBFILES    EACH
FREQUENCIES     GENERAL = VARo14, VARo16, VARo17
```

für jedes der sechs Subfiles die Häufigkeitsverteilungen der Variablen VARo14, VARo16
und VARo17 ausdrucken lassen. Soll diese Auswertung zusätzlich noch geschlechtsspezifisch erfolgen, so fügen wir an diese Kommandos die Angaben

```
RUN SUBFILES    ( J11M, J12M, J13M ), ( J11W, J12W, J13W )
FREQUENCIES     GENERAL = VARo14, VARo16, VARo17
```

an. Wollen wir jedoch z.B. bei der Ermittlung der Häufigkeitsverteilungen durch die
Ausführung der Kommandos

```
RUN SUBFILES    EACH
FREQUENCIES     GENERAL = VARo14, VARo16, VARo17
```

die Druckausgabe in der Reihenfolge J11W, J12W, J13W, J11M, J12M, J13M vornehmen
lassen, so müssen wir unser SPSS-file vorher so strukturieren:

```
J11W ─────→ Schülerinnen der Jahrgangsstufe 11 ┐
J12W ─────→ Schülerinnen der Jahrgangsstufe 12 │
J13W ─────→ Schülerinnen der Jahrgangsstufe 13 │
J11M ─────→ Schüler der Jahrgangsstufe 11      ├ SPSS-file
J12M ─────→ Schüler der Jahrgangsstufe 12      │
J13M ─────→ Schüler der Jahrgangsstufe 13      ┘
```

Dazu kodieren wir das Kommando SORT CASES in der Form:

```
SORT CASES      VARoo2 ( D ), VARoo1 ( A ) /
                SUBFILES = J11W, J12W, J13W, J11M, J12M, J13M
```

Jetzt werden die Cases zuerst nach den Werten der Variablen VARoo2 absteigend
(descending) - gekennzeichnet durch die Eintragung "VARoo2 (D)" - und daran anschließend nach den Werten von VARoo1 aufsteigend sortiert.

Allgemein muß man das Kommando SORT CASES in der folgenden Form angeben:

```
SORT CASES      sortiervariable1 ( A | D ) [sortiervariable2 ( A | D )] ...
                [/ SUBFILES = subfilename1 subfilename2 [subfilename3]...]
```

Die Cases werden zunächst nach den Werten der zuerst aufgeführten Sortiervariablen geordnet. Sind weitere Sortiervariablen angegeben, so werden die Cases anschließend
innerhalb jeder Gruppierung gleicher Werte nach den Werten der zweiten Sortiervariablen geordnet usw. Dabei wird eine aufsteigende Sortierung durch die Angabe von "(A)"

und eine absteigende Sortierung durch den Indikator "(D)" festgelegt.[+]
Falls man im Kommando SORT CASES keine Angabe zum Subkommando SUBFILES macht, werden
die Cases des SPSS-files nach den aufgeführten Sortierangaben geordnet. Jedoch wird
in diesem Fall keine Subfile-Struktur eingerichtet bzw. eine bereits vorhandene Struktur auch nicht verändert.

Haben wir etwa unser SPSS-file nach Jahrgangsstufen in drei Subfiles gegliedert, so
wird diese Strukturierung durch die Ausführung des Kommandos

```
SORT CASES      VARoo2 ( D ), VARoo1 ( A )
```

nicht verändert. Es werden dabei - wie beabsichtigt - die Cases so umsortiert, daß wir
die auf der S. 69 angegebene Reihenfolge erhalten. Die Werte der Subfile-Variablen
SUBFILE und die dadurch festgelegte Strukturierung in die drei Jahrgangsstufen bleiben
jedoch unverändert.

Eine Sortierung mit dem SORT CASES=Kommando ist z.B. dann unerläßlich, falls wir für
ein SPSS-file, dessen Cases nicht geordnet sind, eine Auswertung mit dem Kommando
REPORT (vgl. 4.4) vornehmen wollen.

4.4 Erzeugung eines Reports (REPORT)

4.4.1 Aufgabenstellung

Wir stellen uns die Aufgabe, für jede Jahrgangsstufe die Anzahl der gültigen Cases und
die Modi der Variablen VARo14 ("Schulleistung"), VARo16 ("Begabung") und VARo17
("Lehrerurteil") zu tabellieren. Nach unserer bisherigen Kenntnis ist dies durch das
folgende SPSS-Programm leistbar:[++]

```
SUBFILE LIST    J11 ( loo ), J12 ( loo ), J13 ( 5o )
DATA LIST       FIXED VARo14 14, VARo16, VARo17 16 - 17
INPUT MEDIUM    DISK
RUN SUBFILES    EACH
FREQUENCIES     GENERAL = VARo14, VARo16, VARo17
OPTIONS         7
STATISTICS      4
```

Durch dieses Programm erfolgt für jede Jahrgangsstufe und für jede Variable eine eigenständige Druckausgabe der angeforderten Statistiken, so daß insgesamt 9 Tabellen ausgegeben werden.

[+] Man kann auf die explizite Angabe der Sortierschlüssel "(A)" und "(D)" auch
verzichten. Dann bezieht sich ein Sortierschlüssel auf alle vorher aufgeführten
Sortier-Variablen. Ist überhaupt kein Schlüssel kodiert, so wird stets aufsteigend
sortiert.
[++] Dabei wird vorausgesetzt, daß die in einer Magnetplatten-Datei abgespeicherten
Daten bei der Eingabe in das SPSS-file in der geforderten Reihenfolge gruppiert
sind (vgl. 4.2).

Oftmals ist es allerdings wünschenswert, die abgerufenen Informationen in Form einer einzigen Tabelle zu erhalten. Durch diese komprimierte Darstellung wird nicht nur Druckpapier eingespart, sondern vor allem auch die Übersichtlichkeit der Ergebnispräsentation verbessert. In diesem Zusammenhang ist es von Vorteil, wenn eine derartige Tabelle nicht fest formatiert ist, sondern flexibel gestaltet werden kann.

Im folgenden wollen wir lernen, wie man vom SPSS-System eine derartige kompakte Tabellierung von Statistiken in Form eines Reports (Berichts) abrufen kann und wie man dazu das SPSS-Kommando REPORT mit seinen erforderlichen (obligaten) Subkommandos
 - FORMAT, VARIABLES, BREAK und SUMMARY
und den u.U. nützlichen aber nicht unbedingt erforderlichen (optionalen) Subkommandos
 - MISSING, LHEAD, CHEAD, RHEAD, LFOOT, CFOOT und RFOOT
kodieren muß.

4.4.2 Break- und Kolumnen-Variablen

Durch die Werte der Variablen VARoo1 ist die Gruppe der Befragten in folgender Weise gegliedert:

Gesamtgruppe	Teilgruppen	charakterisiert durch
NGO-Schüler	Jahrgangsstufe 11	VARoo1 = 1
	Jahrgangsstufe 12	VARoo1 = 2
	Jahrgangsstufe 13	VARoo1 = 3

Jede Teilgruppe ist durch die zugehörige Ausprägung der Variablen VARoo1 bestimmt. Wir setzen voraus, daß unser SPSS-file nach den Werten der Variablen VARoo1 geordnet ist,[+] wobei auf die Cases mit "VARoo1 = 1" diejenigen mit "VARoo1 = 2" und dann diejenigen mit "VARoo1 = 3" folgen. Ein Teilgruppenwechsel (break) wird somit charakterisiert durch die Änderung der Ausprägungen der Variablen VARoo1 von 1 auf 2 und von 2 auf 3. Im Hinblick auf diese Eigenschaften bezeichnen wir VARoo1 daher als Break-Variable.

Allgemein verstehen wir unter einer Break-Variablen einen Indikator für eine Einteilung einer Gesamtgruppe in Teilgruppen, wobei die Cases jeder Teilgruppe direkt hintereinander im SPSS-file abgespeichert sein müssen.

Unsere Aufgabe besteht somit darin, in einem Report für jeden Wert der Break-Variablen VARoo1 die angeforderten Statistik-Informationen, d.h. die Anzahl der gültigen Cases und die Modi für die Variablen VARoo14, VARoo16 und VARoo17 auszudrucken.

Als Lösung dieser Aufgabenstellung können wir uns durch den Aufruf des Kommandos REPORT z.B. den folgenden Report vom SPSS-System ausgeben lassen:

+) Liegt diese Ordnung nicht vor, so muß das SPSS-file mit Hilfe des SORT CASES= Kommandos sortiert werden (vgl. 4.3).

VAR001	VAR014	VAR016	VAR017	
1				
VALIDN MODE	100 5	100 5	100 5	Statistik-Infor- mationen für die Jahrgangsstufe 11
2				
VALIDN MODE	100 5	100 7	100 5	Statistik-Infor- mationen für die Jahrgangsstufe 12
3				
VALIDN MODE	50 5	50 7	50 5	Statistik-Infor- mationen für die Jahrgangsstufe 13

Dieser Report gliedert sich in vier <u>Kolumnen</u> (Tabellenspalten). In der ersten Kolumne, die durch den Namen der Break-Variablen VARoo1 überschrieben ist, sind die Werte von VARoo1 aufgeführt, welche die drei Teilgruppen spezifizieren. Die weiteren drei Kolumnen sind durch die Namen der Variablen überschrieben, für welche die angeforderten Statistik-Informationen protokolliert werden sollen.

Allgemein wollen wir unter einer <u>Kolumnen-Variablen</u> eine Variable des SPSS-files verstehen, für welche Statistik-Informationen in einem Report ausgegeben werden sollen.

Unser Report enthält folglich neben der Kolumne der Break-Variablen die Ausgaben für die drei Kolumnen-Variablen VARo14, VARo16 und VARo17. Während diese Kolumnen-Variablen die Tabellenspalten des Reports festlegen, wird die Zeilenstruktur durch die Werte der Break-Variablen bestimmt. Für jede Teilgruppe sind nämlich die abgerufenen Statistik-Informationen nebeneinander in ihren jeweiligen Kolumnen ausgegeben. Dabei werden die einzelnen Zeilen durch die zugehörigen Schlüsselwörter <u>VALIDN</u> (für die Anzahl der gültigen Cases) und <u>MODE</u> (für die Modi) charakterisiert.
So entnehmen wir dem Report, daß in allen Teilgruppen (Jahrgangsstufen) jeweils alle Schüler, d.h. 1oo bzw. 5o auf die Items "Schulleistung" (VARo14), "Begabung" (VARo16) und "Lehrerurteil" (VARo17) eine gültige Antwort gegeben haben.
Bei den Variablen VARo14 und VARo17 gibt es im Hinblick auf die jeweils häufigste Antwort keine jahrgangsstufenspezifischen Unterschiede. Dagegen differieren die Jahrgangsstufen beim Item VARo16, wobei die Jahrgangsstufen 12 und 13 mit dem Wert 7 einen höheren Wert als die Jahrgangsstufe 11 ausweisen.

Im folgenden wollen wir lernen, wie wir den o.a. Report-Ausdruck mit Hilfe des Kommandos REPORT abrufen können. Dabei werden wir feststellen, daß wir neben der Vereinbarung der Break- und Kolumnen-Variablen nur noch die gewünschten Statistik-Informationen geeignet angeben müssen.

4.4.3 Lösung der Aufgabenstellung

Wie man auf das Layout des Reports und seiner Plazierung auf einer Druckseite einwirken kann, lernen wir im Abschnitt 4.4.9 kennen. Zunächst wollen wir jeden Report standardmäßig, d.h. nach Voreinstellungen gestalten und plazieren, und daher kodieren wir:

```
FORMAT = DEFAULT /
```

Die Zahl und die Reihenfolge der Kolumnen des Reports vereinbaren wir in der Form:[+]

```
VARIABLES = VARo14, VARo16, VARo17 /
```

Dadurch sind drei Kolumnen festgelegt, in welche die Statistik-Informationen von VARo14, VARo16 und VARo17 (in dieser Reihenfolge) eingetragen werden sollen. Durch die Angabe von

```
BREAK = VARoo1 /
```

spezifizieren wir unsere Break-Variable VARoo1, nach deren Werten unser SPSS-file sortiert ist. Mit der Kodierung von

```
SUMMARY = VALIDN, MODE ( 1, 9 )
```

legen wir fest, daß für alle drei Kolumnen-Variablen die gewünschten Statistik-Informationen - gekennzeichnet durch die Schlüsselwörter VALIDN (Anzahl der gültigen Cases) und MODE (Modi)[++] - in den jeweiligen Kolumnen ausgedruckt werden.

Fassen wir diese einzelnen in Form von _Subkommandos_ formulierten Angaben zu einem REPORT=Kommando zusammen und kodieren wir das SPSS-Programm[+++]

```
DATA LIST       FIXED VARoo1 1, VARo14 14, VARo16, VARo17 16 - 17
INPUT MEDIUM    DISK
SORT CASES      VARoo1 ( A )
REPORT          FORMAT = DEFAULT /
                VARIABLES = VARo14, VARo16, VARo17 /
                BREAK = VARoo1 /
                SUMMARY = VALIDN, MODE ( 1, 9 )
```

so erhalten wir als Ergebnis der Ausführung den Report-Ausdruck auf der S. 72.

Bevor wir die Möglichkeiten des REPORT=Kommandos im einzelnen kennenlernen, wollen wir zunächst die grundsätzliche Gliederung eines Report-Ausdrucks beschreiben.

+) Wir setzen voraus, daß VARoo1, VARo14, VARo16 und VARo17 im SPSS-file vorliegen.
++) Durch die Angabe von "MODE (1, 9)" wird festgelegt, daß der gesamte Wertebereich von 1 bis 9 in die Auswertung mit einbezogen werden soll.
+++) Die in einer Magnetplatten-Datei abgespeicherten Daten sollen in der für die Eingabe geforderten Reihenfolge gruppiert sein (vgl. 4.2).

4.4.4 Report-Struktur bei einer Break-Variablen

Für den Fall nur einer Break-Variablen[+] entnehmen wir aus der Abbildung auf S. 72
die folgende allgemeine Report-Struktur:

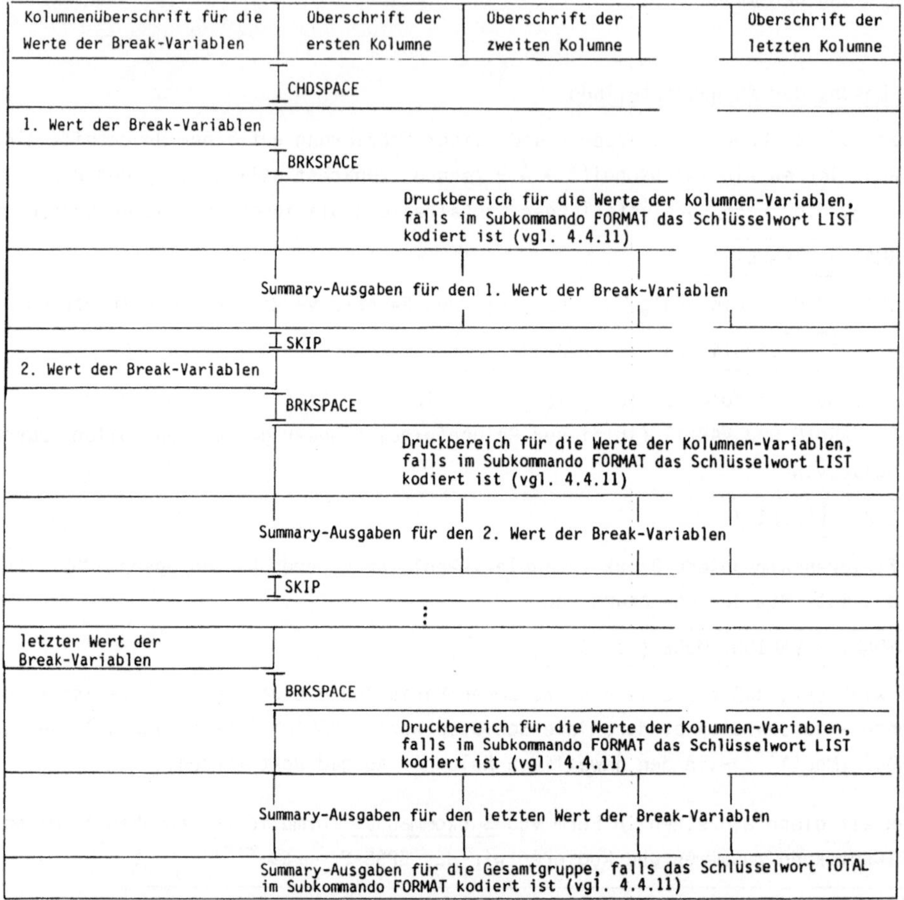

Mit den in der Abbildung angegebenen Schlüsselwörtern CHDSPACE, BRKSPACE, LIST, SKIP
und TOTAL läßt sich das Layout des Reports gestalten. So kann man mit
- CHDSPACE, BRKSPACE und SKIP
die Zahl der gewünschten Trennzeilen einstellen (siehe Subkommandos FORMAT und BREAK
in den Abschnitten 4.4.8 und 4.4.9) und über die Kodierung von
- LIST
(im Subkommando FORMAT, vgl. 4.4.11) den zusätzlichen Ausdruck der einzelnen Werte der
Kolumnen-Variablen abrufen. Sollen die angeforderten Statistik-Informationen zusätzlich auch für die Gesamtgruppe berechnet und am Ende des Reports plaziert werden, so
ist dies durch die Angabe von

[+] Die Teilgruppen-Definition darf auch durch mehrere Break-Variablen erfolgen (vgl.
    4.4.13).

- TOTAL

zu spezifizieren (im Subkommando FORMAT, s. 4.4.11).

Ferner besteht die Möglichkeit, die Angaben des Reports für jede Teilgruppe auf einer neuen Druckseite beginnen zu lassen. Dazu muß man (im Subkommando BREAK, s. 4.4.8) das Schlüsselwort

- PAGE

geeignet angeben.

Die o.a. Schlüsselwörter, auf deren genaue Bedeutung wir an dieser Stelle nicht weiter eingehen, vermitteln uns einen Eindruck davon, wie flexibel man die Druckausgabe für einen Report steuern kann.

Bevor wir die erforderlichen Detailinformationen kennenlernen, geben wir zunächst die allgemeine Form des REPORT=Kommandos an.

4.4.5 Das Kommando REPORT

Will man sich vom SPSS-System Statistik-Informationen flexibel und kompakt in Form eines Reports tabellieren lassen, so muß man das Kommando REPORT in der folgenden Form kodieren:

```
REPORT        FORMAT = layout-spezifikation /
              VARIABLES = kolumnen-variablen-spezifikation /
              [MISSING = auswertungsart / ]
              [LHEAD = text1 / ]
              [CHEAD = text2 / ]
              [RHEAD = text3 / ]
              [LFOOT = text4 / ]
              [CFOOT = text5 / ]
              [RFOOT = text6 / ]
              BREAK = break-variablen-spezifikation /
              SUMMARY = summary-angaben
```

Dabei müssen die einzelnen Subkommandos in dieser Reihenfolge angegeben und je zwei Subkommandos durch das Trennzeichen "/" voneinander abgegrenzt werden. Im Normalfall braucht man nur die vier obligaten Subkommandos FORMAT, VARIABLES, BREAK und SUMMARY (in dieser Reihenfolge) zu kodieren.

Sollen jedoch z.B. bei der Berechnung der Statistik-Informationen diejenigen Cases, welche als missing Values vereinbarte Werte besitzen, speziell behandelt werden, so muß man dies durch das optionale Subkommando MISSING festlegen (s. 4.4.12). Will man etwa am Anfang bzw. am Ende des Reports geeignete Informationen in Kopf- bzw. Fußzeilenbereichen eintragen, so muß dies mit Hilfe der optionalen Subkommandos LHEAD, CHEAD, RHEAD, LFOOT, CFOOT und RFOOT beschrieben werden (vgl. 4.4.1o).

Zum Abruf dieser zusätzlichen Leistungen muß man die erforderlichen Angaben zwischen
den Subkommandos VARIABLES und BREAK kodieren, wobei das Subkommando MISSING dem Subkommando VARIABLES unmittelbar folgen muß.

Wir werden im folgenden zunächst die obligaten und daran anschließend die optionalen
Subkommandos kennenlernen. Als erstes wollen wir uns darüber informieren, welche
Statistik-Informationen man abrufen und in den Kolumnen eines Reports geeignet aus-
drucken lassen kann.

4.4.6 Abrufen von Statistik-Informationen (SUMMARY)

4.4.6.1 Einfache Statistiken

Für diesen Abschnitt setzen wir voraus, daß die Variablen VARoo1 ("Jahrgangsstufe"),
VARoo7 ("Hausaufgaben"), VARo1o ("Abschalten") und VARo14 ("Schulleistung") aus unserer
Untersuchung (vgl. 1.2 und den Kodeplan in 1.4) im SPSS-file enthalten sind.
Ferner beziehen wir uns grundsätzlich auf das folgende Syntax-Gerüst des REPORT=
Kommandos:

```
REPORT        FORMAT = DEFAULT /
              VARIABLES = VARoo7, VARo1o, VARo14 /
              BREAK = VARoo1 /
              SUMMARY = summary-angabe
```

d.h. wir fordern für die Report-Ausgabe das Standardlayout und vereinbaren die Variablen VARoo7, VARo1o und VARo14 als Kolumnen- und VARoo1 als Break-Variable.

Welche Statistik-Informationen in den einzelnen Kolumnen des Reports als
Summary-Ausgaben gedruckt werden sollen, muß man im Subkommando SUMMARY in der
folgenden Form - wir beschränken uns zunächst auf den einfachsten Fall - als sog.
Summary-Angabe festlegen:[+)]

```
SUMMARY = statistik1 [statistik2] ...  ( kolumnen-variable1 [kolumnen-variable2]...)
```

Dabei darf man für die Symbole "statistik1", "statistik2" usw. die Schlüsselwörter aus
der folgenden Tabelle einsetzen:

Schlüsselwort	für Report abgerufene Statistik-Informationen
VALIDN	Anzahl der gültigen Cases (s. S. 2o)
VARIANCE	Varianz (S. 59)
SUM	Summe (S. 63)
MEAN	arithmetisches Mittel (S. 57)
STDEV	Standardabweichung (S. 6o)
MIN	minimaler Wert (S. 59)
MAX	maximaler Wert (S. 59)
SKEWNESS	Schiefe (S. 61)

+) Bei der Angabe der Kolumnen-Variablen darf das Schlüsselwort TO nicht kodiert sein.

Schlüsselwort	für Report abgerufene Statistik-Informationen
KURTOSIS	Wölbung (S. 61)
PCTGT(n)	Prozentsatz der Cases, deren Werte größer als n sind (S. 19)
PCTLT(n)	Prozentsatz der Cases, deren Werte kleiner als n sind (S. 19)
PCTBTN(n_1,n_2)	Prozentsatz der Cases, deren Werte nicht größer als n_2 und nicht kleiner als n_1 sind (S. 19)
ABFREQ(min,max)	absolute Häufigkeiten der Werte zwischen min und max (S. 19)[+]
RELFREQ(min,max)	relative Häufigkeiten der Werte zwischen min und max (S. 19)[+]
MEDIAN(min,max)	Median der Werte zwischen min und max (S. 57)
MODE(min,max)	Modus der Werte zwischen min und max (S. 57)[+]

Jedes in dieser Tabelle aufgeführte Schlüsselwort bezeichnet eine einfache Statistik
- im Gegensatz zu den zusammengesetzten Statistiken, die wir im Abschnitt 4.4.6.2
darstellen.

Kodierung einer Summary-Angabe

Die jeweils abgerufenen Statistiken werden für jede in der Summary-Angabe kodierte
Kolumnen-Variable berechnet und - sofern mehrere Statistiken angefordert sind - untereinander in der jeweiligen Kolumne ausgegeben. Sind mehrere Kolumnen-Variablen aufgeführt, so werden die Statistik-Informationen für jede einzelne Statistik nebeneinander
in derselben Zeile bzw. in demselben Zeilenbereich ausgedruckt.

Wollen wir z.B. für die Variablen VARoo7 und VARo14, welche durch das Subkommando

```
VARIABLES = VARoo7, VARo1o, VARo14 /
```

als Kolumnen-Variablen vereinbart sind, die Anzahl der gültigen Cases und die Modi
ermitteln, so kodieren wir das Subkommando SUMMARY durch:

```
SUMMARY = VALIDN, MODE ( 1, 9 ) ( VARoo7, VARo14 )
```

Rufen wir eine aufsteigende Sortierung der Cases nach den Werten von VARoo1 und eine
anschließende Report-Ausgabe durch die Kommandos

```
SORT CASES     VARoo1 ( A )
REPORT         FORMAT = DEFAULT /
               VARIABLES = VARoo7, VARo1o, VARo14 /
               BREAK = VARoo1 /
               SUMMARY = VALIDN, MODE ( 1, 9 ) ( VARoo7, VARo14 )
```

ab, so geschieht (für jede durch das zugehörige Subkommando BREAK festgelegte Teil-
gruppe) folgendes:
Zunächst wird - das Schlüsselwort VALIDN ist zuerst aufgeführt - für die Kolumnen-
Variablen VARoo7 und VARo14 die jeweilige Anzahl der gültigen Cases ermittelt. Diese
Werte werden in den zugehörigen Kolumnen in der ersten Zeile der Summary-Ausgaben ein-
getragen. Anschließend wird - durch "MODE (1, 9)" spezifiziert[++] - der Modus, d.h.

+) Bei der Ausgabe nicht ganzzahliger Werte werden die Nachkommastellen abgeschnitten.
++) Der angegebene Wertebereich muß die Wertebereiche aller Variablen überdecken.

der jeweils häufigste Wert der Variablen VARoo7 und VARo14 berechnet und in der folgenden Zeile in den beiden zugehörigen Kolumnen ausgedruckt, so daß wir z.B. für die
erste Teilgruppe - d.h. für die Cases, für welche die Break-Variable VARoo1 den Wert
1 hat - am Anfang des Reports die folgende Ausgabe erhalten:

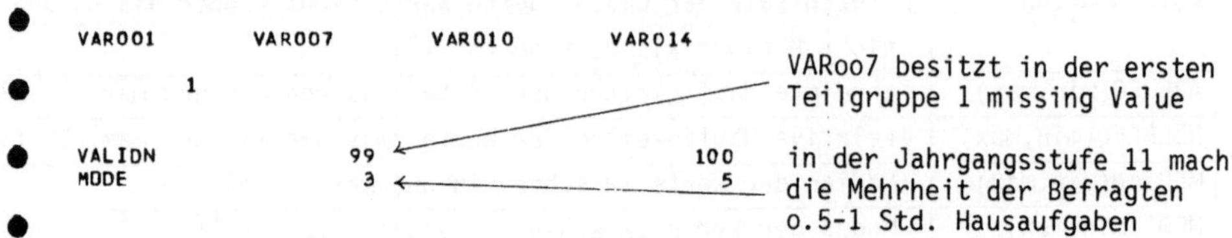

Wollen wir diese Ausgaben für alle drei Kolumnen-Variablen (die durch das Subkommando
VARIABLES spezifiziert sind) erhalten, so schreiben wir:

```
SUMMARY = VALIDN, MODE ( 1, 9 ) ( VARoo7, VARo1o, VARo14 )
```

Allgemein darf man dann im Subkommando SUMMARY auf die Angabe der Kolumnen-Variablen
verzichten, falls die geforderten Statistiken für alle Kolumnen-Variablen (welche im
Subkommando VARIABLES vereinbart sind) berechnet werden sollen.

Wir können folglich das obige SUMMARY=Subkommando so abkürzen:

```
SUMMARY = VALIDN, MODE ( 1, 9 )
```

Mit dieser Möglichkeit, Schreibarbeit einsparen zu können, sollte man jedoch sehr vorsichtig umgehen. So ist z.B. die Anforderung

```
SUMMARY = ABFREQ ( 1, 7 )
```

nicht besonders sinnvoll, weil dadurch für jede Kolumnen-Variable die absoluten Häufigkeiten der (ganzzahligen) Werte zwischen 1 und 7 (mit Einschluß von 1 und 7) ermittelt und nebeneinander in den jeweiligen Kolumnen angelistet würden. Dies ist sinnlos,
weil nur die Variable VARoo7 Werte zwischen 1 und 7 besitzt (VARo1o hat nur die Werte
1 und 2, und VARo14 kann Werte zwischen 1 und 9 annehmen).

Kodierung mehrerer Summary-Angaben

Als Ausweg bleibt in diesem Fall nur, daß die jeweiligen absoluten Häufigkeiten der
Variablen nicht nebeneinander sondern - in den jeweiligen Kolumnen - untereinander
gedruckt werden.
Dies ist möglich, falls wir die einzelnen Summary-Angaben
- "ABFREQ (1, 7) (VARoo7)", "ABFREQ (1, 2) (VARo1o)"
  und "ABFREQ (1, 9) (VARo14)"
hintereinander in ein SUMMARY=Subkommando in der Form

```
SUMMARY = ABFREQ(1,7) ( VARoo7 ), ABFREQ(1,2) ( VARo1o ), ABFREQ(1,9) ( VARo14 )
```

eintragen.

Allgemein darf man nämlich im Subkommando SUMMARY nicht nur eine sondern auch mehrere Summary-Angaben (vgl. S. 76) hintereinander aufführen. Die einzelnen Angaben werden dann in der Reihenfolge ihrer Kodierung bearbeitet.

Somit erhalten wir durch durch die obige Anforderung (für die erste Teilgruppe, d.h. für die Cases mit "VARool = 1") den folgenden Report-Anfang ausgedruckt:

```
       VAR001        VAR007        VAR010        VAR014

          1


       ABFREQ

       TOTAL           99
          1             3
          2            10
          3            40
          4            34
          5             7
          6             3
          7             2


       ABFREQ

       TOTAL                         97
          1                          57
          2                          40


       ABFREQ

       TOTAL                                       100
          1                                          1
          2                                          2
          3                                          6
          4                                          6
          5                                         40
          6                                         21
          7                                         15
          8                                          6
          9                                          1
```

VARolo besitzt in der ersten Teilgruppe drei missing Values

In der Regel wird man in einem Report nicht für alle Kolumnen-Variablen die gleichen Statistiken berechnen lassen wollen, sondern z.B. für die Kolumnen-Variablen VARoo7 und VARol4 die Anzahl der gültigen Cases (VALIDN) und für die Variablen VARoo7 und VARolo die jeweiligen Modi (MODE).
Diese Leistung wird erbracht, falls die einzelnen Summary-Angaben

VALIDN (VARoo7, VARol4)

und

MODE (1, 7) (VARoo7, VARolo) [+)]

hintereinander durch

SUMMARY = VALIDN (VARoo7, VARol4), MODE (1, 7) (VARoo7, VARolo)

+) Hier reicht die Angabe von "(1, 7)" aus, weil VARoo7 Werte zwischen 1 und 7 und VARolo Werte zwischen 1 und 2 annehmen kann.

im SUMMARY=Subkommando eingetragen werden, so daß wir insgesamt kodieren:

```
SORT CASES       VARoo1 ( A )
REPORT           FORMAT = DEFAULT /
                 VARIABLES = VARoo7, VARo1o, VARo14 /
                 BREAK = VARoo1 /
                 SUMMARY = VALIDN ( VARoo7, VARo14 ), MODE(1,7) ( VARoo7, VARo1o )
```

Dadurch werden - das Schlüsselwort VALIDN ist zuerst aufgeführt - zunächst für VARoo7
und VARo14 die jeweilige Anzahl der gültigen Cases ermittelt. Diese Werte werden dann
in den zu VARoo7 und VARo14 gehörigen Kolumnen in der ersten Zeile der Summary-Ausgaben eingetragen. In der nächsten Zeile werden - spezifiziert durch "MODE" - die Modi
von VARoo7 und VARo1o in den zugehörigen Kolumnen ausgedruckt.
Für die erste Teilgruppe, d.h. für die Cases mit "VARoo1 = 1" erhalten wir dann zu
Beginn des Reports die folgende Druckausgabe:

```
●   VAROO1        VAROO7        VARO1O        VARO14

●        1

●   VALIDN           99                      100
    MODE              3           1
```

Soll in einer Zeile immer nur ein Modus-Wert ausgedruckt werden, so kodieren wir:[+)]

```
SUMMARY = VALIDN ( VARoo7, VARo14 ), MODE(1,7) ( VARoo7 ), MODE(1,2) ( VARo1o )
```

Hierdurch werden die folgenden drei Druckzeilen protokolliert (VARoo1 = 1):

```
●   VALIDN           99                      100
    MODE              3
    MODE                          1
●
```

Berücksichtigen wir jetzt alle Kolumnen-Variablen und kodieren wir[++)]

```
SUMMARY = VALIDN ( VARoo7, VARo1o, VARo14 ), MODE(1,7) ( VARoo7 ),
          MODE(1,2) ( VARo1o ), MODE(1,9) ( VARo14 )
```

so formulieren wir hierdurch (für jede durch das zugehörige Subkommando BREAK festgelegte Teilgruppe) die folgenden Anforderungen:
Zunächst soll - das Schlüsselwort VALIDN ist zuerst aufgeführt - für alle drei Kolumnen-Variablen die jeweilige Anzahl der gültigen Cases ermittelt werden. Diese Werte
sind in die jeweiligen Kolumnen in der ersten Zeile der Summary-Ausgaben einzutragen.
Anschließend wird - spezifiziert durch "MODE(1,7) (VARoo7)" - der Modus der zwischen
1 und 7 liegenden Werte von VARoo7 ("Hausaufgaben") ermittelt und in der folgenden Zeile in der Kolumne VARoo7 ausgegeben. Daran schließen sich in den nachfolgenden
beiden Zeilen die Ausgaben der Modi für die Kolumnen-Variablen VARo1o und VARo14 (in

---

+) Hier wird für "MODE" der Wertebereich jeder einzelnen Variablen spezifiziert.
++) Hinter "VALIDN" darf die Liste aller Kolumnen-Variablen nicht fehlen, da anderen-
    falls "VALIDN" nur für die Kolumnen-Variable VARoo7 wirken würde.

dieser Reihenfolge) an, welche durch die Angabe von "MODE(1,2) (VARo1o), MODE(1,9)
(VARo14)" abgerufen werden.

Mit dem obigen Subkommando SUMMARY erhalten wir für die erste Teilgruppe (die Break-
Variable VARoo1 hat den Wert 1) die folgende Ausgabe als Anfang des Reports:

```
VAROO1          VAROO7          VARO10          VARO14

       1


VALIDN             99              97             100
MODE                3
MODE                                1
MODE                                               5
```

Wollen wir dagegen die Modi von VARo1o und VARo14 in eine gemeinsame Zeile eintragen,
so müssen wir die Summary-Angabe in der folgenden Form formulieren:

```
SUMMARY = VALIDN, MODE(1,7) ( VARoo7 ), MODE(1,9) ( VARo1o, VARo14 )
```

Abschließend stellen wir fest, daß man den <u>kompaktesten Report-Ausdruck</u> durch die
Ausführung der Kommandos

```
SORT CASES     VARoo1 ( A )
REPORT         FORMAT = DEFAULT /
               VARIABLES = VARoo7, VARo1o, VARo14 /
               BREAK = VARoo1 /
               SUMMARY = VALIDN, MODE(1,9)
```

in der Form

```
VAROO1          VAROO7          VARO10          VARO14

       1


VALIDN             99              97             100
MODE                3               1               5


       2


VALIDN             97              99             100
MODE                3               1               5


       3


VALIDN             49              50              50
MODE                3               1               5
```

bekommt, weil dann für alle Kolumnen-Variablen die Modi in einer Zeile hinter der
Zeile mit den Anzahlen der gültigen Cases eingetragen werden.

4.4.6.2 Zusammengesetzte Statistiken

In der Regel wird man sich oftmals nicht nur die einfachen Statistiken sondern bei bestimmten Fragestellungen auch Verknüpfungen von einfachen Statistiken berechnen lassen wollen.

Prozentuiert man etwa die Werte der Merkmale "Begabung" (VARo16) bzw. "Lehrerurteil" (VARo17) auf der Basis der Werte von "Schulleistung" (VARo14), indem man die Quotienten der jeweiligen Werte bildet[+)] und diese mit dem Faktor 1oo multipliziert, so erhält man pro Case die zugehörigen Indexwerte in der Form:

 (Wert von VARo16 / Wert von VARo14) * 1oo

bzw.

 (Wert von VARo17 / Wert von VARo14) * 1oo

Will man zum Vergleich der Jahrgangsstufen diese Indizes über alle Cases einer Jahrgangsstufe zu einem Indexwert für die jeweilige Jahrgangsstufe zusammenfassen (aggregieren), so muß man wie folgt verfahren:

Zunächst summiert man die Werte jeder Variablen über die Cases der Jahrgangsstufe, bildet dann den Quotienten der beiden Summenwerte und multipliziert diesen mit dem Faktor 1oo, d.h. man errechnet:[++)]

 ($\sum$ Werte von VARo16 / $\sum$ Werte von VARo14) * 1oo

bzw.

 ($\sum$ Werte von VARo17 / $\sum$ Werte von VARo14) * 1oo

Nach unseren bisherigen Kenntnissen erhalten wir die drei benötigten Summenwerte durch die Ausführung des SPSS-Programms

```
DATA LIST       FIXED VARoo1 1, VARo14 14, VARo16, VARo17 16 - 17
INPUT MEDIUM    DISK
SORT CASES      VARoo1 ( A )
REPORT          FORMAT = DEFAULT /
                VARIABLES = VARo14, VARo16, VARo17 /
                BREAK = VARoo1 /
                SUMMARY = SUM
```

mit dem folgenden Ergebnis:

VAROO1	VARO14	VARO16	VARO17
1			
SUM	543	609	551
2			
SUM	553	648	572
3			
SUM	281	310	290

+) Wir verwenden die Variablen VARo14, VARo16 und VARo17 nur zur Demonstration (s.1.5)
++) Diese Werte stimmen i. allg. nicht mit dem Quotienten der Mittelwerte überein, die aus den jeweiligen Indexwerten gebildet werden.

Somit errechnen wir die gewünschten Indexwerte für die drei Jahrgangsstufen wie folgt:

Jahrgangsstufe	1. Indexwert	2. Indexwert
11	(6o9/543) * 1oo = 112.15	(551/543) * 1oo = 1o1.47
12	(648/553) * 1oo = 117.18	(572/553) * 1oo = 1o3.44
13	(31o/281) * 1oo = 11o.32	(29o/281) * 1oo = 1o3.2o

Diese Indexwerte kann man sich mit Hilfe von <u>zusammengesetzten Statistiken</u> auch unmittelbar als Summary-Ausgabe ausdrucken lassen. Dazu müssen wir im o.a. REPORT=Kommando (s. S. 82) das alte SUMMARY=Subkommando durch[+)]

```
SUMMARY = PCT ( SUM ( VARo16 ), SUM ( VARo14 ) ) ( VARo16 ),
          PCT ( SUM ( VARo17 ), SUM ( VARo14 ) ) ( VARo17 )
```

ersetzen. Durch die Ausführung des in dieser Form geänderten REPORT=Kommandos erhalten wir zu Beginn des Reports für die erste Teilgruppe (d.h. die Jahrgangsstufe 11) die folgenden Zeilen ausgedruckt:

```
●    VARO01       VARO14       VARO16       VARO17

●        1

⌒    PCT                        112.15
     PCT                                   101.47
```

Wir haben hierbei die zusammengesetzte Statistik <u>PCT</u> benutzt. Diese berechnet für die beiden Argumente "SUM (VARo16)" und "SUM (VARo14)" bzw. "SUM (VARo17)" und "SUM (VARo14)" - SUM ist eine einfache Statistik - den Prozentsatz des jeweils ersten Arguments bezogen auf das zweite Argument.

Eine vollständige Übersicht der möglichen <u>zusammengesetzten Statistiken</u> gibt die folgende Tabelle:

Schlüsselwort	für Report abgerufene Statistik-Information
DIVIDE(arg1,arg2[faktor])	Wert der Division von "arg1" durch "arg2", multipliziert mit "faktor"
PCT(arg1,arg2)	Prozentsatz von "arg1" bezogen auf "arg2"
SUBTRACT(arg1,arg2)	Differenz von "arg1" und "arg2"
ADD(arg1,...,argn)	Summe aller Argumente "arg"
GREAT(arg1,...,argn)	Maximum aller Argumente "arg"
LEAST(arg1,...,argn)	Minimum aller Argumente "arg"
AVERAGE(arg1,...,argn)	arithmetisches Mittel der Argumente "arg"

Dabei hat jedes Argument "arg" einer zusammengesetzten Statistik die Form:

+) Während bei den einfachen Statistiken die Statistik-Information stets in die Kolumne der zugehörigen Variablen plaziert wird, kann man mit den zusammengesetzten Statistiken die Statistik-Information in eine beliebige Kolumne eintragen lassen. Dazu muß man die gewünschte Kolumne durch den Namen der zugehörigen Kolumnen-Variablen (hier: VARo16 bzw. VARo17) spezifizieren.

```
  einfache-statistik ( variablenname )
```

Anstelle des Platzhalters "einfache-statistik" muß ein Schlüsselwort für eine einfache
Statistik eingetragen werden. Dabei darf man jedoch nur die folgenden Schlüsselwörter
verwenden:

```
  VALIDN, VARIANCE, SUM, MEAN, STDEV, MIN, MAX, SKEWNESS und KURTOSIS      .
```

So kann man etwa durch das Subkommando

```
  SUMMARY = AVERAGE ( SUM ( VARo14 ), SUM ( VARo16 ), SUM ( VARo17 ) ) ( VARo17 )
```

das arithmetische Mittel der Summenwerte von VARo14, VARo16 und VARo17 teilgruppen-
weise berechnen und in die Kolumne der Variablen VARo17 ausgeben lassen.

Verkettung durch CONTINUE

Bei der Ausführung des REPORT=Kommandos

```
REPORT          FORMAT = DEFAULT /
                VARIABLES = VARo14, VARo16, VARo17 /
                BREAK = VARoo1 /
                SUMMARY = PCT ( SUM ( VARo16 ), SUM ( VARo14 ) ) ( VARo16 ),
                          PCT ( SUM ( VARo17 ), SUM ( VARo14 ) ) ( VARo17 )
```

werden die beiden Indexwerte in zwei Druckzeilen ausgegeben, weil im Subkommando
SUMMARY zwei Summary-Angaben aufgeführt sind.

Sollen Angaben für zusammengesetzte Statistiken, die durch mehrere Summary-Angaben
abgerufen werden, in nur einer Zeile ausgedruckt werden, so muß man die einzelnen
Summary-Angaben durch das Schlüsselwort CONTINUE (setze fort) miteinander verketten.

So erhalten wir durch die Ausführung des SPSS-Programms

```
DATA LIST       FIXED VARoo1 1, VARo14 14, VARo16, VARo17 16 - 17
INPUT MEDIUM    DISK
SORT CASES      VARoo1 ( A )
REPORT          FORMAT = DEFAULT /
                VARIABLES = VARo14, VARo16, VARo17 /
                BREAK = VARoo1 /
                SUMMARY = PCT ( SUM ( VARo16 ), SUM ( VARo14 ) ) ( VARo16 )
                          CONTINUE
                          PCT ( SUM ( VARo17 ), SUM ( VARo14 ) ) ( VARo17 )
```

zu Beginn des Reports (für die Jahrgangsstufe 11) die folgende Druckausgabe:

```
●   VAROO1        VARO14        VARO16        VARO17

●        1

●   PCT                         112.15        101.47
```

Da in einem SUMMARY=Subkommando gleichzeitig Angaben zu einfachen und zu zusammengesetzten Statistiken enthalten sein können, ergibt sich z.B. durch die Kodierung von

```
SUMMARY = VALIDN, ABFREQ ( 1, 9 ), RELFREQ ( 1, 9 ) ( VARo14, VARo16, VARo17 )
          PCT ( SUM ( VARo16 ), SUM ( VARo14 ) ) ( VARo16 )
          CONTINUE
          PCT ( SUM ( VARo17 ), SUM ( VARo14 ) ) ( VARo17 )
```

zu Beginn des Reports (für die durch "VARoo1 = 1" festgelegte Teilgruppe) die folgende
Druckausgabe:

```
●
●   VAR001        VAR014        VAR016        VAR017

●             1

●   VALIDN          100           100           100

    ABFREQ
●
    TOTAL           100           100           100
             1        1             0             1
●            2        2             0             1
             3        6             1             3
             4        8             3             6
●            5       40            36            45
             6       21            24            27
             7       15            21             9
●            8        6            12             7
             9        1             3             1

●
    RELFREQ
●
    TOTAL        100.00        100.00        100.00
             1     1.00          0.0           1.00
             2     2.00          0.0           1.00
●            3     6.00          1.00          3.00
             4     8.00          3.00          6.00
             5    40.00         36.00         45.00
●            6    21.00         24.00         27.00
             7    15.00         21.00          9.00
             8     6.00         12.00          7.00
●            9     1.00          3.00          1.00

    PCT                        112.15        101.47
●
```

4.4.6.3 Gestaltung des Druckbildes für die Summary-Ausgabe

Statistik-Beschriftung

Dem o.a. Report-Ausdruck entnehmen wir, daß in der Kolumne der Break-Variablen die
(dokumentarischen) Angaben VALIDN, ABFREQ, RELFREQ und PCT als Statistik-Beschriftung
zu den einzelnen Statistik-Informationen ausgedruckt sind. Dabei wird jede Zeile bzw.
jeder Zeilenbereich mit demjenigen Schlüsselwort eingeleitet, mit welchem die entsprechende Statistik-Information im Subkommando SUMMARY abgerufen wurde. Will man
anstelle dieses Standardtextes einen eigenen Text ausgeben lassen, so muß man diesen
Text in der Summary-Angabe hinter der entsprechenden Eintragung für die Statistik-
Information in Hochkommata aufführen.[+)]

+) Ein derartiger Text darf nicht länger sein als die Kolumnenbreite der Break-Variablen (vgl. 4.4.8), d.h. i. allg. 9 Zeichen. Anderenfalls wird der Text rechtsbündig abgeschnitten. Durch die Kodierung des Leertextes ('') kann eine Ausgabe auch
unterdrückt werden.

Eine Summary-Angabe besitzt also die erweiterte Form (vgl. S. 76):

```
statistik1 [statistik2]... ['text'] ( kolumnen-variable1 [kolumnen-variable2]...)
```

So können wir z.B. in dem o.a. REPORT=Kommando das zugehörige SUMMARY=Subkommando in folgender Weise abändern:

```
SORT CASES      VARoo1 ( A )
REPORT          FORMAT = DEFAULT /
                VARIABLES = VARo14, VARo16, VARo17 /
                BREAK = VARoo1 /
                SUMMARY = VALIDN 'FALLZAHL', ABFREQ ( 1, 9 ) 'ABSOLUT',
                        RELFREQ ( 1, 9 ) 'RELATIV' ( VARo14, VARo16, VARo17 ),
                        PCT ( SUM ( VARo16 ), SUM ( VARo14 ) ) 'INDEX' ( VARo16 )
                        CONTINUE
                        PCT ( SUM ( VARo17 ), SUM ( VARo14 ) ) ( VARo17 )
```

Dadurch erhalten wir zu Beginn des Reports für die erste Teilgruppe (d.h. für die Jahrgangsstufe 11) die folgende Druckausgabe:

```
   VAROO1          VARO14        VARO16        VARO17

        1


   FALLZAHL           100           100           100

   ABSOLUT

   TOTAL              100           100           100
             1          1             0             1
             2          2             0             1
             3          6             1             3
             4          8             3             6
             5         40            36            45
             6         21            24            27
             7         15            21             9
             8          6            12             7
             9          1             3             1


   RELATIV

   TOTAL           100.00        100.00        100.00
             1        1.00          0.0          1.00
             2        2.00          0.0          1.00
             3        6.00          1.00         3.00
             4        8.00          3.00         6.00
             5       40.00         36.00        45.00
             6       21.00         24.00        27.00
             7       15.00         21.00         9.00
             8        6.00         12.00         7.00
             9        1.00          3.00         1.00

   INDEX                          112.15        101.47
```

Ausgabe von Nachkommastellen

Man kann nicht nur auf die Beschriftung in der Kolumne der Break-Variablen einwirken, sondern auch auf die Zahl der Dezimalstellen Einfluß nehmen, welche hinter einem Dezimalpunkt für eine Statistik ausgegeben werden sollen.

Standardmäßig sind die folgenden Werte eingestellt:[+)]

Schlüsselwörter	Anzahl der Nachkommastellen, d.h. der hinter dem Dezimalpunkt auszugebenden Dezimalstellen (Voreinstellung)
ABFREQ, MODE, VALIDN	o (d.h. nur ganzzahlige Werte)
MEDIAN	1
RELFREQ, PCT, PCTBTN PCTGT, PCTLT	2
KURTOSIS, SKEWNESS	3
ADD, AVERAGE, DIVIDE, GREAT, LEAST, SUBTRACT, VARIANCE	bis zum Wert von "Kolumnenbreite - 1"
MAX, MIN, SUM	durch PRINT FORMATS festgelegte Anzahl (vgl. 3.2)
MEAN, STDEV	durch PRINT FORMATS festgelegte Anzahl + 2

Wollen wir z.B. in dem letzten Report die Indexwerte nicht mit 2 (Voreinstellung),
sondern nur mit einer Stelle hinter dem Dezimalpunkt ausdrucken lassen, so machen wir
für die zusammengesetzten Statistiken PCT die Summary-Angabe:

```
PCT ( SUM ( VARo16 ), SUM ( VARo14 ) ) 'INDEX' ( VARo16 ( 1 ) )
CONTINUE
PCT ( SUM ( VARo17 ), SUM ( VARo14 ) ) ( VARo17 ( 1 ) )
```

Dann erhalten wir in der entsprechenden Zeile den Ausdruck:

INDEX   **112.2**   **101.5**

Die gewünschten Stellenzahlen klammern wir also ein und fügen diesen Ausdruck an den
Namen der entsprechenden Kolumnen-Variablen an.

Die endgültige Form einer möglichen Summary-Angabe können wir somit wie folgt zusammenfassen (vgl. S. 86):

```
statistik1 [statistik2]... ['text'] ( kolumnen-variable1 [( dezimalstellenzahl1 )]
                           [kolumnen-variable2 [( dezimalstellenzahl2 )]]... )
```

wobei die allgemeine Form des Subkommandos SUMMARY sich so darstellt:

```
SUMMARY = summary-angabe1[ [CONTINUE]  summary-angabe2] ...
```

+) Reicht die Kolumnenbreite nicht aus für die Ausgabe der Nachkommastellen einer berechneten Statistik, so werden die Statistik-Werte gerundet und (rechtsbündig) abgeschnitten. Reicht die Kolumnenbreite für die Ausgabe des ganzzahligen Anteils nicht aus, so werden ersatzweise die Zeichen "*" ausgedruckt.

4.4.7 Vereinbarung der Kolumnen-Variablen (VARIABLES)

Mit dem Subkommando VARIABLES in der Form

```
VARIABLES = variablenliste /
```

werden die Kolumnen-Variablen und die Reihenfolge der zugehörigen Kolumnen im Report festgelegt. Dabei darf die Variablenliste aus einer oder mehreren Variablen bestehen, die gegebenenfalls in Form reflexiver Variablenlisten vereinbart sind.

Die Breite jeder Kolumne ist auf die Druckpositionszahl von 9 Zeichen voreingestellt, so daß in einem Report standardmäßig bis zu 12 Kolumnen-Variablen (bei einer Break-Variablen und dem Standardlayout) vereinbart werden dürfen.[+)]

Änderung der Kolumnenbreite

Diese Voreinstellung von 9 Zeichen pro Kolumne kann für jede Kolumnen-Variable in folgender Weise geändert werden:[++)]

```
variablenname ( kolumnenbreite )
```

So erhält man z.B. (vgl. das Beispiel auf der S. 82) durch die Kodierung von

```
SORT CASES    VARoo1 ( A )
REPORT        FORMAT = DEFAULT /
              VARIABLES = VARo14 ( 6 ), VARo16 ( 6 ), VARo17 ( 6 ) /
              BREAK = VARoo1 /
              SUMMARY = SUM
```

den folgenden Report:

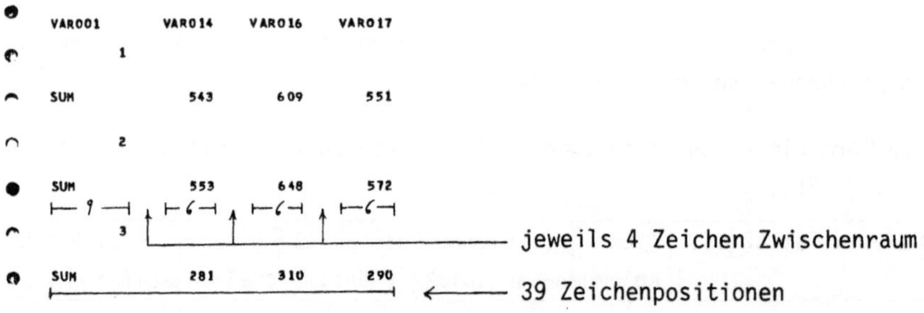

```
        VAROO1      VARO14    VARO16    VARO17

             1

        SUM           543      609       551

             2

        SUM           553      648       572
        |— 9 —|  , |—6—| , |—6—| , |—6—|
             3    |________|________|______________ jeweils 4 Zeichen Zwischenraum

        SUM           281      310       290
        |__________________________________|  ←——— 39 Zeichenpositionen
```

+) Es werden in dieser Situation also (1+12)*9=117 Druckpositionen für die Kolumnen benötigt. Da die voreingestellte Druckzeilenlänge 132 Zeichen beträgt und der Abstand zwischen zwei Kolumnen automatisch auf mindestens 1 (und maximal 4) Zeichen festgelegt wird, übersteigt die mindestens benötigte Druckpositionszahl von 12 Zeichen für den Zwischenraum noch nicht die Differenz 132 - 117 = 15.

++) Man muß z.B. eine Eintragung dieser Form vornehmen, falls man mehr als 12 Kolumnen vereinbaren will. Ferner ist folgendes zu beachten: Ist die angegebene Kolumnenbreite nicht ausreichend für die Ausgabe der Nachkommastellen der berechneten Statistik, so werden die Werte gerundet und (rechtsbündig) abgeschnitten. Reicht die Kolumnenbreite für die Ausgabe des ganzzahligen Anteils nicht aus, so werden ersatzweise die Zeichen "*" ausgedruckt.

<u>Kolumnenüberschriften</u>

In diesem Report sind die Variablennamen "VARo14", "VARo16" und "VARo17" als Kolumnenüberschriften protokolliert, da standardmäßig stets der Name der Kolumnen-Variablen
als Überschrift ausgedruckt wird. Anstelle eines Variablennamens kann man auch ein
Variablenetikett ausgeben lassen, welches zuvor durch das Kommando VAR LABELS geeignet
zugeordnet werden muß.

Zusätzlich besteht die Möglichkeit, die Texte für eine Überschrift im Subkommando
VARIABLES in der folgenden Form zu kodieren:[+]

```
variablenname 'text1' ['text2']...
```

Wird dabei mehr als ein Text aufgeführt, so werden die Textinformationen untereinander
als Kolumnenüberschrift ausgegeben.[++]

Eine Überschrift kann man auch unterdrücken, indem man den Leertext ('') angibt.[+++]

Ändern wir im o.a. REPORT=Kommando (s. S. 88) das Subkommando VARIABLES ab in

```
VARIABLES = VARo14 'SCHUL-' 'LEISTUNG', VARo16 'BEGABUNG',
            VARo17 'LEHRER-' 'URTEIL' /
```

und kodieren insgesamt

```
SORT CASES      VARoo1 ( A )
REPORT          FORMAT = DEFAULT /
                VARIABLES = VARo14 'SCHUL-' 'LEISTUNG', VARo16 'BEGABUNG',
                            VARo17 'LEHRER-' 'URTEIL' /
                BREAK = VARoo1 /
                SUMMARY = SUM
```

so erhalten wir zu Beginn des Reports für die erste Teilgruppe (d.h. "VARoo1 = 1")
den Ausdruck:

```
   VAROO1        SCHUL-        BEGABUNG      LEHRER-
                 LEISTUNG                    URTEIL

        1

   SUM              543           609           551
```

Angaben zur Kolumnenbreite und Kolumnenüberschriften dürfen auch gemeinsam in der Form

```
variablenname ['text1' ['text2']...] [( kolumnenbreite )]
```

kodiert werden, so daß eine Veränderung des VARIABLES=Subkommandos im o.a. REPORT=

  [+] In den Texten darf das Hochkomma (') nicht verwendet werden.
 [++] Jede Textinformation, die länger als die eingestellte Kolumnenbreite ist, wird
      (rechtsbündig) abgeschnitten. Dagegen werden überlange Variablennamen bzw.
      Variablenetiketten, die durch das VAR LABELS=Kommando vereinbart sind, aufgebro-
      chen und in folgenden Zeilen fortgesetzt.
[+++] Dies kann mit Hilfe des VAR LABELS=Kommandos auch durch eine vorausgehende
      Vereinbarung der Form
          VAR LABELS   variablenname/
      erreicht werden.

Kommando gemäß

```
VARIABLES = VARo14 'SCHULLEISTUNG' ( 13 ), VARo16 'BEGABUNG' ( 8 ),
            VARo17 'BEGABUNG' 'EINGESCHAETZT' 'DURCH LEHRER' ( 13 ) /
```

zu den folgenden Kolumnenüberschriften führt:

```
    VARO01        SCHULLEISTUNG      BEGABUNG      BEGABUNG
                                                   EINGESCHAETZT
                                                   DURCH LEHRER
```

4.4.8 Vereinbarung der Break-Variablen (BREAK)

Im Subkommando BREAK spezifizieren wir die Break-Variable in der Form:

```
BREAK = variablenname /
```

Durch die Werte dieser Variablen sind die Cases des SPSS-files in Teilgruppen aufge-
teilt.

In unseren bisherigen Beispielen haben wir die Jahrgangsstufen 11, 12 und 13 als Teilgruppen unseres SPSS-files festgelegt. Diese Teilgruppen sind durch die Werte 1, 2 und
3 der Variablen VARoo1 bestimmt, und folglich wurde VARoo1 durch die Eintragung

```
BREAK = VARoo1 /
```

als Break-Variable in den REPORT=Kommandos spezifiziert.

Vor dem Aufruf eines REPORT=Kommandos muß man dafür sorgen, daß die Cases einer Teilgruppe alle direkt hintereinanderliegen. Dies kann z.B. durch die Ausführung des Kommandos SORT CASES geschehen (vgl. 4.3).[+)]

Für jede Teilgruppe werden die Statistik-Informationen ausgedruckt, welche durch das
Subkommando SUMMARY angefordert sind. Dabei werden zwischen den Ausgaben für je zwei
Teilgruppen standardmäßig je zwei Leerzeilen generiert. Diese voreingestellte Anzahl
der Leerzeilen kann man durch die Kodierung von

```
( SKIP ( leerzeilenzahl ) )
```

im Subkommando BREAK verändern.

Anstelle dieser Eintragung kann man auch durch die Kodierung von

```
( PAGE )
```

festlegen, daß für jede neue Teilgruppe die Ausgaben auf einer neuen Druckseite begonnen werden.

+) Durch eine aufsteigende bzw. absteigende Sortierung kann man auch bestimmen, in
   welcher Reihenfolge die Teilgruppen bei der Ausführung des REPORT=Kommandos bearbeitet werden sollen.

Das Subkommando BREAK besitzt somit die folgende Form:[+)]

```
BREAK = variablenname [( PAGE | SKIP ( leerzeilenzahl ) )] /
```

Kolumnenbreite und Kolumnenüberschrift

Genauso wie beim Subkommando VARIABLES ist die Kolumnenbreite der Break-Variablen mit
dem Wert 9 voreingestellt und kann durch eine explizite Angabe der Zeilenbreite verändert werden. Gleichfalls wird standardmäßig der Variablenname als Überschrift für
die Kolumne der Break-Variablen eingesetzt, es sei denn, man hat durch das VAR LABELS=
Kommando ein Variablenetikett für die Break-Variable vereinbart. In diesem Fall wird
dieses Etikett als Überschrift ausgegeben. Ohne das VAR LABELS=Kommando kann man einen
entsprechenden Text (der gegebenenfalls anstelle eines durch das VAR LABELS=Kommando
vereinbarten Etiketts als Überschrift dienen soll) in der folgenden Weise im BREAK=
Subkommando eintragen:

```
BREAK = variablenname ['text1' ['text2']...][( kolumnenbreite )]
        [( PAGE | SKIP ( leerzeilenzahl ) )]
```

So erhalten wir z.B. durch die Ausführung der Kommandos

```
SORT CASES     VARoo1 ( A )
REPORT         FORMAT = DEFAULT /
               VARIABLES = VARo14 'SCHUL-' 'LEISTUNG', VARo16 'BEGABUNG',
                     VARo17 'LEHRER-' 'URTEIL' /
               BREAK = VARoo1 'JAHR' 'GANGS' 'STUFE' ( 5 ) ( SKIP ( o ) ) /
               SUMMARY = SUM
```

den folgenden Report ausgedruckt:

JAHR GANGS STUFE	SCHUL- LEISTUNG	BEGABUNG	LEHRER- URTEIL
1			
SUM	543	609	551
2			
SUM	553	648	572
3			
SUM	281	310	290

Durch die Angabe von

```
( SKIP ( o ) )
```

haben wir erreicht, daß die Werte 2 und 3 als Indikatoren für die Jahrgangsstufen 12
und 13 jeweils unmittelbar im Anschluß an die Statistik-Informationen der vorausge-

---

+) Das Zeichen "|" kennzeichnet, daß entweder der linke Ausdruck, d.h. das Schlüssel-
   wort PAGE, oder aber der rechte Ausdruck "SKIP (leerzeilenzahl)" zu kodieren ist.

henden Teilgruppe ausgedruckt werden.

Im folgenden lenken wir unsere Aufmerksamkeit auf die Werte der Break-Variablen,
welche die Teilgruppen charakterisieren und die in der Kolumne der Break-Variablen
protokolliert werden.

Ausgabe von Werteetiketten

Will man anstelle eines Wertes ein Werteetikett in der ersten Kolumne ausgeben lassen,
so muß dem entsprechenden Wert der Break-Variablen durch das Kommando VALUE LABELS
vorher ein geeignetes Etikett zugeordnet[+)] und im Subkommando BREAK das Schlüsselwort
LABEL in der Form

```
( LABEL )
```

zusätzlich eingetragen sein.

Als erweiterte Form des Subkommandos BREAK ergibt sich somit:

```
BREAK = variablenname ['text1' ['text2'] ...][( kolumnenbreite )]
        [( LABEL )] [( PAGE | SKIP ( leerzeilenzahl ) )] /
```

Report für die Gesamtgruppe

Als Sonderfall der Anwendung des Kommandos REPORT kann man einen Report auch über
das gesamte SPSS-file erstellen lassen.
Dazu vereinbart man eine temporäre Variable mit z.B. dem Namen DUMMY, weist ihr für
jeden Case den Wert 1 zu und erklärt DUMMY zur Break-Variablen.

So erhalten wir z.B. durch die Ausführung des SPSS-Programms

```
DATA LIST        FIXED VARo14 14, VARo16, VARo17 16 - 17
VAR LABELS       VARo14 SCHULLEISTUNG/
                 VARo16 BEGABUNG/
                 VARo17 LEHRERURTEIL
INPUT MEDIUM     DISK
*COMPUTE         DUMMY = 1
REPORT           FORMAT = DEFAULT /
                 VARIABLES = VARo14, VARo16, VARo17 /
                 BREAK = DUMMY 'ALLE SCHUELER' ( 13 ) /
                 SUMMARY = SUM
```

zu Beginn des Reports (für die Jahrgangsstufe 11) den folgenden Ausdruck:[++)]

```
●   ALLE SCHUELER   SCHULLEIS     BEGABUNG     LEHRERURT
                    TUNG                       EIL
●             1

●   SUM             1377          1567         1413
```

+) Will man für eine Teilgruppe weder einen Wert noch ein Werteetikett ausgeben, so
   kann man dies durch eine vorausgehende Kodierung der folgenden Form erreichen:
        VALUE LABELS   variablenname (wert)/
++) Da eine Kolumne standardmäßig nur 9 Zeichen aufnehmen kann, werden das erste und
    das letzte Etikett bei der Druckausgabe aufgebrochen.

<u>Subfile-Variable SUBFILE als Break-Variable</u>

Ist für ein SPSS-file bereits eine Subfile-Struktur vereinbart (vgl. 4.2 und 4.3) und
damit eine Untergliederung in Teilgruppen gegeben, so sollte man die Subfile-Variable
SUBFILE als Break-Variable im Subkommando BREAK angeben.

So wird z.B. durch die Ausführung der Kommandos

```
SORT CASES    VARoo1 ( A ) / SUBFILES = J11, J12, J13
REPORT        FORMAT = DEFAULT /
              VARIABLES = VARo14, VARo16, VARo17 /
              BREAK = SUBFILE 'ALLE SCHUELER' ( 13 ) /
              SUMMARY = SUM, ABFREQ ( 1, 9 )
```

eine kompakte Report-Ausgabe erzeugt.

Anders wäre es, falls man aufgrund der Subfile-Struktur mit dem Kommando RUN SUBFILES
(und dem Schlüsselwort EACH) und einer temporären Variablen mit konstantem Wert als
Break-Variable arbeiten wollte. In diesem Fall würde nämlich nicht ein Report für alle
Teilgruppen, sondern für jede Teilgruppe ein Report erzeugt (vgl. 4.2).

4.4.9 Aufteilung der Druckseite bei der Ausgabe eines Reports (FORMAT)

Bisher haben wir noch nicht beschrieben, wie das Layout eines Reports gestaltet werden kann. Wir haben lediglich dargestellt, daß man diesbezügliche Angaben im Subkommando FORMAT machen muß, welches wir bisher immer in der Form

```
FORMAT = DEFAULT /
```

kodiert haben.

Wir wollen jetzt darstellen, wie das durch das Schlüsselwort <u>DEFAULT</u> voreingestellte
Layout des Report-Ausdrucks aussieht und wie es auf Wunsch verändert werden kann.

Dazu geben wir zunächst an, mit welchen Werten die speziellen Schlüsselwörter <u>MARGINS</u>,
<u>LENGTH</u>, <u>HDSPACE</u> und <u>FTSPACE</u> zur Gestaltung des Report-Layouts durch die Kodierung des
Schlüsselwortes DEFAULT voreingestellt sind:

- MARGINS (1, 132) : die Druckbreite ist pro Zeile von der Druckposition 1 bis zur
                       Druckposition 132 eingestellt, d.h. auf 132 Druckpositionen,

- LENGTH (o, o)   : die Ausgaben des Reports beginnen unmittelbar am Seitenanfang
                       und enden unmittelbar am Seitenende,[+)]

- HDSPACE (3)   : das Ende des Bereichs für mögliche Kopfzeileneintragungen und
                       die 1. Überschriftzeile des Reports trennen 3 Leerzeilen und

- FTSPACE (1)   : hinter der letzten Zeile der Summary-Ausgaben folgt vor Beginn
                       einer möglichen Eintragung eines Fußzeilenbereichs mindestens
                       eine Leerzeile.

[+)] Die Zeilenzahl einer Druckseite wird durch das Kommando PAGESIZE (vgl. 6.7.1) be-
stimmt, welche in der Regel auf den Wert 55 eingestellt ist. Der zweite Wert bei
LENGTH gibt die Anzahl der Zeilen an, die <u>mindestens</u> zwischen dem Ende des Report-
Ausdrucks und dem Seitenende liegen müssen.

Wir veranschaulichen uns die diesbezügliche Aufteilung einer Report-Ausgabe durch das folgende Schema:

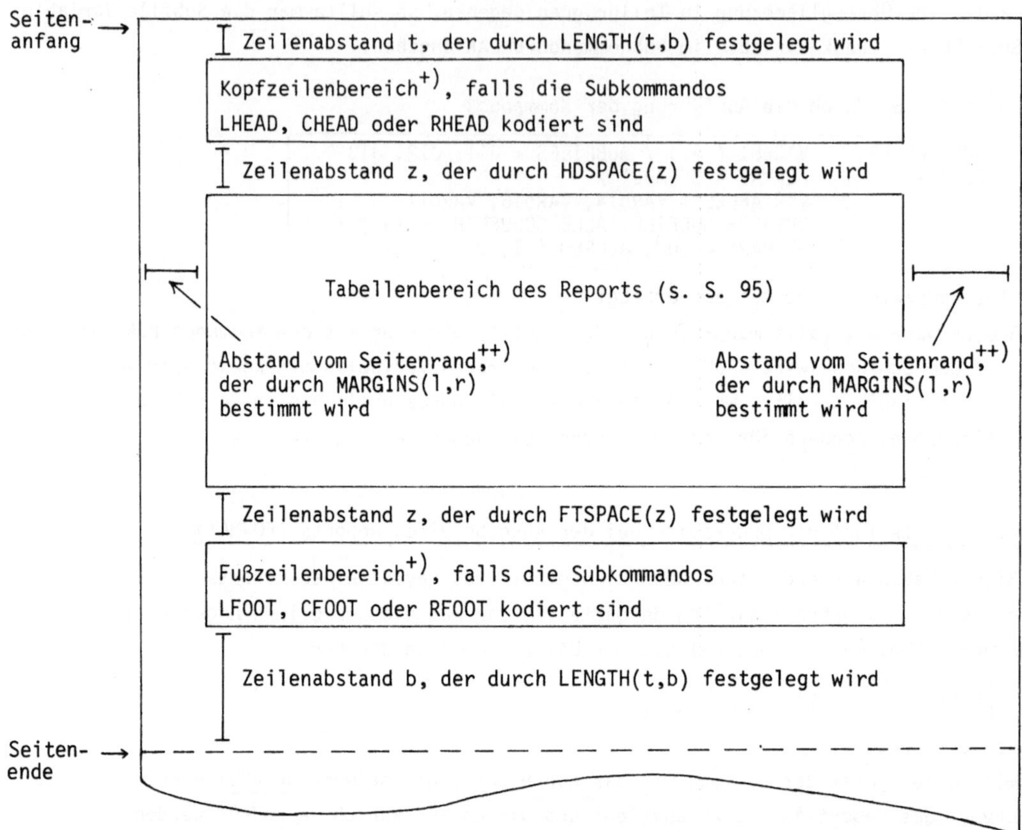

Die über das Schlüsselwort DEFAULT für die Schlüsselwörter MARGINS, LENGTH, HDSPACE und FTSPACE festgelegten Voreinstellungen können im Subkommando FORMAT abgeändert werden, indem man die entsprechenden Schlüsselwörter mit den zugehörigen gewünschten Werten kodiert.

Z.B. fordert man mit

```
FORMAT = MARGINS ( 1, 5o ) /
```

einen Report-Ausdruck an, der pro Zeile 5o Druckpositionen umfaßt und jeweils ab der Druckposition 1 beginnt.
Will man zusätzlich den Abstand des Report-Ausdrucks vom Seitenanfang auf die Zeilenzahl 4 festsetzen, so muß man das folgende FORMAT=Subkommando kodieren:

```
FORMAT = MARGINS ( 1, 5o ), LENGTH ( 4, o ) /
```

+) In 4.4.1o wird geschildert, wie man Eintragungen in Kopf- und Fußzeilenbereichen
   mit Hilfe der Subkommandos LHEAD, CHEAD, RHEAD, LFOOT, CFOOT und RFOOT machen kann.
++) Der Report-Ausdruck beginnt in der 1-ten und endet in der r-ten Druckposition.

Neben den soeben beschriebenen Möglichkeiten kann man den Report-Ausdruck ferner mit
Hilfe der Schlüsselwörter CHDSPACE, BRKSPACE, LIST, TOTAL und SKIP[+] gestalten. Mit
diesen Schlüsselwörtern wird nämlich das Layout des Tabellenbereichs festgelegt, welcher folgendermaßen strukturiert ist (vgl. 4.4.4):

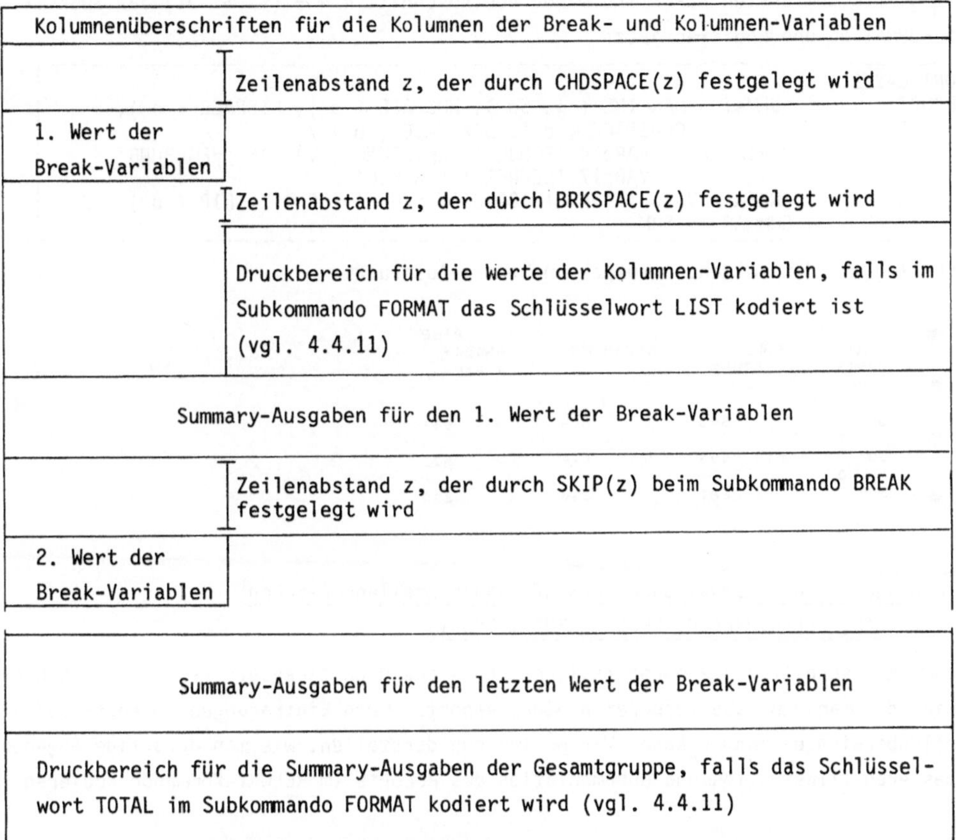

Durch die Angabe des Schlüsselwortes DEFAULT im Subkommando FORMAT sind für die
Schlüsselwörter CHDSPACE und BRKSPACE die folgenden Voreinstellungen festgelegt:

- CHDSPACE (1) : hinter der letzten Überschriftenzeile folgt eine Leerzeile und
- BRKSPACE (2) : auf jede Zeile, in welche ein Wert der Break-Variablen eingetragen
                   ist, folgen zwei Leerzeilen.

Demzufolge wird durch die Kodierung von

    FORMAT = DEFAULT /

+) Wie wir bereits wissen, müssen Angaben zum Schlüsselwort SKIP im Subkommando BREAK
   gemacht werden (vgl. 4.4.8).

die folgende ausführliche Form des FORMAT=Subkommandos abgekürzt:

```
FORMAT = MARGINS ( 1, 132 ), LENGTH ( o, o ), HDSPACE ( 3 ), FTSPACE ( 1 ),
         CHDSPACE ( 1 ), BRKSPACE ( 2 ) /
```

Ändern wir in dem ersten REPORT=Kommando von Abschnitt 4.4.8 (s. S. 91) das Subkommando FORMAT ab und kodieren jetzt

```
SORT CASES     VARoo1 ( A )
REPORT         FORMAT = MARGINS ( 1, 5o ), HDSPACE ( o ), FTSPACE ( o ),
                        CHDSPACE ( o ), BRKSPACE ( o ) /
               VARIABLES = VARo14 'SCHUL-' 'LEISTUNG', VARo16 'BEGABUNG',
                        VARo17 'LEHRER-' 'URTEIL' /
               BREAK = VARoo1 'JAHR' 'GANGS' 'STUFE' ( 5 ) ( SKIP ( o ) ) /
               SUMMARY = SUM
```

so erhalten wir den folgenden kompakten Report-Ausdruck:

```
                                           PAGE     1
        JAHR     SCHUL-        BEGABUNG     LEHRER-
        GANGS    LEISTUNG                   URTEIL
        STUFE
           1
        SUM          543          609          551
           2
        SUM          553          648          572
           3
        SUM          281          310          290
```

4.4.1o Ausgabe von Informationen in Kopf- und Fußzeilenbereichen
(LHEAD, CHEAD, RHEAD, LFOOT, CFOOT, RFOOT)

Aus dem im Abschnitt 4.4.9 dargestellten Schema des Report-Layouts (s. S. 94) entnehmen wir, daß man den Tabellenbereich eines Reports durch Eintragungen im Kopf- und Fußzeilenbereich einrahmen kann. Wir wollen nun darstellen, wie man derartige Angaben zur besseren Illustration und Dokumentation des Reports im REPORT=Kommando kodieren muß.

Die Eintragungen in dem Kopfzeilenbereich kann man durch die Subkommandos LHEAD (left), CHEAD (centered) und RHEAD (right) in der folgenden Form vornehmen:

```
LHEAD = 'text1' [ 'text2' ] ... /
CHEAD = 'text3' [ 'text4' ] ... /
RHEAD = 'text5' [ 'text6' ] ... /
```

Jeder dieser Texte wird in eine Zeile eingetragen. Dabei werden die unter den Subkommandos LHEAD und RHEAD spezifizierten Texte linksbündig bzw. rechtsbündig und die unter CHEAD angegebenen Texte zentriert in dem Kopfzeilenbereich plaziert.
Bei den Textangaben ist u.a. folgendes zu beachten:

- die Textlänge darf die für den Report pro Zeile festgelegte Druckstellenzahl nicht
  überschreiten,
- durch die Angabe von ('') können auch Leerzeilen generiert werden,
- die einzelnen Eintragungen dürfen sich zeilenweise nicht überlappen und
- kein Text darf über eine Zeile hinaus fortgesetzt werden.

So wird z.B. durch die Kodierung des Kommandos

```
REPORT          FORMAT = DEFAULT /
                VARIABLES = VARo14, VARo16, VARo17 /
                LHEAD = 'JAHRGANGSSTUFENVERGLEICH' /
                CHEAD = '- LEISTUNGS- UND BEGABUNGSSELBSTBILD' /
                RHEAD = '- LEISTUNGSERKLAERUNGEN DER SCHUELER' /
                BREAK = VARoo1 /
                SUMMARY = SUM
```

in der ersten Zeile des Report-Ausdrucks ab Druckposition 1 der Text
"JAHRGANGSSTUFENVERGLEICH", ab Druckposition 49 der Text
"- LEISTUNGS- UND BEGABUNGSSELBSTBILD" und ab Druckposition 97 der Text
"- LEISTUNGSERKLAERUNGEN DER SCHUELER" ausgegeben.

Wie Textinformationen in dem Fußzeilenbereich ausgedruckt werden sollen, wird entsprechend vereinbart und muß durch die Subkommandos LFOOT, CFOOT und RFOOT in der
folgenden Form spezifiziert werden:

```
LFOOT = 'text1' [ 'text2' ] ... /
CFOOT = 'text3' [ 'text4' ] ... /
RFOOT = 'text5' [ 'text6' ] ... /
```

Von diesen Subkommandos braucht man nicht alle sondern immer nur diejenigen aufführen,
welche zur Erzeugung der gewünschten Report-Ausgabe erforderlich sind.
In jedem Fall müssen diese Subkommandos im REPORT=Kommando zwischen den Subkommandos
VARIABLES und BREAK kodiert werden (vgl. 4.4.5).

So führt z.B. die Kodierung der Kommandos

```
SORT CASES      VARoo1 ( A )
REPORT          FORMAT = MARGINS ( 1, 55 ), HDSPACE ( 2 ), LENGTH ( o, 32 ),
                    CHDSPACE ( 1 ), BRKSPACE ( 1 ) /
                VARIABLES = VARo14 'SCHUL-' 'LEISTUNG', VARo16 'BEGABUNG',
                    VARo17 'LEHRER-' 'URTEIL' /
                LHEAD = 'JAHRGANGSSTUFEN-' 'VERGLEICH' /
                RHEAD = '- LEISTUNGS- UND BEGABUNGSSELBSTBILD'
                    '- LEISTUNGSERKLAERUNGEN DER SCHUELER' /
                LFOOT = 'TABELLE ZU:'
                    'DIE SELBSTEINSCHAETZUNG VON SCHUELERN DER NGO'
                    'BZGL. IHRER LEISTUNGSFAEHIGKEIT' /
                BREAK = VARoo1 'JAHRGANGSSTUFE' ( 16 ) SKIP ( o ) ) /
                SUMMARY = VALIDN, SUM
```

zu folgendem Report-Ausdruck:[+)]

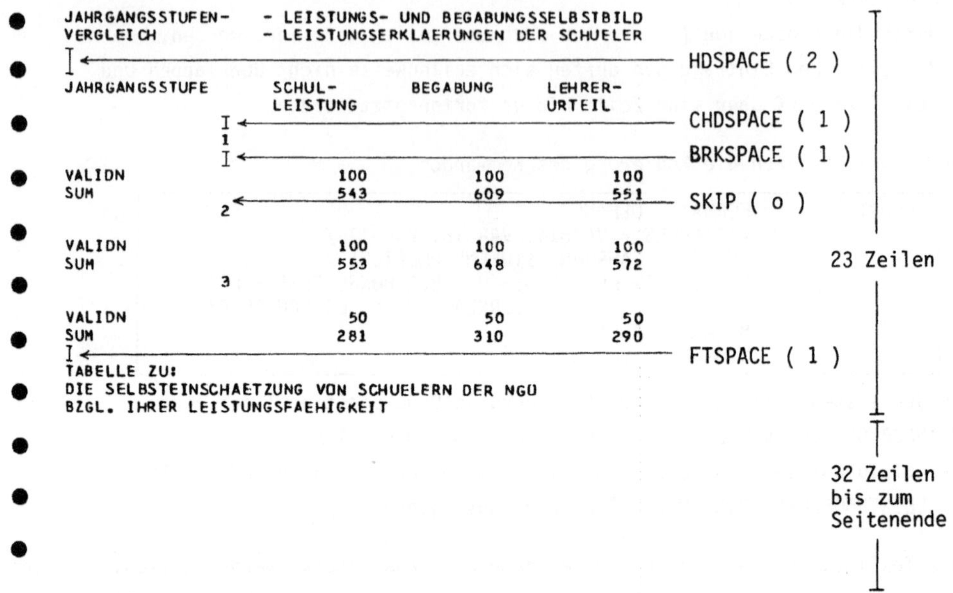

Die Textelemente ")PAGE" und ")DATE"

Bei der o.a. Druckausgabe wird die sonst zu Beginn einer neuen Druckseite protokol-
lierte Seitennumerierung (vgl. S. 96) nicht automatisch zu Beginn des Kopfzeilenbereichs ausgegeben.[++)]

Will man - trotz eigener Gestaltung des Kopfzeilenbereichs mit den Subkommandos LHEAD,
CHEAD und RHEAD - die Seiten des Reports numerieren lassen, so muß man in den Text des
Kopfzeilenbereichs[+++)] das Textelement

    |)PAGE |

eintragen. Dies bewirkt, daß auf jeder neuen Druckseite an dieser Stelle die
5-stellige Seitennumerierung ausgegeben wird.

+) Mit der Angabe von LENGTH(o,32) wird in diesem Fall dafür gesorgt, daß die Eintragungen des Fußzeilenbereichs so hinter der Summary-Ausgabe für die letzte
   Teilgruppe angefügt werden, daß diese beiden Druckbereiche nur durch eine Leerzeile voneinander getrennt werden (die Voreinstellung von FTSPACE mit dem Wert 1
   wurde nicht verändert).

++) Ohne eine Eintragung in Kopf- und Fußzeilenbereichen erzeugt das REPORT=Kommando
   automatisch eine Kopfzeile. Ist die Report-Breite auf mehr als 9 Druckpositionen
   eingestellt, so wird eine Seitennumerierung in der Kopfzeile ausgegeben, ist sie
   auf mehr als 79 Druckpositionen eingestellt, so wird zusätzlich zu Beginn der
   Kopfzeile die maximal 64 Zeichen umfassende Angabe in einem vorausgehenden
   RUN NAME=Kommando (vgl. 6.7.2) protokolliert.

+++) Entsprechendes gilt auch für den Fußzeilenbereich. Allerdings darf man die Text-
   elemente ")PAGE" und ")DATE" in einem REPORT=Kommando nur jeweils einmal kodieren.

Gleichfalls kann man mit dem Textelement

```
)DATE
```

die Stelle im Text des Kopfzeilenbereichs festlegen, an welcher das Tagesdatum in der
Form "mm/tt/jj" ausgedruckt werden soll.

Ersetzen wir z.B. im o.a. REPORT=Kommando (s. S. 97) die Subkommandos LHEAD und RHEAD
durch die Angaben

```
LHEAD = 'JAHRGANGSSTUFENVERGLEICH'  'AUSWERTUNGSLAUF VOM: )DATE' /
RHEAD = 'SEITE: )PAGE' /
```

so erhalten wir bei der Druckausgabe den folgenden Kopfzeilenbereich:

```
JAHRGANGSSTUFENVERGLEICH                    SEITE:      1
AUSWERTUNGSLAUF VOM:   06/27/83


JAHRGANGSSTUFE        SCHUL-        BEGABUNG        LEHRER-
                      LEISTUNG                      URTEIL
```

4.4.11 Druckausgabe von Werten einzelner Cases und von Gesamt-Statistiken (LIST, TOTAL)

Im Abschnitt 4.4.4 haben wir die Report-Struktur skizziert und dabei angedeutet, daß
man für jeden einzelnen Case die Werte aller Kolumnen-Variablen ausdrucken lassen kann.
Dies ist z.B. dann sinnvoll, falls man eine kompakte tabellarische Darstellung des
erhobenen Datenmaterials geben will.

LIST

Standardmäßig werden keine Werte einzelner Cases ausgegeben. Will man jedoch die Werte
der Kolumnen-Variablen im Report ausdrucken lassen, so muß man das Schlüsselwort LIST
im Subkommando FORMAT in der Form[+)]

```
FORMAT = LIST /
```

kodieren. Dann werden - getrennt nach den einzelnen Teilgruppen - für jeden Case alle
Werte der Kolumnen-Variablen in den jeweiligen Kolumnen protokolliert.

So ergibt sich durch die Kodierung der Kommandos

```
SORT CASES     VARoo1 ( A )
REPORT         FORMAT = LIST /
               VARIABLES = VARo14, VARo16, VARo17 /
               BREAK = VARoo1 /
               SUMMARY = VALIDN
```

der folgende Ausdruck für die ersten fünf Cases der ersten Teilgruppe (d.h. für die

---

+) Zusätzlich können natürlich weitere Angaben im Subkommando FORMAT gemacht werden,
   wie z.B. Angaben zu MARGINS usw. (vgl. 4.4.9).

Cases mit "VARoo1 = 1"):[+]

```
    ●
        JAHRGANGS    SCHULLEIS    BEGABUNG      LEHRERURT
        STUFE        TUNG                       EIL
    ●
            1
    ●
                         7            6            6
                         2            4            5
    ●                    6            5            6
                         6            5            5
                         5            6            6
```

Will man nicht die Werte selbst, sondern die für die jeweiligen Werte durch das Kommando VALUE LABELS vereinbarten Werteetiketten tabellieren lassen, so muß man neben
der Angabe des Schlüsselwortes LIST im Subkommando FORMAT zusätzlich für die entsprechenden Kolumnen-Variablen das Schlüsselwort LABEL hinter dem Variablennamen in der
Form (vgl. S. 89)

```
variablenname ( LABEL ) ['text1' ['text2'] ...][( kolumnenbreite )]
```

im Subkommando VARIABLES kodieren. Dabei muß beachtet werden, daß sich dabei die voreingestellte Kolumnenbreite von bislang 9 Stellen (vgl. 4.4.7) auf nunmehr 2o Stellen
erweitert (Werteetiketten dürfen bis zu 2o Zeichen beinhalten).

Wollen wir z.B. die Werteetiketten der Variablen VARo14, VARo16 und VARo17 für jeden
Case in jeder Teilgruppe ausdrucken lassen, so kodieren wir die folgenden Kommandos:

```
SORT CASES      VARoo1 ( A )
REPORT          FORMAT = LIST /
                VARIABLES = VARo14 ( LABEL ), VARo16 ( LABEL ), VARo17 ( LABEL ) /
                BREAK = VARoo1 /
                SUMMARY = VALIDN
```

Aus der Struktur des REPORT=Kommandos erkennen wir[++], daß man nur dann die Werte der
Cases ausdrucken lassen kann, falls man gleichzeitig mindestens eine Statistik berechnen läßt. In der Regel wird man dazu die gültigen Casezahlen durch das Schlüsselwort VALIDN abrufen.

TOTAL

Bei der Skizzierung der Report-Struktur in 4.4.4 haben wir angedeutet, daß man zusätzlich auch für die Gesamtgruppe die angeforderten Statistiken berechnen lassen
kann. Dies wird dann durchgeführt, falls man das Schlüsselwort TOTAL im Subkommando
FORMAT in der Form[+++]

```
FORMAT = TOTAL /
```

 +) Für die Variablen VARo14 und VARo17 sind die Etiketten "SCHULLEISTUNG" und
    "LEHRERURTEIL" vereinbart worden. S. Fußnote auf der S. 89.
++) Das Subkommando darf nicht durch die folgende Angabe abgekürzt werden:
    VARIABLES = VARo14, VARo16, VARo17 (LABEL) /
+++) Zusätzlich können weitere Angaben im Subkommando FORMAT gemacht werden (s. 4.4.9).

kodiert. Dann werden die angeforderten Statistik-Informationen nicht nur für die durch
die Break-Variable spezifizierten Teilgruppen, sondern zusätzlich auch für die Gesamtgruppe berechnet und hinter den Summary-Ausgaben für die letzte Teilgruppe im Report
protokolliert (vgl. 4.4.4).

So erhalten wir z.B. durch die Kodierung der Kommandos

```
SORT CASES      VARool ( A )
REPORT          FORMAT = TOTAL /
                VARIABLES = VARo14, VARo16, VARo17 /
                BREAK = VARool /
                SUMMARY = MODE ( 1, 9 )
```

am Ende des Report-Ausdrucks für die letzte Teilgruppe (d.h. die Cases mit "VARool
= 3") die folgenden Angaben ausgedruckt:

```
●             3

●    MODE            5           7           5

●    TOTAL
     MODE            5           5           5

●
```

4.4.12 Die Behandlung von missing Values (MISSING)

Bei der Berechnung einer Statistik für eine Kolumnen-Variable werden standardmäßig
alle diejenigen Cases von der Auswertung ausgeschlossen, für welche diese Variable
einen als missing Value vereinbarten Wert besitzt.[+)]

So bleiben z.B. bei der Berechnung von Statistiken für die Variable VARolo stets die
Cases mit dem als missing Value vereinbarten Wert o unberücksichtigt.

Will man diese durch das Kommando MISSING VALUES implizierte Auswertungsart aufheben,
so muß man die Angabe

```
MISSING = NONE /
```

im Kommando REPORT machen. In diesem Fall gehen für jede Variable alle Werte in die
Berechnung der angeforderten Statistik ein - gleichgültig ob sie als missing Value
vereinbart sind oder nicht. Andererseits will man gegebenenfalls für einen Case, für
den die Ausprägung einer oder mehrerer Kolumnen-Variablen als missing Value vereinbart
ist, einen listenweisen Ausschluß verabreden, d.h. ihn bei der Berechnung aller abgerufenen Statistiken ausschließen.
Soll etwa ein derartiger Ausschluß dann erfolgen, wenn der Case bei mindestens einer
Kolumnen-Variablen einen missing Value als Wert besitzt, so kodieren wir

```
MISSING = LIST /
```

+) Kann eine Statistik nicht berechnet werden, weil alle Werte als missing Values gekennzeichnet sind, so wird das Zeichen "M" in die jeweilige Kolumne eingetragen.

Will man das Kriterium für einen Ausschluß nicht auf alle, sondern nur auf bestimmte
Kolumnen-Variablen beziehen, so muß man die zugehörigen Variablennamen in der folgenden Form angeben:

```
MISSING = LIST ( variablenname1 [ variablenname2 ] ... ) /
```

In jedem Fall muß die Kodierung des Subkommandos MISSING unmittelbar im Anschluß an
das Subkommando VARIABLES erfolgen (vgl. 4.4.5).

So werden z.B. durch das REPORT=Kommando

```
REPORT          FORMAT = DEFAULT /
                VARIABLES = VARoo7, VARo1o, VARo14 /
                MISSING = LIST ( VARo1o ) /
                BREAK = VARoo1 /
                SUMMARY = VALIDN, MODE ( 1, 9 )
```

bei der Berechnung aller im SUMMARY=Subkommando angeforderten Statistiken diejenigen
Cases ausgeschlossen, welche bei der Kolumnen-Variablen VARo1o den als missing Value
vereinbarten Wert o besitzen.

Bislang haben wir die Behandlung von missing Values bei den Kolumnen-Variablen beschrieben. Es besteht die Möglichkeit, daß auch die Break-Variable Werte besitzt,
die mit dem MISSING VALUES=Kommando zu missing Values erklärt wurden. In diesem Fall
ist die Wirkung, missing Value zu sein, aufgehoben, und diese Werte legen zusätzliche
Teilgruppen fest, für welche die jeweiligen Auswertungen ebenfalls durchgeführt werden.

4.4.13 Report-Struktur bei mehreren Break-Variablen

In den vorigen Abschnitten haben wir dargestellt, wie ein Report gestaltet werden kann,
bei dem die Untergliederung der Gesamtgruppe in Teilgruppen durch eine einzige Break-
Variable beschrieben wird.

Betrachten wir den unserer Untersuchung zugrundeliegenden Erhebungsplan (vgl. S. 2),
so können wir z.B. an einer getrennten Beschreibung der folgenden sechs Teilgruppen
interessiert sein:
- Schüler der Jahrgangsstufe 11   (VARoo1 = 1, VARoo2 = 1)
- Schülerinnen der Jahrgangsstufe 11   (VARoo1 = 1, VARoo2 = 2)
- Schüler der Jahrgangsstufe 12   (VARoo1 = 2, VARoo2 = 1)
- Schülerinnen der Jahrgangsstufe 12   (VARoo1 = 2, VARoo2 = 2)
- Schüler der Jahrgangsstufe 13   (VARoo1 = 3, VARoo2 = 1)
- Schülerinnen der Jahrgangsstufe 13   (VARoo1 = 3, VARoo2 = 2)

Wir gehen davon aus, daß unser SPSS-file die Variablen VARoo1, VARoo2, VARo14, VARo16
und VARo17 enthält und die Cases in der soeben angegebenen Reihenfolge im SPSS-file

eingetragen sind.[+)] Jeder Teilgruppenwechsel ist dadurch charakterisiert, daß mindestens eine der Variablen VARoo1 und VARoo2 ihren Wert verändert. Dabei beschreiben die Werte von VARoo2 eine den Werten von VARoo1 untergeordnete Gruppierung.

Eine entsprechende Strukturierung des Reports erreichen wir dadurch, daß wir im Subkommando BREAK sowohl VARoo1 als auch VARoo2 als Break-Variable spezifizieren.

Die Abfolge der Break-Variablen legt dabei fest, in welcher Reihenfolge die Teilgruppen ausgewertet werden.

Wollen wir für die Auswertung die o.a. Reihenfolge der sechs Teilgruppen einhalten, so kodieren wir das REPORT=Kommando z.B. in der Form

```
REPORT          FORMAT = DEFAULT /
                VARIABLES = VARo14, VARo16, VARo17 /
                BREAK = VARoo1, VARoo2 /
                SUMMARY = VALIDN, MODE ( 1, 9 )
```

und wir erhalten zu Beginn des Reports für die beiden ersten Teilgruppen (d.h. für die Cases mit "VARoo1 = 1") den Ausdruck:

```
   VAR001        VAR014        VAR016        VAR017

        1
        1

   VALIDN            50            50            50
   MODE              5             5             5

        1
        2

   VALIDN            50            50            50
   MODE              5             5             5
```

In diesem Report ist nur eine Kolumne für beide Break-Variablen enthalten. Eine zusätzliche Kolumne für die zweite Break-Variable wird erst dann eingerichtet, falls wir jede Break-Variable in einem eigenständigen Subkommando BREAK z.B. in der folgenden Form kodieren:[++)]

```
REPORT          FORMAT = DEFAULT /
                VARIABLES = VARo14, VARo16, VARo17 /
                BREAK = VARoo1 /
                SUMMARY = VALIDN, MODE ( 1, 9 ) /
                BREAK = VARoo2
```

In diesem Fall werden am Anfang des Reports für die ersten beiden Teilgruppen (d.h. für die Cases mit "VARoo1 = 1") die folgenden Zeilen ausgegeben:

+) Dies ist z.B. möglich durch die Ausführung des Kommandos
    SORT CASES   VARoo1 (A), VARoo2 (A)
++) Da je zwei Subkommandos durch den Schrägstrich "/" getrennt werden müssen, ist jetzt auch hinter dem SUMMARY=Subkommando das Trennzeichen "/" zu kodieren.

	VAR001	VAR002	VAR014	VAR016	VAR017
●					
●	1	1			
●		VALIDN MODE	5o 5	5o 5	5o 5
●		2			
●		VALIDN MODE	5o 5	5o 5	5o 5

Der Vergleich der beiden letzten Druckausgaben zeigt, daß mit jedem Subkommando BREAK
eine eigenständige Break-Kolumne spezifiziert wird. Bei mehreren Break-Variablen
bleibt somit im Prinzip die im Abschnitt 4.4.4 angegebene Report-Struktur gültig,
wobei allein der Kolumnenbereich der Break-Variablen weiter untergliedert werden muß.

Im Hinblick auf diese zusätzlichen Möglichkeiten muß die im Abschnitt 4.4.8 beschrie-
bene Struktur des Subkommandos BREAK in folgender Weise erweitert werden (vgl. S. 92):

```
BREAK = variablenname1 [variablenname2]...['text1'['text2']...][( kolumnenbreite )]
        [( LABEL )] [( PAGE | SKIP ( leerzeilenzahl ) )] /
```

Innerhalb eines REPORT=Kommandos muß dem Subkommando SUMMARY stets ein BREAK=Subkom-
mando vorausgehen, und im Anschluß dürfen weitere BREAK=Subkommandos folgen.

Abschließend geben wir ein weiteres Beispiel für einen Report mit zwei Break-Variablen.
Durch die Ausführung des SPSS-Programms

```
DATA LIST        FIXED VARoo1, VARoo2 1 - 2, VARo14 14, VARo16, VARo17 16 - 17
VALUE LABELS     VARoo1
                 (1)11
                 (2)12
                 (3)13
VALUE LABELS     VARoo2
                 (1)MAENNLICH
                 (2)WEIBLICH
INPUT MEDIUM     DISK
SORT CASES       VARoo1 ( A ), VARoo2 ( A )
REPORT           FORMAT = MARGINS ( 1, 58 ), HDSPACE ( 1 ), FTSPACE ( o ),
                     CHDSPACE ( o ), BRKSPACE ( o ),
                     TOTAL /
                 VARIABLES = VARo14 'SCHUL-' 'LEISTUNG',
                     VARo16 'BEGABUNG',
                     VARo17 'LEHRER-' 'URTEIL' /
                 BREAK = VARoo1 'JAHRGANGSSTUFE' ( 14 ) ( LABEL ) ( SKIP ( o ) ) /
                 SUMMARY = SUM /
                 BREAK = VARoo2 'GESCHLECHT' ( 1o ) ( LABEL ) ( SKIP ( o ) )
```

erhalten wir den folgenden Report-Ausdruck:

```
                                                        PAGE      1

    JAHRGANGSSTUFE  GESCHLECHT  SCHUL-      BEGABUNG  LEHRER-
                                LEISTUNG              URTEIL
    11              MAENNLICH
                    SUM          271         317       285
                    WEIBLICH
                    SUM          272         292       266

                    TOTAL
                    SUM          543         609       551
        SUM                      543         609       551
    12              MAENNLICH
                    SUM          271         328       290
                    WEIBLICH
                    SUM          282         320       282

                    TOTAL
                    SUM          553         648       572
        SUM                      553         648       572
    13              MAENNLICH
                    SUM          140         158       149
                    WEIBLICH
                    SUM          141         152       141

                    TOTAL
                    SUM          281         310       290
        SUM                      281         310       290

    TOTAL
        SUM                     1377        1567      1413
```

4.5 Vereinfachte Report-Ausgabe für intervallskalierte Merkmale (BREAKDOWN)

Im Abschnitt 4.4 haben wir gelernt, daß man mit dem Kommando REPORT eine tabellarische Report-Ausgabe von Statistik-Informationen für die einzelnen Teilgruppen einer
Gesamtgruppe erhalten kann. Will man auf die Flexibilität bei der Gestaltung der
Druckausgabe, die durch das REPORT=Kommando ermöglicht wird, verzichten und ist man
nur an den Statistiken Summe, arithmetisches Mittel, Standardabweichung, Varianz und
Anzahl der gültigen Cases interessiert (es muß sich also um intervallskalierte Merk-
male handeln, vgl. 1.5 und 4.1), so kann man eine komprimierte Report-Ausgabe mit
Hilfe des Kommandos BREAKDOWN (gliedere) abrufen.

Wollen wir z.B. die Schüler nach Jahrgangsstufen einteilen und einen entsprechenden
Report für die Variable VARoo6 ("Unterrichtsstunden") erstellen, so erhalten wir
durch die Ausführung des Kommandos

```
BREAKDOWN        TABLES = VARoo6 BY VARoo1
```

die folgende Druckausgabe: Anzahl der Cases in der betreffenden Gruppierung

```
- - - - - - - - - - - - - - - - - - - DESCRIPTION  OF  SUBPOPULATIONS - - - - - - - - - - - - - - - - - - -
CRITERION VARIABLE     VAROO6     SCHULSTUNDEN
        BROKEN DOWN BY     VAROO1     JAHRGANGSSTUFE
- - - - - - - - - - - - - - - - - - - - - - - - - - - - - - - - - - - - - - - - - - - - - - - - - - - -

VARIABLE               CODE    VALUE LABEL              SUM          MEAN       STD DEV      VARIANCE       N

FOR ENTIRE POPULATION                            8400.0000      33.6000       3.5568      12.6506    ( 250)

VAROO1                 1.     11                  3450.0000      34.5000       2.1766       4.7374    ( 100)
VAROO1                 2.     12                  3414.0000      34.1400       2.6705       7.1317    ( 100)
VAROO1                 3.     13                  1536.0000      30.7200       5.4400      29.5935    (  50)

    TOTAL CASES =    250  ←——— Anzahl der gültigen Cases
```

In dieser Tabelle werden nicht nur die Statistik-Informationen für die Teilgruppen,
sondern auch stets für die Gesamtgruppe (FOR ENTIRE POPULATION) dargestellt. Im Gegensatz zum Kommando REPORT, bei dem man Statistik-Informationen für die Gesamtgruppe nur
am Ende des Reports protokollieren lassen kann, werden die Ergebnisse für die Gesamtgruppe beim Kommando BREAKDOWN standardmäßig zu Beginn der Druckausgabe präsentiert.

So entnehmen wir der o.a. Druckausgabe z.B., daß die Variabilität der Jahrgangsstufe
13 (Varianz: 29.6) größer als die der Jahrgangsstufe 11 (Varianz: 4.7) bzw. die der
Jahrgangsstufe 12 ist (Varianz: 7.1).

Beim BREAKDOWN=Kommando kann man die Einteilung in Teilgruppen von den Werten einer
oder mehrerer Variablen abhängig machen. Dabei muß man die entsprechenden Angaben in
der folgenden Form kodieren:[+)]

```
BREAKDOWN        TABLES = variablenliste1 BY variablenliste2 [BY variablenliste3]...
                 [/ variablenliste4 BY variablenliste5 [BY variablenliste6]...]...
```

Jede Variablenliste kann aus einer oder mehreren Variablen bestehen, die gegebenenfalls in Form reflexiver Variablenlisten vereinbart sind.
Die explizit oder implizit aufgeführten Variablen, die vor dem ersten Schlüsselwort
BY angegeben sind, fungieren bei der Report-Ausgabe als Kolumnen-Variablen und alle
anschließend kodierten Variablen als Break-Variablen.[++)]
Dabei wird für jede mögliche Variablen-Kombination der durch das Schlüsselwort BY getrennten Variablenlisten jeweils ein Report ausgegeben, wobei die Position der Variablen in ihren Listen die Reihenfolge der einzelnen Reports bei der Druckausgabe bestimmt.

In einem TABLES=Subkommando können mehrere verschiedene Arten von Report-Ausgaben abgerufen werden, wobei für jede neue Report-Struktur eine geeignete Beschreibung mit
neuen Kolumnen- und Break-Variablen hinter dem speziellen Trennzeichen "/" kodiert
werden muß.

So erhalten wir z.B. durch die Ausführung des Kommandos

```
BREAKDOWN        TABLES = VARoo6 BY VARoo1, VARoo2
```

zwei Reports ausgegeben, in denen die Variable VARoo6 als Kolumnen-Variable fungiert.
Die Funktion der Break-Variablen wird dabei im ersten Report von VARoo1 und im zweiten Report von VARoo2 übernommen.

Die Auswertungsart und die Form der Druckausgabe kann man durch die Kodierung des
Kommandos OPTIONS - im Anschluß an das BREAKDOWN=Kommando - mit Hilfe der folgenden

---

+) Es dürfen maximal fünf Schlüsselwörter BY kodiert sein, so daß die Aufteilung in
   Teilgruppen maximal fünffach gestuft sein darf.
++) Im Gegensatz zum REPORT=Kommando brauchen beim Kommando BREAKDOWN die Cases nicht
    nach den Werten der Break-Variablen sortiert zu sein.

Kennzahlen beeinflussen:

> 1 : Einschluß von missing Values,
>
> 2 : unabhängig von den jeweiligen Werten der Break-Variablen werden nur diejenigen
>   Cases von der Verarbeitung ausgeschlossen, deren Werte bei der jeweiligen
>   Kolumnen-Variablen als missing Values vereinbart sind,
>
> 3 : die durch die Kommandos VAR LABELS und VALUE LABELS definierten Etiketten
>   werden nicht ausgedruckt und
>
> 4 : der Report wird in Form eines sog. Baum-Diagramms ausgegeben.

So erhalten wir z.B. durch die Kommandos

```
BREAKDOWN      TABLES = VARoo6 BY VARoo1 BY VARoo2
OPTIONS        4
```

als Beginn des Reports, d.h. für die Gesamtgruppe und die Teilgruppe der Jahrgangsstufe 11, die folgende Druckausgabe:

```
- - - - - - - - - - - - - - - - -  D E S C R I P T I O N   O F   S U B P O P U L A T I O N S
CRITERION VARIABLE     VAR006    SCHULSTUNDEN
    BROKEN DOWN BY     VAR001    JAHRGANGSSTUFE
               BY      VAR002    GESCHLECHT
- - - - - - - - - - - - - - - - - - - - - - - - - - - - - - - - - - - - - - - - - -

FOR ENTIRE POPULATION
SUM         8400.000
MEAN          33.600
STD DEV        3.557
VARIANCE      12.651
N          (   250)


VARIABLE   VAR001           VARIABLE   VAR002

CODE          1.            CODE          1.
11                          MAENNLICH
SUM        3450.000         SUM        1714.000
MEAN         34.500         MEAN         34.280
STD DEV       2.177         STD DEV       2.441
VARIANCE      4.737         VARIANCE      5.961
N          (   100)         N          (    50)

                           CODE          2.
                           WEIBLICH
                           SUM        1736.000
                           MEAN         34.720
                           STD DEV       1.874
                           VARIANCE      3.512
                           N          (    50)
```

Die Form dieser Baum-Darstellung ist insbesondere im Zusammenhang mit der Kontrastgruppenanalyse (tree-analysis, Baum-Analyse) sehr geeignet. Bei dieser Analyseform
soll man für eine gegebene Kolumnen-Variable, welche als abhängige Variable aufgefaßt
wird, die Gesamtgruppe geeignet in Teilgruppen aufteilen. Bei dieser Einteilung soll
diejenige Hierarchie der Break-Variablen ermittelt werden, bei der sämtliche Teilgruppen möglichst homogen, d.h. die Cases in jeder Teilgruppe möglichst gleichartig sind,
und die Heterogenität (Verschiedenartigkeit) der Teilgruppen untereinander möglichst

groß ist. Die Hilfgrößen zur Beurteilung der Homogenität und Heterogenität sind die
arithmetischen Mittel, die Varianzen und die Anzahlen der Cases in diesen Teilgruppen,
deren jeweilige Werte man der Druckausgabe des BREAKDOWN=Kommandos direkt entnehmen
kann. Eine diesbezügliche Darstellung des Verfahrens der Kontrastgruppenanalyse findet
man z.B. in MAYNTZ, S. 219ff (s. hierzu auch die Literaturangaben im Anhang).

4.6 Häufigkeitsauszählung bei Mehrfachnennungen (MULT RESPONSE)

Mit dem Kommando FREQUENCIES können nur Häufigkeitsauszählungen für Merkmale mit jeweils nur einer Ausprägung pro Case durchgeführt werden. Daher läßt sich mit diesem
Kommando unser (Fragebogen-) Item "Worauf führen Sie Ihre besseren Schulleistungen
zurück?" (vgl. 1.2) nicht auswerten, da bei diesem Merkmal Mehrfachnennungen, d.h.
mehrere Antworten angegeben werden dürfen (vgl. 1.4).
Für die Eingabe der Antwortnennungen haben wir dieses Merkmal in 15 Indikator-Merkmale in Form von Item 18 bis Item 32 zerlegt (s. S. 8 und S. 12). Die Anzahl dieser
Indikatoren entspricht der Zahl der möglichen Antworten. Für jeden Indikator haben
wir im Kodeplan als Ausprägungen die Werte "1" und "Leerzeichen" dafür festgelegt,
daß die zugehörige Antwort "angekreuzt" bzw. "nicht angekreuzt" wurde.

Leiten wir unser SPSS-Programm etwa durch die Kommandos

```
DATA LIST       FIXED VARo18 TO VARo32 18 - 32
VAR LABELS      VARo18 LEICHT LERNEN/
                VARo19 OHNE MUEHE/
                VARo2o GUT VORBEREITET/
                VARo21 GUT ERKLAERT/
                VARo22 NICHT AUFGEBEN/
                VARo23 INTERESSANT/
                VARo24 GLUECK/
                VARo25 BEGABT/
                VARo26 LEICHT BEHALTEN/
                VARo27 BEMUEHEN/
                VARo28 NICHT ABLENKEN/
                VARo29 FAECHER LEICHT/
                VARo3o SCHNELL VERSTEHEN/
                VARo31 ZIEMLICH ANSTRENGEN/
                VARo32 MITARBEITEN
INPUT MEDIUM    DISK
```

ein, so wird das Merkmal "Worauf führen Sie Ihre besseren Schulleistungen zurück?"
durch die (Indikator-) Variablen VARo18 bis VARo32 bestimmt.
Zur Ausgabe einer geeigneten Häufigkeitsverteilung ergänzen wir diesen Programmanfang
durch das Kommando MULT RESPONSE (Mehrfachantwort) in der folgenden Form:

```
MULT RESPONSE   GROUPS = IFBS INDIKATOR FUER BESSERE SCHULLEISTUNGEN
                      ( VARo18 TO VARo32 ( 1 ) ) /
                FREQUENCIES = IFBS
```

Dabei fassen wir die Gruppe unserer (Indikator-) Variablen unter dem Gruppennamen IFBS

zusammen, so daß wir im Subkommando FREQUENCIES, welches hinter dem GROUPS=Subkomman-
do kodiert wird, über diesen Namen die gewünschte Häufigkeitsauszählung abrufen können.

Die Zuordnung des Gruppennamens haben wir dadurch festgelegt, daß wir die betreffende
Variablenliste, die durch die Klammern "(" und ")" eingeschlossen werden muß, am Ende
des Subkommandos GROUPS kodiert haben. Hinter der Variablenliste geben wir den Wert
1 an, welchen wir ebenfalls durch "(" und ")" einklammern. Dadurch vereinbaren wir,
daß die Auszählung nach der Ausprägung "angekreuzt", welcher wir den Wert 1 bei der
Kodierung zugeordnet haben, vorgenommen werden soll.
Hinter dem Gruppennamen IFBS kodieren wir den Text "INDIKATOR FUER BESSERE
SCHULLEISTUNGEN", welcher zur Illustration der Druckausgabe am Tabellenanfang ausgege-
ben werden soll.
Im Subkommando FRQUENCIES rufen wir die Häufigkeitsauszählung durch die Angabe des
Gruppennamens IFBS mit dem folgenden Ergebnis ab:

```
GROUP IFBS        INDIKATOR FUER BESSERE SCHULLEISTUNGEN
     (VALUE TABULATED =        1)   Wert, nach dem ausgezählt wird

                                                    PCT OF   PCT OF
DICHOTOMY LABEL                    NAME     COUNT   RESPONSES  CASES

LEICHT LERNEN                      VAR018    208     10.0     83.2

OHNE MUEHE                         VAR019    189      9.1     75.6

GUT VORBEREITET                    VAR020     81      3.9     32.4

GUT ERKLAERT                       VAR021    160      7.7     64.0

NICHT AUFGEBEN                     VAR022    129      6.2     51.6

INTERESSANT                        VAR023    157      7.5     62.8

GLUECK                             VAR024     74      3.5     29.6

BEGABT                             VAR025    186      8.9     74.4

LEICHT BEHALTEN                    VAR026    202      9.7     80.8

BEMUEHEN                           VAR027    164      7.9     65.6

NICHT ABLENKEN                     VAR028    114      5.5     45.6

FAECHER LEICHT                     VAR029     19      0.9      7.6

SCHNELL VERSTEHEN                  VAR030    171      8.2     68.4

ZIEMLICH ANSTRENGEN                VAR031     71      3.4     28.4

MITARBEITEN                        VAR032    161      7.7     64.4
                                          -------- ------   ------
                  TOTAL RESPONSES           2086    100.0    834.4

     0 MISSING CASES       250 VALID CASES
```

Die Klammern mit "Variableneti-ketten der (Indikator-) Variablen" beziehen sich auf die DICHOTOMY LABEL-Spalte; "Variablennamen der (Indikator-) Variablen" beziehen sich auf die NAME-Spalte.

Hinter der Kolumne der jeweiligen Merkmalsausprägungen (COUNT) werden die zugehörigen Prozentsätze in zwei aufeinanderfolgenden Kolumnen eingetragen. In der ersten
Kolumne (PCT OF RESPONSES) zeigen die Werte an, welchen Prozentsätzen - bezogen auf

die Gesamtzahl aller Antworten - die jeweiligen Häufigkeiten entsprechen.
Die Summe dieser Prozentsätze ergibt den Prozentwert 1oo%.

In der zweiten Kolumne (PCT OF CASES) werden diejenigen Prozentsätze ausgedruckt,
die auf der Anzahl der gültigen Cases (VALID CASES)[+] basieren. Wegen der i. allg.
vorhandenen Mehrfachnennungen summieren sich diese Werte in der Regel auf mehr als
1oo%.

So entnehmen wir der o.a. Druckausgabe etwa, daß die besseren Schulleistungen in
erster Linie auf leichtes Lernen (diese Antwort gaben 83.2% der Befragten, und die
Antworthäufigkeit entspricht 1o% aller abgegebenen Antworten) und leichtes Behalten
zurückgeführt werden (dies nannten 8o.8% der Befragten, was 9.7% der Antworten entspricht).

Beim Aufruf des MULT RESPONSE=Kommandos braucht man sich nicht auf die Auszählung nur
eines Merkmals mit Mehrfachnennungen beschränken, sondern man kann dieses Kommando in
der folgenden allgemeinen Form kodieren:

```
MULT RESPONSE   GROUPS = gruppenname1 [etikett1] ( variablenliste1 ( wert1 ) )
                        [gruppenname2 [etikett2] ( variablenliste2 ( wert2 ) )]... /
                FREQUENCIES = gruppenname1 [gruppenname2] ...
```

Dabei müssen die beiden Subkommandos GROUPS und FREQUENCIES durch den Schrägstrich
"/" voneinander getrennt werden.
In dem GROUPS=Subkommando wird jeder Gruppe von (Indikator-) Variablen ein Gruppen-
name zugeordnet, mit dem man im nachfolgenden FREQUENCIES=Subkommando auf die jeweiligen (Indikator-) Variablen verweisen kann.
Für die Druckausgabe darf man zusätzlich ein Etikett angeben, welches zwischen dem
Gruppennamen und der zugehörigen Liste der (Indikator-) Variablen kodiert werden muß.

Nach welchem Wert die jeweilige Häufigkeitsauszählung vorgenommen werden soll, muß
man hinter der Variablenliste durch die Angabe des Ausdrucks "(wert)" spezifizieren.

Um die Lesbarkeit der erzeugten Tabelle zu erhöhen, sollte man in jedem Fall entsprechende Variablenetiketten mit Hilfe des VAR LABELS=Kommandos für die einzelnen (Indi-
kator-) Variablen vor dem Aufruf des MULT RESPONSE=Kommandos vereinbaren.

Auch bei diesem Kommando kann man wiederum die Auswertungsart und die Form der Druckausgabe durch ein OPTIONS=Kommando, welches im Anschluß an das MULT RESPONSE=Kommando
kodiert werden muß, mit den folgenden möglichen Kennzahlen beeinflussen:

```
1 : Einschluß von missing Values und
2 : es wird ein listenweiser Ausschluß verabredet, d.h. ein Case wird immer dann
        von der gesamten Auswertung ausgeschlossen, falls für ihn der Wert einer oder
        mehrerer (Indikator-) Variablen als missing Value vereinbart ist.
```

+) Die Prozentsätze in der 2. Kolumne beziehen sich auf die am Tabellenende ausgewie-
   senen "VALID CASES". Es werden die Cases ausgeschlossen und zu den "MISSING CASES"
   gezählt, die bei keinem Indikator-Merkmal einen Wert haben, nach dem ausgezählt wird.

5. Beschreibung der Beziehung von Merkmalen

5.1 Das Kommando CROSSTABS

5.1.1 Die gemeinsame Häufigkeitsverteilung zweier Merkmale

Zusammenhänge von Merkmalen

Bislang haben wir univariate Analysen durchgeführt, indem wir die Häufigkeitsverteilungen der einzelnen Merkmale unserer Untersuchung ermittelt und durch geeignete
Statistiken beschrieben haben. Jetzt wollen wir in einem zweiten Schritt die Beziehungen analysieren, welche zwischen den Merkmalen bestehen. Dazu stellen wir die
Frage, ob die erhobenen Daten eine Annahme über Zusammenhänge bzw. Abhängigkeiten
von jeweils zwei Merkmalen für die Gruppe der untersuchten Merkmalsträger zulassen,
wie die Stärke eines Zusammenhangs beschreibbar ist und ob eine derartige Beziehung
gegebenenfalls auch für die Grundgesamtheit, aus der die Merkmalsträger ausgewählt
wurden, angenommen werden kann.

Es geht dabei nicht um Kausalitätsuntersuchungen, d.h. ob ein Merkmal ein anderes
verursacht oder umgekehrt. Dies läßt sich nämlich nur mit Hilfe von sachlogischen
Argumenten diskutieren. Man muß sich daher grundsätzlich im Klaren sein, daß statistisch belegte Zusammenhänge auch bei Merkmalen auftreten können, für die keine
begründbare Kausalbeziehung existiert. Insofern ist hervorzuheben, daß das Phänomen
der statistischen Beziehung von Merkmalen - dies nennt man entweder Zusammenhang
oder Assoziation oder Kontingenz oder Korrelation oder auch Abhängigkeit - nur besagt, daß die Merkmale gemeinsam, d.h. in ähnlicher Weise miteinander variieren. Zur
Überprüfung des statistischen Zusammenhanges muß man folglich die gemeinsame Häufigkeitsverteilung der Merkmale untersuchen.

Kontingenz-Tabellen, Konditional- und Marginalverteilungen

Auch wenn man einen sog. multivariaten Zusammenhang zwischen drei und mehr Merkmalen
vermutet, wird man in der Regel zunächst die jeweiligen bivariaten Beziehungen, d.h.
die Zusammenhänge zwischen jeweils zwei Merkmalen beschreiben wollen. Grundlage einer
entsprechenden Untersuchung ist die bivariate Häufigkeitsverteilung.

In der folgenden Diskussion beschränken wir uns zunächst auf den Fall zweier
dichotomer Merkmale,[+] wie z.B. "Abschalten" (VARo1o) und "Geschlecht" (VARoo2).
Die zugehörige bivariate Häufigkeitsverteilung stellen wir graphisch in Form der
folgenden Kontingenz-Tabelle (Kreuztabelle) dar:[++]

VARoo2 ("Geschlecht")

		männlich	weiblich
VARo1o ("Abschalten")	stimmt	6o	78
	stimmt nicht	63	45

 +) Ein dichotomes Merkmal besitzt zwei Merkmalsausprägungen.
++) Da für die Variable VARo1o vier Cases die Ausprägung o besitzen und dieser Wert
    als missing Value vereinbart ist, enthält die Kontingenz-Tabelle nicht die Werte-
    Kombinationen von 25o, sondern nur von 246 (gültigen) Cases.

In den vier Zellen (Tabellen-Kästchen) sind die jeweiligen absoluten Häufigkeiten
eingetragen. Dabei bedeutet z.B. der Wert 6o in der durch die Ausprägungen "stimmt"
und "männlich" gekennzeichneten Zelle, daß 6o der befragten Schüler angegeben haben,
im Unterricht abzuschalten.

Somit enthält die erste Spalte dieser Kontingenz-Tabelle die sog. <u>Konditionalvertei-</u>
<u>lung</u>, d.h. die bedingte Verteilung des Merkmals "Abschalten" für die Schüler, und in
der zweiten Spalte sind die Werte der Konditionalverteilung von "Abschalten" für die
Schülerinnen enthalten.

Betrachtet man die Zeilen der Tabelle, so beschreibt die erste Zeile die bedingte
Verteilung von "Geschlecht" für die Befragten, die für das Merkmal "Abschalten" mit
"stimmt" geantwortet haben, und die zweite Zeile enthält die Häufigkeiten der Konditionalverteilung auf der Basis der Merkmalsausprägung "stimmt nicht".

Aus den Werten dieser Kontingenz-Tabelle kann man die beiden univariaten Häufigkeitsverteilungen der Merkmale VARo1o und VARoo2 dadurch gewinnen, indem man die sog.
<u>Marginalverteilungen</u>, d.h. die Randverteilungen durch die Summierung der Zeilen- bzw.
der Spaltenwerte ermittelt:

Konditionalverteilungen von VARo1o ↓   ↓Marginalverteilung von VARo1o

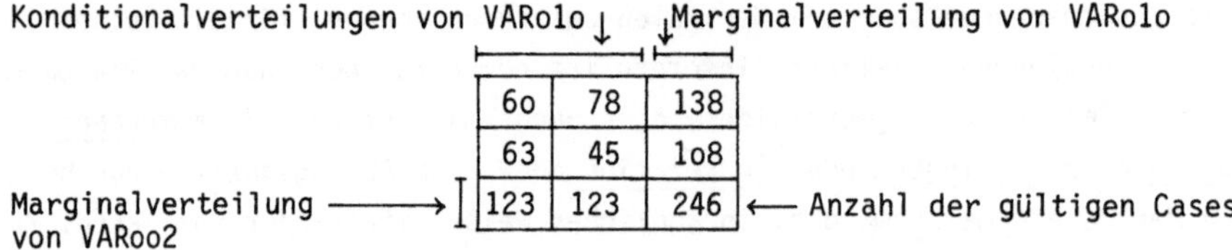

	6o	78	138
	63	45	1o8
Marginalverteilung →	123	123	246	← Anzahl der gültigen Cases
von VARoo2

<u>Statistische Unabhängigkeit und statistischer Zusammenhang</u>

Mit Hilfe der Konditional- und Marginalverteilungen einer Kontingenz-Tabelle kann man
präzisieren, wann man von einem statistischen Zusammenhang zweier Merkmale in der
Gruppe der in die Untersuchung einbezogenen Merkmalsträger sprechen kann.

Ein <u>statistischer Zusammenhang</u> - wir sprechen im folgenden auch von einer <u>Assoziation</u>
- ist dann gegeben, wenn sich die Konditionalverteilungen eines Merkmals voneinander
unterscheiden.

Stimmen dagegen die Konditionalverteilungen mit der zugehörigen Marginalverteilung
überein, so sind beide Merkmale <u>statistisch unabhängig</u>, d.h. es besteht keine
Assoziation.[+)]

Wir wollen jetzt eine Aussage über die statistische Beziehung von VARo1o und VARoo2
machen, und daher ermitteln wir zunächst die zu den absoluten Häufigkeiten gehörenden

---

+) Aus unserer Untersuchung der Verteilung von VARo14 bzgl. der Jahrgangsstufen 11,
   12 und 13 (vgl. S. 66) wissen wir, daß sich die drei Verteilungen nur geringfügig
   unterscheiden. Demzufolge besteht zwischen VARo14 und VARoo2 höchstens ein gerin-
   ger statistischer Zusammenhang.

relativen Häufigkeiten. Dazu bilden wir <u>spaltenweise</u> die prozentualen Häufigkeiten[+)] und erhalten in unserem Fall die folgende Tabelle, in der wir die relativen unter den zugehörigen absoluten Häufigkeiten angeben:

VARoo2 ("Geschlecht")

		männlich	weiblich	Gesamt
VARolo ("Abschalten")	stimmt	6o 48.8%	78 63.4%	138 56.1%
	stimmt nicht	63 51.2%	45 36.6%	1o8 43.9%

Marginalverteilung
von VARolo

Bestünde keine Assoziation zwischen den beiden Merkmalen, so müßten die beiden Konditionalverteilungen in den ersten beiden Spalten mit der zugehörigen Marginalverteilung übereinstimmen, deren Häufigkeiten in der dritten Spalte eingetragen sind.

Zur besseren Übersicht beschreiben wir die Marginal- und Konditionalverteilungen graphisch durch die folgenden <u>Stabdiagramme</u>:

VARoo2 ("Geschlecht")

Schüler   Schülerinnen   Gesamtgruppe
der Befragten

VARolo ("Abschalten")   stimmt: 48.8%   63.4%   56.1%

stimmt nicht: 51.2%   36.6%   43.9%

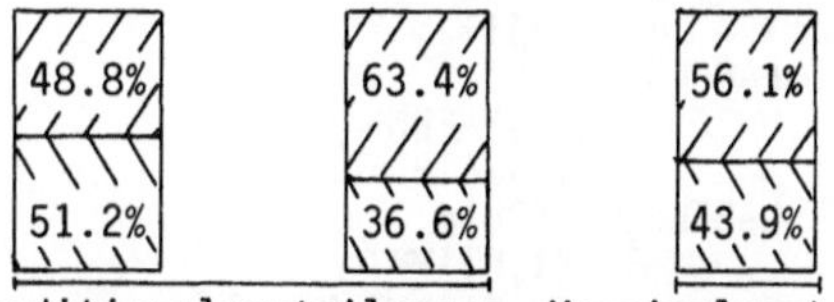

Konditionalverteilungen   Marginalverteilung
von VARolo   von VARolo

Nach der spaltenweisen Prozentuierung vergleichen wir die einzelnen Prozentsätze <u>zeilenweise</u>. Dabei stellen wir fest, daß die Häufigkeitsverteilungen ziemlich differieren, so daß wir daraus auf einen statistischen Zusammenhang zwischen den Merkmalen "Abschalten" und "Geschlecht" schließen können, d.h. es sind geschlechtsspezifische Unterschiede beim Merkmal "Abschalten" in der Gruppe der 246 Merkmalsträger zu beobachten. Dabei geben weitaus mehr Schülerinnen als Schüler an, daß sie beim Unterricht oftmals abschalten.
Nach diesem Ergebnis stellt sich die Frage, ob der beobachtete statistische Zusammenhang stark oder schwach ist und ob dieses Ergebnis auf die Grundgesamtheit aller Bremer NGO-Schüler, aus der die ausgewählten Schüler eine repräsentative Stichprobe darstellen (vgl. 1.2), verallgemeinert werden kann.

+) Die Diskussion des statistischen Zusammenhangs läuft für die zeilenweise Prozentuierung (und dem anschließenden spaltenweisen Vergleich) entsprechend ab. Wegen der Symmetrie gilt, daß sich entweder in beiden oder in keinem Fall ein statistischer Zusammenhang darstellt.

Bevor wir uns mit diesen Fragen auseinandersetzen, soll gezeigt werden, wie man den
Ausdruck bivariater Kontingenz-Tabellen vom SPSS-System abrufen kann.

5.1.2 Druckausgabe von Kontingenz-Tabellen

Um eine tabellarische Druckausgabe der gemeinsamen Häufigkeitsverteilung zweier Merkmale in Form einer bivariaten Kontingenz-Tabelle zu erhalten, muß man das Kommando
CROSSTABS (Kreuztabellen) in der folgenden Form kodieren:

CROSSTABS   TABLES = variablenliste1 BY variablenliste2

Die in "variablenliste1" aufgeführten Variablen fungieren als Zeilenvariablen und die
hinter dem Schlüsselwort BY angegebenen Variablen als Spaltenvariablen.
Für jede mögliche Variablen-Kombination der durch BY getrennten Variablenlisten wird
jeweils eine Kontingenz-Tabelle ausgegeben, wobei die Positionen der Variablen in
ihren Listen die Reihenfolge der einzelnen Tabellen bei der Druckausgabe bestimmen.

Z.B. erhalten wir durch die Ausführung des SPSS-Programms

```
DATA LIST        FIXED VARoo1, VARoo2 1 - 2, VARo1o 1o
VAR LABELS       VARoo1 JAHRGANGSSTUFE/
                 VARoo2 GESCHLECHT/
                 VARo1o ABSCHALTEN
VALUE LABELS     VARoo1
                 (1)11
                 (2)12
                 (3)13
VALUE LABELS     VARoo2
                 (1)MAENN-   LICH
                 (2)WEIBLICH
VALUE LABELS     VARo1o
                 (1)STIMMT
                 (2)STIMMT NICHT
MISSING VALUES   VARo1o ( o )
INPUT MEDIUM     DISK
CROSSTABS        TABLES = VARo1o BY VARoo2, VARoo1
```

zwei Kontingenz-Tabellen ausgedruckt, in denen VARo1o als Zeilenvariable fungiert. Die
Funktion der Spaltenvariablen wird in der ersten Tabelle von VARoo2 und in der zweiten
Tabelle von VARoo1 übernommen, so daß wir die auf der nächsten Seite angegebenen
Druckausgaben erhalten.

Interpretation einer Kontingenz-Tabelle

In jeder Zelle dieser Kontingenz-Tabellen werden vier Werte ausgedruckt. Der oberste
Wert gibt die absolute Häufigkeit (COUNT) und der folgende die zugehörige (angepaßte)
relative Zeilenhäufigkeit (ROW PCT) an, welche auf die jeweiligen Zeilensummenwerte
(ROW TOTAL) bezogen sind. Anschließend ist die zugehörige (angepaßte) relative Spal-
tenhäufigkeit (COL PCT), d.h. die Prozentuierung auf die jeweiligen Spaltensummenwerte
(COLUMN TOTAL) ausgedruckt, und abschließend folgt die (angepaßte) relative Gesamthäu-

figkeit (TOT PCT), bei der auf die Gesamtzahl der gültigen Cases prozentuiert wird.
Alle relativen Häufigkeiten werden als Prozentsätze mit einer Nachkommastelle
- gerundet - ausgegeben.

```
* * * * * * * * * * * * * * * * *  C R O S S T A B U L A T I O N   O F  * * * * *
    VAR010    ABSCHALTEN                                BY  VAR002   GESCHLECHT
* * * * * * * * * * * * * * * * * * * * * * * * * * * * * * * * * * * * * * * * *

                       VAR002
            COUNT  I
            ROW PCT IMAENN-    WEIBLICH    ROW
            COL PCT ILICH                  TOTAL
            TOT PCT I      1.I       2.I
    VAR010  --------I---------I---------I
               1.   I    60   I    78   I   138
    STIMMT         I  43.5   I  56.5   I  56.1
                   I  48.8   I  63.4   I
                   I  24.4   I  31.7   I
                 -I---------I---------I
               2.  I    63   I    45   I   108
    STIMMT NICHT   I  58.3   I  41.7   I  43.9
                   I  51.2   I  36.6   I
                   I  25.6   I  18.3   I
                 -I---------I---------I
            COLUMN      123       123       246
            TOTAL      50.0      50.0     100.0


* * * * * * * * * * * * * * * *  C R O S S T A B U L A T I O N   O F  * * * * * * *
    VAR010    ABSCHALTEN                                BY  VAR001   JAHRGANGSSTUFE
* * * * * * * * * * * * * * * * * * * * * * * * * * * * * * * * * * * * * * * * * *

                       VAR001
            COUNT  I
            ROW PCT I11        12         13          ROW
            COL PCT I                                 TOTAL
            TOT PCT I      1.I       2.I       3.I
    VAR010  --------I---------I---------I---------I
               1.   I    57   I    53   I    28   I   138
    STIMMT         I  41.3   I  38.4   I  20.3   I  56.1
                   I  58.8   I  53.5   I  56.0   I
                   I  23.2   I  21.5   I  11.4   I
                 -I---------I---------I---------I
               2.  I    40   I    46   I    22   I   108
    STIMMT NICHT   I  37.0   I  42.6   I  20.4   I  43.9
                   I  41.2   I  46.5   I  44.0   I
                   I  16.3   I  18.7   I   8.9   I
                 -I---------I---------I---------I
            COLUMN       97        99        50       246
            TOTAL      39.4      40.2      20.3     100.0
```

Rechts neben und unter den Tabellen sind die Werte der zugehörigen beiden Marginalverteilungen ausgedruckt. Dabei steht unter der jeweiligen absoluten Häufigkeit die
entsprechende relative Häufigkeit.

Mit Hilfe der Kommandos VAR LABELS und VALUE LABELS haben wir die Tabellen-Ausgabe
illustriert und übersichtlich gestaltet. Dabei ist zu beachten, daß nur maximal 16
Zeichen der vereinbarten Werteetiketten ausgegeben und die Werteetiketten der Spaltenvariablen nach den ersten 8 Zeichen aufgebrochen werden.[+)]

Im Hinblick auf die von uns im Abschnitt 5.1.1 diskutierte Frage, ob zwischen VARo1o
und VARoo2 ein statistischer Zusammenhang besteht, interessieren uns in den Kontin-

---

+) Diese Restriktion sollte man schon bei der Kodierung des VALUE LABELS=Kommandos
   berücksichtigen, so daß man eine übersichtliche Beschriftung für die Ausprägungen
   der Spaltenvariablen in der Kontingenz-Tabelle erhält, s. z.B. das VALUE LABELS=
   Kommando für VARoo2 auf S. 114.

genz-Tabellen nicht alle ausgegebenen Zellenwerte. Vielmehr behindert uns die Fülle
der protokollierten Informationen bei der Auswertung, bei welcher wir uns auf die
(angepaßten) relativen Spaltenhäufigkeiten konzentrieren müssen.

5.1.3 Steuerung der Druckausgabe (OPTIONS)

Will man die im Abschnitt 5.1.2 angegebene Standardform der Druckausgabe abändern bzw.
im Hinblick auf die Behandlung von missing Values auf die Auswertung einwirken, so
kann man im Anschluß an das CROSSTABS=Kommando ein OPTIONS=Kommando kodieren, in welchem die folgenden Kennzahlen angegeben werden dürfen:

```
 1 : Einschluß von missing Values,
 2 : die durch die Kommandos VAR LABELS und VALUE LABELS vereinbarten Etiketten
     werden nicht ausgedruckt,
 3 : die Ausgabe der (angepaßten) relativen Zeilenhäufigkeiten (ROW PCT) wird unter-
     drückt,
 4 : die Ausgabe der (angepaßten) relativen Spaltenhäufigkeiten (COL PCT) wird unter-
     drückt,
 5 : die Ausgabe der (angepaßten) relativen Gesamthäufigkeiten (TOT PCT) wird unter-
     drückt,
 9 : hinter den Kontingenz-Tabellen wird ein Inhaltsverzeichnis ausgegeben, in wel-
     chem für jede Tabelle die Seitennummer der zugehörigen Druckausgabe protokol-
     liert ist,[+)]
lo : für jede Zelle der Kontingenz-Tabelle werden die absolute Häufigkeit und die
     Identifikationsinformationen der Zelle als jeweils ein Datensatz (record) in
     eine Datei auf der Magnetplatte oder einem Magnetband eingetragen (vgl.
     6.8.4), so daß diese Werte in einer nachfolgenden Datenanalyse z.B. mit einem
     anderen SPSS-Programm weiterverarbeitet werden können und
12 : es erfolgt keine Druckausgabe (dies ist nur sinnvoll in Verbindung mit der
     Kennzahl lo).
```

Wollen wir für die Analyse der statistischen Beziehungen von VARolo und VARool bzw.
VARolo und VARoo2 die Übersichtlichkeit der Kontingenz-Tabellen erhöhen, so ergänzen
wir in unserem in Abschnitt 5.1.2 angegebenen SPSS-Programm das CROSSTABS=Kommando
wie folgt durch ein OPTIONS=Kommando:

```
CROSSTABS      TABLES = VARolo BY VARoo2, VARool
OPTIONS        3, 5
```

Dadurch erhalten wir für die Kontingenz-Tabellen den folgenden Ausdruck:

+) Die Angabe dieser Kennzahl ist nur sinnvoll, falls sehr viele Variablen im Subkommando TABLES aufgeführt sind.

```
* * * * * * * * * * * * * * * *    C R O S S T A B U L A T I O N   O F   * * * *
    VAR010    ABSCHALTEN                                  BY  VAR002    GESCHLECHT
* * * * * * * * * * * * * * * * * * * * * * * * * * * * * * * * * * * * * * * * *

                        VAR002
             COUNT  I
             COL PCT IMAENN-     WEIBLICH    ROW
                     ILICH                   TOTAL
                     I       1.I       2.I
    VAR010   --------I---------I--------I
                1.   I     60  I     78  I    138
    STIMMT           I   48.8  I   63.4  I   56.1
                    -I---------I--------I
                2.   I     63  I     45  I    108
    STIMMT NICHT     I   51.2  I   36.6  I   43.9
                    -I---------I--------I
             COLUMN      123       123        246
             TOTAL       50.0      50.0      100.0

NUMBER OF MISSING OBSERVATIONS =         4


* * * * * * * * * * * * * * * *    C R O S S T A B U L A T I O N   O F   * * * * * *
    VAR010    ABSCHALTEN                                  BY  VAR001    JAHRGANGSSTUFE
* * * * * * * * * * * * * * * * * * * * * * * * * * * * * * * * * * * * * * * * * * *

                        VAR001
             COUNT  I
             COL PCT I11        12         13         ROW
                     I                                TOTAL
                     I       1.I       2.I       3.I
    VAR010   --------I---------I--------I--------I
                1.   I     57  I     53  I     28  I    138
    STIMMT           I   58.8  I   53.5  I   56.0  I   56.1
                    -I---------I--------I--------I
                2.   I     40  I     46  I     22  I    108
    STIMMT NICHT     I   41.2  I   46.5  I   44.0  I   43.9
                    -I---------I--------I--------I
             COLUMN      97        99         50        246
             TOTAL       39.4      40.2      20.3     100.0

NUMBER OF MISSING OBSERVATIONS =         4
```

5.1.4 Statistischer Zusammenhang zwischen Merkmalen

Das im Abschnitt 5.1.1 dargestellte Verfahren zur Aufdeckung von statistischen Zusammenhängen ist selbstverständlich nicht auf dichotome Merkmale eingeschränkt, sondern es ist völlig unabhängig von der Anzahl der jeweiligen Merkmalsausprägungen, so daß man die Beziehungen von polytomen Merkmalen, d.h. Merkmalen mit beliebig vielen Ausprägungen entsprechend untersuchen kann.

Betrachten wir z.B. die o.a. Kontingenz-Tabelle von VARo1o und dem trichotomen[+] Merkmal "Jahrgangsstufe" (VARoo1). Die zugehörigen Stabdiagramme haben die folgende Form:

<table>
<tr><td rowspan="2">VARo1o ("Abschalten")</td><td></td><td colspan="3" align="center">VARoo1 ("Jahrgangsstufe")</td><td>Gesamtgruppe der Befragten</td></tr>
<tr><td></td><td>11</td><td>12</td><td>13</td><td></td></tr>
<tr><td></td><td>stimmt:</td><td>58.8%</td><td>53.5%</td><td>56.o%</td><td>56.1%</td></tr>
<tr><td></td><td>stimmt nicht:</td><td>41.2%</td><td>46.5%</td><td>44.o%</td><td>43.9%</td></tr>
</table>

+) Ein trichotomes Merkmal besitzt drei Merkmalsausprägungen.

Diese Verteilungen unterscheiden sich nur unwesentlich, so daß wir hieraus nicht auf
eine Assoziation schließen können.[+)]

Kontrollvariablen und Partial-Tabellen

Wir wollen jetzt untersuchen, ob VARoo2 ("Geschlecht") als sog. Kontrollvariable einen
Einfluß auf die Beziehung zwischen VARo1o und VARoo1 hat. Dazu müssen wir uns die gemeinsamen Häufigkeitsverteilungen von VARo1o und VARoo1 bzgl. der Teilgruppe der Schüler (VARoo2=1) und bzgl. der Schülerinnen (VARoo2=2) - man nennt sie Partial-Tabellen
oder auch partielle Kontingenz-Tabellen - ausdrucken lassen und miteinander vergleichen.

Dabei sind die folgenden Befunde möglich:

- die partiellen Kontingenz-Tabellen unterscheiden sich, so daß die Kontrollvariable
  einen sog. Interaktionseffekt besitzt, und die untersuchte Beziehung von der jeweiligen Ausprägung der Kontrollvariablen abhängt - man sagt, daß die Verteilung
  spezifiziert wird - oder aber
- die Partial-Tabellen stimmen annähernd überein.

Bei Gleichheit der partiellen Kontingenz-Tabellen hat die Kontrollvariable dann keinen
Einfluß auf die Beziehung, falls die Partial-Tabellen mit der Kontingenz-Tabelle der
zu kontrollierenden Variablen übereinstimmen.
Anders ist es, falls in den partiellen Kontingenz-Tabellen keine Assoziation und in
der Kontingenz-Tabelle ein statistischer Zusammenhang vorliegt: in dieser Situation
erklärt (bzw. interpretiert) die Kontrollvariable die statistische Beziehung.

Die für unsere Untersuchung erforderlichen Partial-Tabellen rufen wir durch das
Kommando

```
CROSSTABS        TABLES = VARo1o BY VARoo1 BY VARoo2
OPTIONS          3, 5
```

ab mit dem Ergebnis:

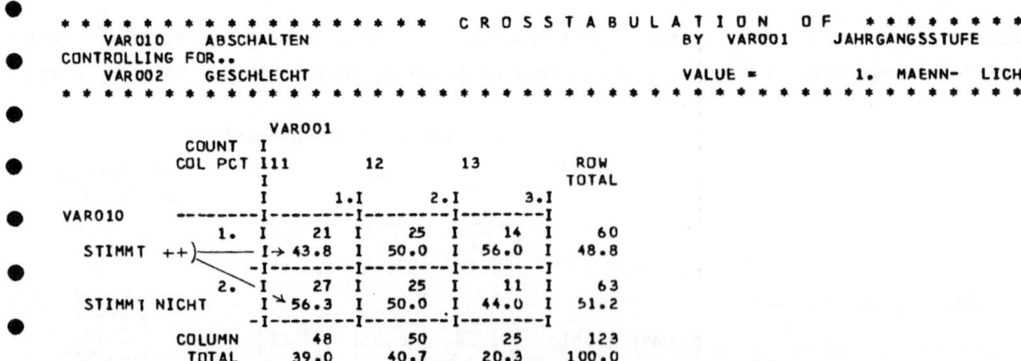

+) Aufgrund des Erhebungsplans unserer Untersuchung (vgl. 1.2) gibt es auch keinen
   statistischen Zusammenhang zwischen den Merkmalen "Jahrgangsstufe" und "Geschlecht".
++) Die durch die beiden Pfeile gekennzeichneten relativen Spaltenhäufigkeiten ergänzen sich nicht zu 1oo%, da die genauen Prozentwerte 43.75% bzw. 56.25% lauten und
   die Druckausgabe mit nur einer Nachkommastelle - nach einer Rundung - erfolgt.

```
* * * * * * * * * * * * * * * *   C R O S S T A B U L A T I O N   O F  * * * * * *
     VAR010    ABSCHALTEN                            BY  VAR001    JAHRGANGSSTUFE
CONTROLLING FOR..
     VAR002    GESCHLECHT                            VALUE =        2.  WEIBLICH
* * * * * * * * * * * * * * * * * * * * * * * * * * * * * * * * * * * * * * * * * *

                        VAR001
                COUNT I
                COL PCT I11        12        13        ROW
                     I                                 TOTAL
                     I       1.I       2.I       3.I
     VAR010      --------I--------I--------I--------I
                  1.  I      36 I      28 I      14 I      78
     STIMMT          I    73.5 I    57.1 I    56.0 I    63.4
                    -I--------I--------I--------I
                  2.  I      13 I      21 I      11 I      45
     STIMMT NICHT    I    26.5 I    42.9 I    44.0 I    36.6
                    -I--------I--------I--------I
                COLUMN       49        49        25       123
                 TOTAL     39.8      39.8      20.3     100.0
```

Beim Vergleich dieser beiden bivariaten Verteilungen ergeben sich Unterschiede, so
daß auf einen Interaktionseffekt von VARoo2 geschlossen werden kann. Dabei unterscheiden sich diese Tabellen in erster Linie in den relativen Häufigkeiten für die
Jahrgangsstufe 11. So schalten die Schülerinnen der Jahrgangsstufe 11 auffällig oft
im Unterricht ab. Ansonsten erkennen wir, daß die Schülerinnen mit zunehmender Jahrgangsstufe immer weniger abschalten, während die Entwicklung bei den Schülern genau
entgegengesetzt verläuft.

Nach diesen Ergebnissen ist nicht zu erwarten, daß der im Abschnitt 5.1.1 diskutierte
statistische Zusammenhang zwischen VARolo und VARoo2 aufgelöst, d.h. erklärt werden
kann, indem man VARool als Kontrollvariable in die Analyse miteinbezieht und die
bivariate Verteilung von VARolo und VARoo2 jahrgangsstufenspezifisch aufgliedert.

Zur Veranschaulichung wollen wir diese Analyse trotzdem durchführen. Dazu lassen wir
uns durch die Kommandos

```
CROSSTABS        TABLES = VARolo BY VARoo2 BY VARool
OPTIONS          3, 5
```

die folgenden Kontingenz-Tabellen ausdrucken:

```
* * * * * * * * * * * * * * * *   C R O S S T A B U L A T I O N   O F  * * * * *
     VAR010    ABSCHALTEN                            BY  VAR002    GESCHLECHT
CONTROLLING FOR..
     VAR001    JAHRGANGSSTUFE                        VALUE =        1.  11
* * * * * * * * * * * * * * * * * * * * * * * * * * * * * * * * * * * * * * * * *

                        VAR002
                COUNT I
                COL PCT IMAENN-    WEIBLICH   ROW
                     ILICH                    TOTAL
                     I       1.I       2.I
     VAR010      --------I--------I--------I
                  1.  I      21 I      36 I      57
     STIMMT          I    43.8 I    73.5 I    58.8
                    -I--------I--------I
                  2.  I      27 I      13 I      40
     STIMMT NICHT    I    56.3 I    26.5 I    41.2
                    -I--------I--------I
                COLUMN       48        49        97
                 TOTAL     49.5      50.5     100.0
```

```
*  *  *  *  *  *  *  *  *  *  *  *  *  *  *  *   C R O S S T A B U L A T I O N   O F  *  *  *  *  *  *
      VAR010    ABSCHALTEN                                    BY VAR002    GESCHLECHT
CONTROLLING FOR..
      VAR001    JAHRGANGSSTUFE                                VALUE =          2.  12
*  *  *  *  *  *  *  *  *  *  *  *  *  *  *  *  *  *  *  *  *  *  *  *  *  *  *  *  *  *  *  *  *  *  *  *

                      VAR002
            COUNT  I
            COL PCT IMAENN-    WEIBLICH    ROW
                    ILICH                  TOTAL
                    I     1.I      2.I
   VAR010   --------I--------I--------I
                 1. I    25  I    28  I     53
      STIMMT       I  50.0  I  57.1  I   53.5
                  -I--------I--------I
                 2. I    25  I    21  I     46
   STIMMT NICHT    I  50;0  I  42.9  I   46.5
                  -I--------I--------I
            COLUMN        50        49        99
            TOTAL       50.5      49.5     100.0


*  *  *  *  *  *  *  *  *  *  *  *  *  *  *  *   C R O S S T A B U L A T I O N   O F  *  *  *  *  *  *
      VAR010    ABSCHALTEN                                    BY VAR002    GESCHLECHT
CONTROLLING FOR..
      VAR001    JAHRGANGSSTUFE                                VALUE =          3.  13
*  *  *  *  *  *  *  *  *  *  *  *  *  *  *  *  *  *  *  *  *  *  *  *  *  *  *  *  *  *  *  *  *  *  *  *

                      VAR002
            COUNT  I
            COL PCT IMAENN-    WEIBLICH    ROW
                    ILICH                  TOTAL
                    I     1.I      2.I
   VAR010   --------I--------I--------I
                 1. I    14  I    14  I     28
      STIMMT       I  56.0  I  56.0  I   56.0
                  -I--------I--------I
                 2. I    11  I    11  I     22
   STIMMT NICHT    I  44.0  I  44.0  I   44.0
                  -I--------I--------I
            COLUMN        25        25        50
            TOTAL       50.0      50.0     100.0
```

Man erkennt zunächst, daß man die Zellhäufigkeiten natürlich auch aus den Werten der
Kontingenz-Tabellen auf S. 118f ableiten kann, indem man jeweils die ersten, die zweiten und die dritten Spalten zu einzelnen Tabellen zusammenfaßt. Der Vorteil dieser
Analyserichtung besteht darin, daß man den statistischen Zusammenhang in den Jahrgangsstufen 11 und 12 und die statistische Unabhängigkeit in der Jahrgangsstufe 13
besser erkennen kann.

Der innerhalb der bivariaten Analyse aufgedeckte statistische Zusammenhang zwischen
VARo1o und VARoo2 wird durch die Kontrollvariable VARoo1 folglich nicht erklärt.
Allerdings wird er spezifiziert, da die Unterschiede nämlich nicht generell sondern
nur in den Jahrgangsstufen 11 und 12 bestehen.

<u>Allgemeine Form des CROSSTABS=Kommandos</u>

In einem weiteren Schritt könnte man untersuchen, ob evtl. andere Merkmale einen
statistischen Einfluß haben, so daß die Assoziation für die Jahrgangsstufen 11 und
12 erklärt bzw. die statistische Unabhängigkeit in der Jahrgangsstufe 13 spezifiziert
werden kann. Die dazu jeweils erforderlichen Kontingenz-Tabellen kann man durch das
CROSSTABS=Kommando in der folgenden allgemeinen Form abrufen:

```
CROSSTABS      TABLES = variablenliste1 BY variablenliste2 [BY variablenliste3]...
               [/ variablenliste4 BY variablenliste5 [BY variablenliste6]]...
```

Jede Variablenliste kann aus nur einer oder auch aus mehreren Variablen bestehen, die gegebenenfalls in Form reflexiver Variablenlisten vereinbart sind.[+)] Die in "variablenliste1" (bzw. "variablenliste4") aufgeführten Variablen fungieren bei den Kontingenz-Tabellen als Zeilenvariablen und die in "variablenliste2" (bzw. "variablenliste5") angegebenen Variablen als Spaltenvariablen. Dabei wird für jede mögliche Variablen-Kombination der durch das Schlüsselwort BY getrennten Variablenlisten jeweils eine Kontingenz-Tabelle ausgegeben, wobei die Position der Variablen in ihren Listen die Reihenfolge der einzelnen Tabellen bei der Druckausgabe bestimmt.

In einem TABLES=Subkommando können mehrere verschiedene Arten von Kontingenz-Tabellen abgerufen werden, indem man für jede neue Tabellenform eine geeignete Tabellenbeschreibung mit neuen Zeilen- oder Spaltenvariablen hinter dem (speziellen) Trennzeichen "/" kodiert.

Sollen die durch Zeilen- und Spaltenvariablen fixierten Tabellen durch eine oder mehrere Variablen kontrolliert werden - es sind maximal 8 Kontrollvariablen pro Tabellenform erlaubt - so muß man diese Kontrollvariablen in Form von

```
variablenliste1 BY variablenliste2 BY variablenliste3
```

innerhalb von "variablenliste3" kodieren.

Ist nämlich das Schlüsselwort BY mehr als einmal angegeben, so wird für jeden Wert jeder Variablen aus "variablenliste3" (bzw. für jede Wertekonstellation jeder Variablen-Kombination weiterer durch Schlüsselwörter BY getrennter Variablenlisten) eine Kontingenz-Tabelle für die Zeilenvariable aus "variablenliste1" und die Spaltenvariable aus "variablenliste2" ausgedruckt.

So werden z.B. durch das Kommando

```
CROSSTABS        TABLES = VARoo7 BY VARo1o BY VARoo1, VARoo2
```

fünf Kontingenz-Tabellen mit der Zeilenvariablen VARoo7 und der Spaltenvariablen VARo1o erzeugt, wobei für jeden Wert der Variablen VARoo1 und VARoo2 eine entsprechende partielle Kontingenz-Tabelle ausgedruckt wird. Dabei enthält die erste Tabelle die Angaben für die Befragten der Jahrgangsstufe 11, die nächste diejenigen für die Befragten der Jahrgangsstufe 12 usw.,und die letzte Tabelle enthält die Angaben für alle Schülerinnen.

Anders ist es z.B. bei der Kodierung von

```
CROSSTABS        TABLES = VARoo7 BY VARo1o BY VARoo1 BY VARoo2
```

In diesem Fall werden **sechs** Kontingenz-Tabellen mit der Zeilenvariablen VARoo7 und der Spaltenvariablen VARo1o ausgedruckt. Zuerst wird die Partial-Tabelle für die Schüler der Jahrgangsstufe 11, dann die für die Schüler der Jahrgangsstufe 12 usw. und zuletzt diejenige für die Schülerinnen der Jahrgangsstufe 13 ausgegeben.

+) Es dürfen auch alphanumerische Variablen angegeben werden.

5.1.5 Beschreibung der Stärke eines statistischen Zusammenhangs für nominalskalierte Merkmale (STATISTICS)

Bislang haben wir untersucht, ob zwischen zwei Merkmalen ein statistischer Zusammenhang aufgedeckt werden kann. So stellten wir z.B. im Abschnitt 5.1.1 fest, daß zwischen den beiden nominalskalierten Merkmalen "Abschalten" (VARo1o) und "Geschlecht" (VARoo2) eine statistische Beziehung besteht, weil sich die beiden Konditionalverteilungen unterscheiden.

Im folgenden wollen wir darstellen, wie man die Stärke bzw. die Schwäche derartiger Beziehungen durch geeignete Maßzahlen beschreiben kann. Dabei beschränken wir uns in diesem Abschnitt zunächst auf die Diskussion von nominalskalierten Merkmalen.

Geeignete Maßzahlen zur Beschreibung des bivariaten Zusammenhangs sind die sog. Assoziationskoeffizienten.[+] Diese Kennzahlen beschreiben den Grad einer statistischen Beziehung, so daß

- der wesentliche Inhalt einer Kontingenz-Tabelle durch eine einzige Zahl charakterisiert wird (d.h. es erfolgt ein Informationsverlust durch die Komprimierung von Informationen zum Zwecke einer erhöhten Übersichtlichkeit) und
- diese Prägnanz der Beschreibung den Vergleich verschiedener Kontingenz-Tabellen wesentlich vereinfacht.

Es gibt eine Vielzahl von möglichen Assoziationsmaßen, von denen wir im folgenden eine geeignete Auswahl vorstellen wollen. Dabei werden wir hervorheben, welche speziellen Aspekte einer Beziehung jeweils beschrieben werden. Dies ist insofern von Bedeutung, als man sich grundsätzlich klarmachen muß, daß die Werte verschiedener Assoziationsmaße nicht unbedingt miteinander vergleichbar sind.

Betrachten wir unser Beispiel aus dem Abschnitt 5.1.1:

VARoo2 ("Geschlecht")

		männlich	weiblich
VARo1o ("Abschalten")	stimmt	6o 48.8%	78 63.4%
	stimmt nicht	63 51.2%	45 36.6%

Subgruppendifferenz

Um die Unterschiedlichkeit der beiden Teilgruppen Schüler und Schülerinnen bzgl. des Merkmals "Abschalten" zu beschreiben, kann man für 2x2-Kontingenz-Tabellen die sog. Subgruppendifferenz d% berechnen, indem man in der ersten oder zweiten Tabellenzeile die kleinere relative Häufigkeit von der größeren abzieht.

+) Gleichbedeutend werden in der Regel auch die Begriffe "Kontingenzkoeffizient" oder "Korrelationskoeffizient" gebraucht.

In unserem Fall erhalten wir den Wert

   d% = 51.2 - 36.6 = 14.6   (= 63.4 - 48.8)

Die Maßzahl d% ist einfach zu ermitteln und deswegen auch allgemeinverständlich. Die möglichen Werte liegen zwischen o (bei totaler statistischer Unabhängigkeit) und loo (bei totaler statistischer Abhängigkeit), so daß wir durch unser Ergebnis die Beziehung zwischen VARo1o und VARoo2 als mäßigen Zusammenhang kennzeichnen können.

Chi-Quadrat

Um beurteilen zu können, inwieweit die Beziehung zweier Merkmale von der statistischen Unabhängigkeit abweicht, vergleicht man die beobachtete bivariate Häufigkeitsverteilung (Kontingenz-Tabelle) mit der zugehörigen sog. Indifferenz-Tabelle. Diese Tabelle enthält die durch die beiden Marginalverteilungen der Zeilen- und Spaltenvariablen implizierte erwartete Häufigkeitsverteilung für den Fall der statistischen Unabhängigkeit.

Bezeichnen wir die theoretisch zu erwartenden Zellhäufigkeiten der Indifferenz-Tabelle mit a, b, c und d, so erhalten wir aus den Tabellen

Kontingenz-Tabelle
$\begin{array}{|c|c|} \hline 6o & 78 \\ \hline 63 & 45 \\ \hline \end{array}$
und Indifferenz-Tabelle
$\begin{array}{|c|c|} \hline a & b \\ \hline c & d \\ \hline \end{array}$

unter der Annahme der Gleichheit von Konditional- und Marginalverteilungen folglich

   a / (6o + 63) = b / (78 + 45) = (6o + 78) / (6o + 63 + 78 + 45)

und

   c / (6o + 63) = d / (78 + 45) = (63 + 45) / (6o + 63 + 78 + 45)

und somit hat die durch Auflösung nach den Größen a, b, c und d sich ergebende Indifferenz-Tabelle die folgende Zellenbesetzung:

Indifferenz-Tabelle
$\begin{array}{|c|c|} \hline 69 & 69 \\ \hline 54 & 54 \\ \hline \end{array}$

Zum Vergleich der Kontingenz-Tabelle mit den beobachteten Häufigkeiten f_b und der unter der Annahme der statistischen Unabhängigkeit zu erwartenden Zellenbesetzungen f_e der Indifferenz-Tabelle[+)] wird als Maß für die Abweichung dieser beiden Tabellen die Größe Chi-Quadrat (χ^2) durch die folgende Formel festgelegt:

$$\boxed{\text{Chi-Quadrat} \; = \; \sum (f_b - f_e)^2 / f_e}$$

wobei über alle Zellen der Kontingenz-Tabelle summiert wird.

Bei totaler statistischer Unabhängigkeit sind alle f_b gleich f_e , und daher ergibt sich für Chi-Quadrat der Wert o. Je mehr sich die beobachtete Kontingenz-Tabelle von

---

[+)] Die Größen f_e der Indifferenz-Tabelle sind hypothetische Werte, die i. allg. trotz ganzzahliger Größen f_b nicht ganzzahlig sind.

der Indifferenz-Tabelle unterscheidet, desto größer wird die Maßzahl Chi-Quadrat.
Demzufolge ist Chi-Quadrat ein Maß für die statistische Abhängigkeit.

Für unseren Fall erhalten wir

$$\text{Chi-Quadrat} = (6o - 69)^2/69 + (78 - 69)^2/69 + (63 - 54)^2/54 + (45 - 54)^2/54 = 5.35$$

Es stellt sich die Frage, ob wir aufgrund dieses Ergebnisses auf eine starke oder
nur auf eine schwache Assoziation schließen können.

Phi-Koeffizient

Bei ungleichen Konditionalverteilungen ist der jeweils maximale Chi-Quadrat-Wert abhängig von der Tabellengröße und den jeweiligen Zellhäufigkeiten, und demzufolge kann
die totale statistische Abhängigkeit durch keinen Wert einheitlich charakterisiert
werden. Man sagt, das Chi-Quadrat-Maß ist nicht normiert, und daher ist die Maßzahl
Chi-Quadrat zur Beschreibung der Stärke einer Beziehung ungeeignet.[+)]

Deshalb vereinbart man die aus der Maßzahl Chi-Quadrat abgeleitete Größe Phi ($\emptyset$)
in der Form:

$$\text{Phi} = {}_+\sqrt{\chi^2 / N}$$

wobei mit "N" die Anzahl der gültigen Cases bezeichnet wird.

Bei statistischer Unabhängigkeit nimmt Phi den Wert o an, und bei totaler statistischer Abhängigkeit - eine Diagonale der 2x2 Tabelle enthält nur Nullen - errechnet
sich der Phi-Koeffizient zu 1.

Für unseren Fall erhalten wir den Wert

$$\text{Phi} = {}_+\sqrt{5.35 / 246} = o.15 ,$$

und demzufolge haben wir es mit einer schwachen statistischen Beziehung zwischen den
Merkmalen "Abschalten" (VARo1o) und "Geschlecht" (VARoo2) zu tun.

Cramèr's V

Da der Koeffizient Phi für größere als 2x2-Tabellen auch höhere Werte als 1 annehmen
kann, sollte man sich bei seiner Berechnung auf 2x2-Kontingenz-Tabellen beschränken
und bei größeren Tabellen auf den Koeffizienten Cramèr's V zurückgreifen, der durch

$$V = {}_+\sqrt{\chi^2 / (N * \min(r - 1, c - 1))}$$

definiert ist. Dabei ist min(r - 1, c - 1) gleich dem kleineren Wert der um 1 verminderten Zeilen- (r) bzw. Spaltenzahl (c).

Man erkennt direkt, daß dieser Koeffizient für 2x2-Tabellen mit dem Phi-Koeffizienten
übereinstimmt.

[+)] Vor allen Dingen ist es unerfreulich, daß bei gleichbleibenden Marginalverteilungen
eine Verdopplung der Zellhäufigkeiten zur Verdopplung von Chi-Quadrat führt.

Kontingenzkoeffizient C

Als Maß für die statistische Abhängigkeit kann man ferner den <u>Kontingenzkoeffizienten</u>
<u>C</u> in der Form

$$C = \sqrt[+]{\chi^2 / (\chi^2 + N)}$$

berechnen, welcher ebenfalls bei totaler statistischer Unabhängigkeit den Wert o annimmt.

Für unseren Fall errechnen wir

$$C = \sqrt[+]{5.35 / (5.35 + 246)} = 0.15 \; .$$

Bei statistischer Abhängigkeit ist der Wert von C nach oben durch die Zahl 1 begrenzt
- allerdings wird dieser Wert bei totaler statistischer Abhängigkeit nicht angenommen.
Der maximale Wert für C ist nämlich abhängig von der Zeilen- und Spaltenzahl der
Tabelle[+] , und daher sollte man diesen Koeffizienten nur beim Vergleich von Kontingenz-Tabellen mit gleicher Zeilen- und Spaltenzahl einsetzen.

Maße, die auf Chi-Quadrat basieren

Alle o.a. auf dem Chi-Quadrat-Koeffizienten basierenden Maßzahlen der Assoziation sind
positiv und nehmen bei totaler statistischer Unabhängigkeit den Wert o an. Ferner sind
sie alle symmetrisch, d.h. die Berechnungen sind unabhängig davon, welche Variable als
Zeilenvariable und welche als Spaltenvariable fungiert. Allerdings ist der jeweilige
Maximalwert dieser Maßzahlen i. allg. von der Tabellengröße abhängig, d.h. von der
Anzahl der Zeilen und Spalten.
Aus diesem Grund muß man äußerst vorsichtig sein, wenn man mit Hilfe dieser Maßzahlen
zwei oder mehrere Kontingenz-Tabellen auf die Unterschiedlichkeit der einzelnen sta-
tistischen Abhängigkeiten hin miteinander vergleichen will.

Das PRE-Maß Lambda

Der größte Nachteil der o.a. Chi-Quadrat-Maßzahlen besteht vor allen Dingen darin, daß
sie nicht geeignet interpretierbar sind, d.h. es gibt keine statistischen Modelle, in
denen sie eine entsprechende Aussagekraft besitzen.
Anders ist dies bei den sog. <u>PRE-Maßen</u> (<u>p</u>roportional <u>r</u>eduction in <u>e</u>rror measures).
Diese spielen eine bedeutende Rolle im Hinblick auf das Prinzip der <u>proportionalen</u>
<u>Fehlerreduktion</u> für den Grad der sog. <u>prädiktiven Assoziation</u>, bei der man die folgen-
de Modellvorstellung besitzt:
Möchte man auf der Basis der alleinigen Kenntnis der Häufigkeitsverteilung der Zeilenvariablen (d.h. der Marginalverteilung der Zeilenvariablen in der Kontingenz-Tabelle)
einen charakteristischen (typischen) Wert vorhersagen, so wählt man als Wert der zentralen Tendenz den Modus, d.h. den häufigsten Wert aus, da in diesem Fall die Wahrscheinlichkeit, einen Prognosefehler zu begehen, am geringsten ist.

+) Bei quadratischen Tabellen ist die Obergrenze stets $\sqrt[+]{(r-1)/r}$, wobei r die
   Zeilenzahl der Tabelle kennzeichnet.

Als Fehlermaß E_1 vereinbart man die Anzahl der Cases, die einen vom Modus verschiedenen Wert besitzen.

Beziehen wir uns auf unser o.a. Beispiel (vgl. S. 113 und 122), so errechnen wir

$$E_1 = 1o8 \quad (= 246 - 138)$$

Bezieht man nun bei der Vorhersage als zusätzliche Information die Kenntnisse der gemeinsamen Verteilung beider Merkmale mit ein, so wird man nicht mehr eine generelle Prognose vornehmen, sondern die Vorhersage auf die Kenntnisse der Konditionalverteilungen stützen, indem man in Abhängigkeit von der Ausprägung der Spaltenvariablen den Modus der zugehörigen Konditionalverteilung als typischen Wert vorhersagt. Dadurch verringert sich i. allg. der Prognosefehler, und als Fehlermaß E_2 legt man die Summe aller Cases fest, die in jeder Konditionalverteilung einen vom jeweiligen Modus verschiedenen Wert besitzen.

In unserem Beispiel erhalten wir den Wert

$$E_2 = 1o5 \quad (= 6o + 45 = 123 - 63 + 123 - 78)$$

da in der ersten Spalte der Modus gleich 63 und in der zweiten Spalte gleich 78 ist.

Generell ist E_2 stets kleiner oder gleich E_1, und daher ergibt die Differenz $E_1 - E_2$ stets einen nicht negativen Wert.

Als <u>PRE-Maß Lambda (λ)</u> vereinbart man die von Goodman und Kruskal angegebene Größe

$$\boxed{\text{Lambda} = (E_1 - E_2) / E_1}$$

Dieser Quotient gibt folglich die relative Verbesserung der Vorhersage an, falls man nicht mehr allein auf der Kenntnis der Marginalverteilung, sondern auf der Basis der gemeinsamen bivariaten Verteilung prognostiziert. Trägt dieser Informationszuwachs nichts zur Prognoseverbesserung bei - für Lambda ergibt sich der Wert o - so hat die Spaltenvariable im Sinne der proportionalen Fehlerreduktion keinen Einfluß auf die Zeilenvariable.

Für unser Beispiel ergibt sich der Wert

$$\text{Lambda} = (1o8 - 1o5) / 1o8 = o.o3$$

und somit ist der statistische Zusammenhang im Sinne dieses PRE-Modells zwischen der Zeilenvariablen VARo1o und der Spaltenvariablen VARoo2 sehr schwach, d.h. die Kenntnis des jeweiligen Geschlechts hat nur geringen Einfluß auf die Vorhersagegüte des Merkmals "Abschalten". Bei der Vorhersage von VARo1o wird nämlich gegenüber der auf dieser abhängigen Variablen allein basierenden Prognose eine Fehlerreduktion von nur 3% erzielt, falls die Information über die unabhängige Variable VARoo2 zusätzlich ausgewertet wird.

Man kann die Funktion von Zeilen- und Spaltenvariablen bei der Berechnung des Lambda-Koeffizienten vertauschen, indem man die Zeilenvariable als unabhängige und die Spaltenvariable als abhängige Variable auffaßt. Da Lambda kein symmetrisches sondern ein asymmetrisches Maß ist, wird man i. allg. einen anderen Lambda-Wert erhalten.

In unserem Beispiel errechnen wir in diesem Fall den Lambda-Wert durch

$$\text{Lambda} = (123 - (6o + 45)) / 123 = o.15$$

Zusätzlich gibt es noch eine dritte, symmetrische Version des PRE-Maßes Lambda. Diese erhält man, falls man die Definition der Fehler E_1 und E_2 dadurch abändert, daß man für Zeilen- und Spaltenvariablen gleichzeitig einen typischen Wert prognostizieren will.

Für unser Beispiel errechnen sich die Fehler E_1 und E_2 zu

$$E_1 = 1o8 + 123 = 231$$
und
$$E_2 = 6o + 45 + 6o + 45 = 21o$$

und somit ergibt sich

$$\text{Lambda} = (E_1 - E_2) / E_1 = (231 - 21o) / 231 = o.o9 .$$

In jedem Fall muß ein errechneter Lambda-Koeffizient im Sinne der prädiktiven Assoziation interpretiert werden. In bestimmten Fällen kann es nämlich vorkommen, daß Lambda den Wert o annimmt, obwohl sich die Konditionalverteilungen unterscheiden.
Grundsätzlich sollte Lambda dann nicht berechnet werden, falls die Marginalverteilungen sehr stark von der Gleichverteilung abweichen.

Berechnung der Assoziationsmaße durch CROSSTABS

Die o.a. Maßzahlen zur Beschreibung der Assoziation zwischen zwei nominalskalierten Merkmalen kann man sich im Zusammenhang mit der Ausgabe von Kontingenz-Tabellen durch das Kommando CROSSTABS automatisch vom SPSS-System berechnen lassen.[+)] Dazu muß man in einem STATISTICS=Kommando - im Anschluß an die Kodierung des CROSSTABS=Kommandos - die folgenden Kennzahlen angeben:

```
1 : außer bei 2x2-Kontingenz-Tabellen mit weniger als 21 Cases wird der
    Chi-Quadrat-Koeffizient ausgegeben,
2 : für 2x2-Tabellen wird der Phi-Koeffizient und für größere Tabellen die
    Maßzahl Cramèr's V ausgedruckt,
3 : es wird der Kontingenz-Koeffizient C ausgegeben und
4 : es werden die beiden asymmetrischen und der symmetrische Lambda-Koeffizient
    (von Goodman und Kruskal) protokolliert.
```

+) Die Prozentsatzdifferenz d% wird nicht protokolliert, da dieser Wert unmittelbar aus den relativen Häufigkeiten ermittelt werden kann.

Somit erhalten wir z.B. durch die Kommandos

```
CROSSTABS      TABLES = VARo1o BY VARoo2
OPTIONS        3, 5
STATISTICS     1, 2, 3, 4
```

im Anschluß an den Ausdruck der Kontingenz-Tabelle die folgenden Informationen protokolliert:[+)]

```
   CORRECTED CHI SQUARE =       4.77013 WITH 1 DEGREE OF FREEDOM.  SIGNIFICANCE =  0.0290
         RAW CHI SQUARE =       5.34783 WITH 1 DEGREE OF FREEDOM.  SIGNIFICANCE =  0.0207
   PHI =     0.14744
   CONTINGENCY COEFFICIENT =    0.14586
   LAMBDA (ASYMMETRIC) =  0.02778 WITH VARO10    DEPENDENT.            =  0.14634 WITH VAROO2    DEPENDENT.
   LAMBDA (SYMMETRIC) =  0.09091

   NUMBER OF MISSING OBSERVATIONS =      4
```

5.1.6 Beschreibung der Stärke eines statistischen Zusammenhangs für ordinalskalierte Merkmale (STATISTICS)

Falls wir bereit sind, einen Informationsverlust in Kauf zu nehmen, können wir alle
im Abschnitt 5.1.5 vorgestellten Assoziationskoeffizienten auch für ordinalskalierte
Merkmale berechnen und die Stärke eines statistischen Zusammenhangs entsprechend beschreiben.

Z.B. erhalten wir durch das SPSS-Programm[++)]

```
DATA LIST       FIXED VARo14 14, VARo17 17
*COMPUTE        VARo14R = VARo14
*COMPUTE        VARo17R = VARo17
*RECODE    .    VARo14R, VARo17R ( 1, 2, 3 = 1 ), ( 4, 5, 6 = 2 ), ( 7, 8, 9 = 3)
VAR LABELS      VARo14R SCHULLEISTUNG/
                VARo17R LEHRERURTEIL
VALUE LABELS    VARo14R, VARo17R
                (1)SCHLECHT
                (3)GUT      /
                VARo14R
                (2)DURCHSCHN.  /
                VARo17R
                (2)DURCH-  SCHN.
INPUT MEDIUM    DISK
CROSSTABS       TABLES = VARo14R BY VARo17R
OPTIONS         3, 4, 5
STATISTICS      1, 2, 3, 4
```

 +) In Abhängigkeit von der Tabellengröße und der Zellenbesetzung werden evtl. weitere
    Informationen ausgedruckt, u.a. auch in einigen Fällen Angaben zu den Freiheits-
    graden (DEGREES OF FREEDOM) und Signifikanzniveaus (SIGNIFICANCE). Diese Werte
    sind für inferenzstatistische Aussagen von Bedeutung (vgl. 5.1.8).
++) Diese Rekodierung von VARo14 und VARo17 ist im Hinblick auf die Häufigkeitsver-
    teilungen gerechtfertigt. Außerdem darf im RECODE=Kommandos eine Variablenliste
    vor den Rekodierungsvorschriften angegeben werden (vgl. 6.4.2).

für die Rekodierungen der ordinalskalierten Merkmale "Schulleistung" (VARo14R) und "Lehrerurteil" (VARo17R) die folgende Druckausgabe:[+)]

```
* * * * * * * * * * * * * * * * *  C R O S S T A B U L A T I O N   O F  * * * * * * * * * * * *
       VARO14R   SCHULLEISTUNG                              BY VARO17R   LEHRERURTEIL
* * * * * * * * * * * * * * * * * * * * * * * * * * * * * * * * * * * * * * * * * * * * * * * I

                         VARO17R
                  COUNT  I
                         ISCHLECHT DURCH-     GUT         ROW
                         I         SCHN.                  TOTAL
                         I     1.I      2.I      3.I
       VARO14R    -------I---------I---------I---------I
                    1.   I    4  I    11  I     2  I       17
       SCHLECHT          I       I        I        I      6.8
                   -I---------I---------I---------I
                    2.   I    6  I   146  I    20  I      172
       DURCHSCHN.        I       I        I        I     68.8
                   -I---------I---------I---------I
                    3.   I    0  I    22  I    39  I       61
       GUT              I       I        I        I      24.4
                   -I---------I---------I---------I
                  COLUMN      10       179       61       250
                  TOTAL      4.0      71.6      24.4     100.0

      3 OUT OF       9 ( 33.3%) OF THE VALID CELLS HAVE EXPECTED CELL FREQUENCY LESS THAN 5.0.  <---------  ++)
   MINIMUM EXPECTED CELL FREQUENCY = 0.680
   CHI SQUARE =    85.55687 WITH   4 DEGREES OF FREEDOM   SIGNIFICANCE = 0.0000
   CRAMER'S V =    0.41366
   CONTINGENCY COEFFICIENT =    0.50495
   LAMBDA (ASYMMETRIC) = 0.24359 WITH VARO14R DEPENDENT.          = 0.23944 WITH VARO17R DEPENDENT.
   LAMBDA (SYMMETRIC) = 0.24161
```

Im Hinblick auf die Fragestellung "Besteht eine Beziehung zwischen der Einschätzung der eigenen Leistung und der Einschätzung darüber, wie der Lehrer die eigene Begabung beurteilt?" besagt der Lambda-Wert von o.24, daß bei der Vorhersage der Variablen VARo14R gegenüber der auf dieser abhängigen Variablen allein basierenden Prognose eine Fehlerreduktion von ungefähr 24% erzielt wird, wenn die Information über die gemeinsame Verteilung von VARo14R und VARo17R ausgewertet wird. Es handelt sich folglich um eine mäßig starke Beziehung im Sinne des PRE-Modells.

Konkordante und diskordante Paare

In der Regel möchte man den Informationsgewinn, der auf dem gegenüber der Nominalskala erhöhtem Meßniveau der Ordinalskala beruht, bei der Analyse des statistischen Zusammenhangs ausnutzen. Deshalb sollen im folgenden Assoziationskoeffizienten dargestellt werden, mit denen die Stärke der Assoziation zweier ordinalskalierter Merkmale beschrieben werden kann.
Bei diesen Maßzahlen wird die Zahl der sog. konkordanten (gleichgerichteten) und der sog. diskordanten (entgegengesetzt gerichteten) Paare von Merkmalsträgern ins Verhältnis gesetzt.
Dabei heißt ein Paar von Merkmalsträgern konkordant (diskordant), falls beide Merkmalsträger bzgl. der beiden Merkmale dieselbe (die entgegengesetzte) Rangordnung besitzen.

So sind z.B. in der o.a. Kontingenz-Tabelle diejenigen Paare konkordant, bei welchen

---

+) Zu den inferenzstatistischen Aussagen mit Hilfe des Signifikanzniveaus und der Anzahl der Freiheitsgrade s. Abschnitt 5.1.8.
++) Falls eine erwartete Häufigkeit kleiner als 5 ist, wird dies gemeldet, und es wird die Anzahl derartiger Zellen und auch die kleinste erwartete Häufigkeit protokolliert (vgl. 5.1.8).

der eine Merkmalsträger sowohl bei VARo14R als auch bei VARo17R den Wert 1 und der
andere Merkmalsträger bei diesen beiden Variablen den Wert 2 besitzt, da in diesem
Fall die Ordnungsbeziehung für beide Merkmalsausprägungen pro Merkmalsträger gleichgerichtet sind. Bzgl. dieser Kombination von Merkmalsausprägungen lassen sich somit
4 * 146 = 584 Paare bilden. Insgesamt ermittelt man in der o.a. 3x3-Kontingenz-Tabelle
die folgende Anzahl N_c von konkordanten Paaren

$$N_c = 4 * (146 + 2o + 22 + 39) + 11 * (2o + 39) + 6 * (22 + 39) + 146 * (39) = 7617$$

was man sich durch das folgende Schema vergegenwärtigen kann:

```
 ┌──┐              ┌──┐
 │ 4│              │11│
 └┬─┴──┐           └┬─┴──┐          ┌─┬────┐           ┌────┐
  │146│2o│   ⊕      │ 2o │    ⊕     │6│    │    ⊕      │ 146│
  ├───┼──┤          ├────┤          └─┼──┬─┤           └─┬──┤
  │22 │39│          │ 39 │            │22│39│            │39│
  └───┴──┘          └────┘            └──┴──┘            └──┘
```

Als Beispiele für diskordante Paare sind u.a. die Paare zu nennen, für welche der
eine Merkmalsträger die Werte VARo14R = 2 und VARo17R = 1 und der andere die Werte
VARo14R = 1 und VARo17R = 2 hat, da die Ordnungsbeziehungen in diesem Fall für beide
Merkmalsausprägungen gegenläufig sind. Von derartigen Paaren gibt es insgesamt
11 * 6 = 66 Stück. Die Gesamtzahl N_d der diskordanten Paare in der o.a. Kontingenz-
Tabelle ermittelt man zu

$$N_d = 11 * (6 + o) + 2 * (6 + 146 + o + 22) + 146 * (o) + 2o * (o + 22)$$
$$= 854 \, ,$$

wobei man nach dem folgenden Schema vorgeht:

```
  ┌──┐              ┌───┐             ┌────┐           ┌────┐
  │11│              │  2│             │    │           │    │
 ┌┴─┐│         ┌───┬┴──┐│        ┌────┴─┐  │      ┌────┴──┐ │
 │6 ││    ⊕    │ 6 │146││   ⊕    │  146 │  │  ⊕   │    │2o │ │
 ├──┘          ├───┼───┘         └─┬────┘         └─┬──┼───┘
 │o │          │ o │22│            │o│              │o│22│
 └──┘          └───┴──┘            └─┘              └─┴──┘
```

Positive und negative Beziehungen

Aus den Größen N_c (= 7617) und N_d (= 854) ergibt sich, daß die konkordanten Paare
dominieren, was auf eine _positive_ Beziehung zwischen VARo14R und VARo17R hindeutet.
Es gibt nämlich offensichtlich mehr Paare, bei denen die Rangordnung im Hinblick auf
die Werte von VARo14R und VARo17R gleichgerichtet ist.
Wäre allerdings N_d größer als N_c, so würde die Anzahl der gegensinnigen Rangordnungen
bzgl. der Werte von VARo14R und VARo17R überwiegen und damit eine _negative_ Beziehung
vorliegen.
Die absolute Differenz zwischen der Anzahl der konkordanten und diskordanten Paare
sagt nichts über die Stärke der statistischen Beziehung aus, da diese Differenz noch
auf eine Normgröße bezogen werden muß.

Der Gamma-Koeffizient

Mit Hilfe der Größen N_c und N_d wird der Assoziationskoeffizient __Gamma__ (γ) nach Goodman und Kruskal in der Form[+]

$$\boxed{\text{Gamma} \;=\; (\, N_c - N_d \,) \;/\; (\, N_c + N_d \,)}$$

definiert, welcher Werte zwischen -1 (totaler negativer Zusammenhang) und +1 (totaler positiver Zusammenhang) annehmen und im Sinne eines PRE-Modells in der folgenden Weise interpretiert werden kann:

Soll man für ein beliebiges Paar von Merkmalsträgern - ohne die Kenntnis der gemeinsamen Verteilung beider Merkmale - bzgl. eines Merkmals die vermeintliche Rangordnung (Ordnungsbeziehung) voraussagen, so kann man jeweils eine Zufallsentscheidung über die erwartete Rangordnung treffen oder aber standardmäßig z.B. für den jeweils zuerst genannten Merkmalsträger die größere Merkmalsausprägung prognostizieren. Dabei begeht man einen Prognosefehler, den man um den Absolutbetrag[++] von "Gamma x loo" Prozent reduzieren kann, falls man die jeweilige Vorhersage auf die Kenntnis der bivariaten Häufigkeitsverteilung stützt und dabei folgendermaßen vorgeht:

Ist N_c größer als N_d, so prognostiziert man für das jeweilige Merkmal die gleiche Rangordnung für die beiden Merkmalsträger, wie sie für dieses Paar beim anderen Merkmal vorliegt. Anderenfalls (N_c ist kleiner oder gleich N_d) sagt man die gegenläufige Rangordnung vorher.

Im Rahmen der Modellvorstellungen ist an dieser Stelle hervorzuheben, daß das Paar von Merkmalsträgern, für welches die Prognose durchgeführt werden soll, nicht verknüpft, d.h. __keine Bindungen__ (ties) besitzen darf. Dies bedeutet, daß die Ausprägungen der beiden Merkmalsträger für beide Merkmale verschieden sein müssen.

So ist z.B. ein Paar, dessen erster Merkmalsträger die Werte VARo14R = 1 und VARo17R = 1 und dessen zweiter die Werte VARo14R = 2 und VARo17R = 1 besitzt, im Merkmal VARo17R gebunden und daher nicht Gegenstand der o.a. Erörterungen.

Sind keine diskordanten Paare vorhanden, so hat Gamma den Wert 1 und es besteht ein totaler positiver statistischer Zusammenhang. Besteht dagegen ein totaler negativer statistischer Zusammenhang, so existieren keine konkordanten Paare und folglich hat Gamma den Wert -1.

Für unser o.a. Beispiel errechnen wir als Gamma-Wert

Gamma = (7617 - 854) / (7617 + 854) = 6763 / 8471 = o.798

welchen wir wie folgt interpretieren können:

[+] Für 2x2-Tabellen entspricht der Gamma-Koeffizient dem Yule'schen Q, welcher durch $Q = (\, a * d - b * c \,) / (\, a * d + b * c \,)$ für die Diagonalelemente a und d bzw. b und c definiert ist.

[++] Der Absolutbetrag einer Zahl a ist gleich a, wenn a nicht negativ ist, und gleich -a, falls a negativ ist.

Es besteht eine starke positive Beziehung zwischen den Merkmalen "Schulleistung"
und "Lehrerurteil". Wissen wir also, daß für zwei Merkmalsträger bzgl. des Merkmals
"Schulleistung" eine positive oder negative Rangordnung besteht, so prognostizieren
wir für dieses Paar die gleiche Beziehung auch für das Merkmal "Lehrerurteil". Diese
auf alle nicht verknüpften Paare von Schülern angewandte Vorhersageregel reduziert
folglich die Fehler, die wir bei einer Vorhersage begehen, welche sich nicht auf die
Kenntnis der vorliegenden Ausprägungen von "Schulleistung" stützt, um ungefähr 80%.

<u>Assoziationsmaße von Somers</u>
Da bei der Berechnung und Interpretation von Gamma kein Merkmal gegenüber dem anderen
als abhängig ausgezeichnet ist, handelt es sich beim Assoziationskoeffizienten Gamma
um ein symmetrisches Maß. Integriert man nun in die Nennersumme von Gamma die Anzahl
der Bindungen, so erhält man den folgenden asymmetrischen Assoziationskoeffizienten
Somers' d in der Form:

$$d = (N_c - N_d) / (N_c + N_d + T)$$

Dabei bezeichnet T die Anzahl der Bindungen bzgl. des als abhängig ausgezeichneten
Merkmals.

Fassen wir im o.a. Beispiel VARo14R als abhängiges und VARo17R als unabhängiges Merkmal auf, so erhalten wir für T den Wert

$$T = 4 * (11 + 2) + 11 * (2) + 6 * (146 + 2o) + 146 * (2o) + o * (22 + 39)$$
$$+ 22 * (39) = 4848$$

und somit

$$d = (7617 - 854) / (7617 + 854 + 4848) = 6763 / 13319 = o.5o8$$

d.h. unter den Paaren, die in dem unabhängigen Merkmal VARo17R nicht gebunden sind,
überwiegt die Anzahl der konkordanten Paare die der diskordanten Paare, so daß die
Schüler, die eine hohe Einschätzung im Merkmal "Lehrerurteil" angeben, auch zu einer
hohen Einschätzung im Merkmal "Schulleistung" tendieren.

Betrachten wir umgekehrt VARo17R als abhängig und VARo14R als unabhängig, so errechnen
wir für die Anzahl T der Bindungen in VARo17R den Wert:

$$T = 4 * (6 + o) + 6 * (o) + 11 * (146 + 22) + 146 * (22) + 2 * (2o + 39)$$
$$+ 2o * (39) = 5982$$

und damit als Maß für die Stärke der Assoziation:

$$d = (7617 - 854) / (7617 + 854 + 5982) = 6763 / 14453 = o.468$$

Bezieht man in die Nennersumme von Somers' d die halbierte Summe der Bindungen bzgl. beider Merkmale ein, so erhält man den <u>symmetrischen Assoziationskoeffizienten von Somers'</u>, der im Rahmen des o.a. Beispiels folgendermaßen errechnet wird:

$$d = (7617 - 854) / (7617 + 854 + 0.5 * (4848 + 5982)) = 6763 / 13886 = 0.487$$

Kendall's Tau

Eine weitere Möglichkeit zur Beschreibung der Stärke einer Assoziation zwischen zwei ordinalskalierten Merkmalen X und Y besteht darin, die Symmetrisierung der Beziehung durch folgende Normierung der Differenz $N_c - N_d$ vorzunehmen:

$$\boxed{Tau_b = (N_c - N_d)/(\sqrt{N_c + N_d + T_x} * \sqrt{N_c + N_d + T_y})}$$

Dabei bezeichnen T_x und T_y die Anzahl der Paare mit Bindungen, welche nur in X (T_x) bzw. nur in Y (T_y) vorliegen.

Für unser o.a. Beispiel erhalten wir als Tau_b-Koeffizienten den Wert

$$Tau_b = (7617 - 854)/(\sqrt{7617 + 854 + 4848} * \sqrt{7617 + 854 + 5982}) = 0.487$$

Der Koeffizient Tau_b kann in der Regel - d.h. falls keine marginale Häufigkeit den Wert 0 besitzt - nur für quadratische Kontingenz-Tabellen die Extremwerte -1 bzw. +1 annehmen, und daher sollte Tau_b in erster Linie nur für quadratische Kontingenz-Tabellen berechnet werden.

Für beliebige Rechteckstabellen kann man die Normierung der Differenz $N_c - N_d$ in der folgenden Weise durchführen:

$$\boxed{Tau_c = (N_c - N_d) / (0.5 * N^2 * ((m - 1) / m))}$$

Dabei bezeichnet N die Anzahl der Merkmalsträger und m das Minimum aus Zeilen- und Spaltenzahl der Kontingenz-Tabelle.

Für unser o.a. Beispiel errechnen wir den Wert

$$Tau_c = (7617 - 854) / (0.5 * 250^2 * (3 - 1) / 3)) = 0.325$$

Abschließend weisen wir darauf hin, daß man mit den Koeffizienten Tau_b und Tau_c nur die Stärke einer ordinalen Assoziation beschreiben aber keine Interpretation im Rahmen eines geeigneten statistischen Modells vornehmen kann, wie es etwa beim Koeffizienten Gamma möglich ist.

<u>Automatische Berechnung von Gamma, Somers' d und den Koeffizienten Tau_b und Tau_c</u>

Genauso wie bei den nominalskalierten Merkmalen kann man auch bei den ordinalskalierten Merkmalen die jeweiligen Werte der oben dargestellten Maßzahlen für die Stärke der ordinalen Assoziation durch das SPSS-System berechnen und ausdrucken lassen. Dabei kann man die jeweiligen Assoziationskoeffizienten in einem STATISTICS=Kommando - im Anschluß an die Kodierung des CROSSTABS=Kommandos - durch die folgenden Kennzahlen abrufen:

```
6 : Kendall's Tau_b,
7 : Kendall's Tau_c,
8 : Gamma-Koeffizient von Goodman und Kruskal,
9 : symmetrischer und asymmetrische Somers' d - Koeffizienten.
```

So erhalten wir z.B. durch das SPSS-Programm

```
DATA LIST        FIXED VARo14 14, VARo17 17
*COMPUTE         VARo14R = VARo14
*COMPUTE         VARo17R = VARo17
*RECODE          VARo14R, VARo17R ( 1, 2, 3 = 1 ), ( 4, 5, 6 = 2 ), ( 6, 7, 8 = 3 )
VAR LABELS       VARo14R SCHULLEISTUNG/
                 VARo17R LEHRERURTEIL
VALUE LABELS     VARo14R, VARo17R
                 (1)SCHLECHT
                 (3)GUT      /
                 VARo14R
                 (2)DURCHSCHN. /
                 VARo17R
                 (2)DURCH- SCHN.
INPUT MEDIUM     DISK
CROSSTABS        TABLES = VARo14R BY VARo17R
OPTIONS          3, 5
STATISTICS       6, 7, 8, 9
```

den folgenden Ausdruck:[+)]

```
* * * * * * * * * * * * * * * *    C R O S S T A B U L A T I O N   O F  * * * * * * * * * * * * *
    VARO14R   SCHULLEISTUNG                                  BY  VARO17R   LEHRERURTEIL
* * * * * * * * * * * * * * * * * * * * * * * * * * * * * * * * * * * * * * * * * * * * * * * *

                     VARO17R
           COUNT  I
           COL PCT ISCHLECHT DURCH-     GUT        ROW
                  I          SCHN.                 TOTAL
                  I      1.I       2.I       3.I
VARO14R    -------I---------I---------I---------I
           1.  I      4 I      11 I       2 I      17
  SCHLECHT     I   40.0 I    6.1 I     3.3 I     6.8
           -I---------I---------I---------I
           2.  I      6 I     146 I      20 I     172
  DURCHSCHN.   I   60.0 I   81.6 I    32.8 I    68.8
           -I---------I---------I---------I
           3.  I      0 I      22 I      39 I      61
  GUT          I    0.0 I   12.3 I    63.9 I    24.4
           -I---------I---------I---------I
           COLUMN     10       179       61       250
           TOTAL     4.0      71.6      24.4     100.0

KENDALL'S TAU B =     0.48744 SIGNIFICANCE =  0.0000
KENDALL'S TAU C =     0.32462 SIGNIFICANCE =  0.0000
GAMMA =     0.79837
SOMERS'S D (ASYMMETRIC) = 0.50777 WITH VARO14R  DEPENDENT.          = 0.46793 WITH VARO17R  DEPENDENT.
SOMERS'S D (SYMMETRIC) = 0.48704
```

+) Zu den inferenzstatistischen Aussagen mit Hilfe des Signifikanzniveaus s. 5.1.8.

5.1.7 Beschreibung der Stärke eines statistischen Zusammenhangs für intervallskalierte Merkmale (STATISTICS)

Bislang haben wir gelernt, wie man die Stärke der Assoziation bei nominal- und ordinalskalierten Merkmalen durch geeignete Maßzahlen beschreiben kann. Sind beide Merkmale X und Y intervallskaliert, so kann man eine Aussage über die Stärke des linearen Zusammenhangs zwischen X und Y machen, indem man den <u>Korrelationskoeffizienten r</u> <u>von Bravais-Pearson</u> - auch Produktmoment-Korrelation genannt - in der folgenden Form berechnet:

$$r = \frac{\sum_{i=1}^{N} (x_i - \overline{x}) * (y_i - \overline{y})}{\sqrt{\sum_{i=1}^{N} (x_i - \overline{x})^2} * \sqrt{\sum_{i=1}^{N} (y_i - \overline{y})^2}}$$

Dabei bezeichnen x_i und y_i die Ausprägungen von X und Y, $\overline{x}$ und $\overline{y}$ die zugehörigen arithmetischen Mittel und N die Anzahl der gültigen Cases.

Der Absolutbetrag von r liegt zwischen den Werten o und 1. Er beschreibt die Anpassungsgüte der durch die x-y-Koordinaten beschriebenen Punkte an ihre zugehörige <u>Regressionsgerade</u>, was wir im folgenden <u>Streudiagramm</u> (scattergram) skizzieren:

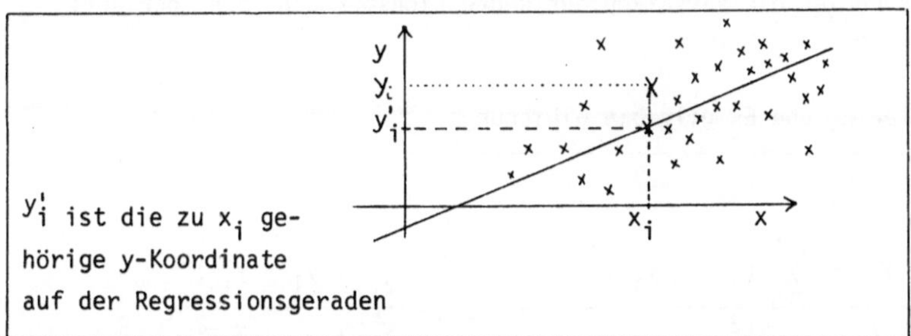

Die Regressionsgerade ist eindeutig bestimmt durch die Eigenschaft, daß sie unter allen denkbaren Geraden diejenige ist, von der die Gesamtheit der Punkte am geringsten abweicht. Dazu muß die Summe der vertikalen Abstände aller Punkte von dieser Geraden gleich o und die Summe der quadrierten vertikalen Abstände ein Minimum sein.

Liegen alle Punkte auf einer Geraden, so ist dies die Regressionsgerade und es gilt r = +1 oder r = -1, so daß es sich in diesen Fällen um eine <u>perfekte lineare Beziehung</u> handelt. Die Richtung dieser Beziehung wird durch die Lage der Regressionsgeraden beschrieben und durch das Vorzeichen des Koeffizienten r bestimmt.

Dabei handelt es sich um eine <u>positive Beziehung</u>, falls r größer als o ist, oder aber um eine <u>negative Beziehung</u>, falls r kleiner als o ist.
Errechnet sich der Wert von r zu o, so besagt dies, daß die Punkte als richtungslose Punktwolke in der x-y-Ebene angeordnet sind, d.h. die Werte der Merkmalsträger sind

gleichförmig um den Schwerpunkt des Streudiagramms verteilt, etwa in Form konzentrischer Kreise. In diesem Fall verläuft die Regressionsgerade parallel zur x-Achse, und folglich besteht zwischen den Merkmalen X und Y keine lineare Beziehung (r = o).

Der Absolutbetrag von r gibt die Stärke des linearen Zusammenhangs an.
Allerdings existiert kein PRE-Modell, in welchem sich der Koeffizient r geeignet interpretieren läßt. Anders ist dies mit dem Quadrat von r, dem <u>Determinationskoeffizienten</u> r^2. Diesem kann man nämlich im Sinne eines PRE-Modells die folgende Bedeutung zumessen:[+)]

Soll man beim Merkmal Y auf der Basis der zugehörigen Verteilung für einen beliebigen Merkmalsträger dessen zugehörige Ausprägung prognostizieren, so macht man (im Mittel) den geringsten Fehler - dieser ist gleich der Variation

$$E_1 = \sum_{i=1}^{N} (y_i - \overline{y})^2$$

- falls man stets das arithmetische Mittel $\overline{y}$ voraussagt.

Bezieht man als Zusatzinformation für die Vorhersage die Kenntnis der bivariaten Verteilung von X und Y mit ein, so prognostiziert man bei gegebener Ausprägung x_i als zugehörigen Vorhersagewert den entsprechenden Wert y_i' auf der Regressionsgeraden. Dabei ergibt sich als Fehler die Variation der Regressionsgeraden, d.h. der Wert

$$E_2 = \sum_{i=1}^{N} (y_i - y_i')^2 \quad .$$

Bzgl. der beiden Fehler E_1 und E_2 gilt die Gleichung:

$$\boxed{\begin{aligned} r^2 &= (E_1 - E_2) / E_1 \\[2mm] &= \frac{\sum_{i=1}^{N} (y_i - \overline{y})^2 - \sum_{i=1}^{N} (y_i - y_i')^2}{\sum_{i=1}^{N} (y_i - \overline{y})^2} = 1 - \frac{\sum_{i=1}^{N} (y_i - y_i')^2}{\sum_{i=1}^{N} (y_i - \overline{y})^2} \end{aligned}}$$

Folglich gibt r^2 den Anteil an der Gesamtvariation von Y an, der durch X linear erklärt werden kann, und die Differenz $1 - r^2$ kennzeichnet den Anteil an der Gesamtvariation von Y, der auf einen nichtlinearen (wie z.B. quadratischen oder cubischen) Einfluß von X oder auf den Einfluß anderer Merkmale zurückgeführt werden muß (s. das Beispiel auf S. 137).

<u>Der Koeffizient Eta^2</u>
Ob überhaupt eine Beziehung zwischen den Merkmalen X und Y besteht - egal, ob sie linear oder nichtlinear ist - kann für ein intervallskaliertes abhängiges Merkmal Y und ein nominalskaliertes unabhängiges Merkmal X durch den Koeffizienten <u>Eta^2</u> ($\underline{\eta^2}$) beschrieben werden, welcher durch die folgende Formel definiert ist:

[+)] Wegen der Symmetrie des Koeffizienten r bzgl. der X- und Y-Werte gelten die folgenden Ausführungen auch, falls man die Rollen von X und Y vertauscht.

$$ Eta^2 = \frac{\sum_{i=1}^{N}(y_i - \overline{y})^2 - \sum_{j=1}^{k} \sum_{i=1}^{n_j}(y_{ij} - \overline{y_j})^2}{\sum_{i=1}^{N}(y_i - \overline{y})^2} $$

Dabei beschreiben k die Anzahl der verschiedenen Merkmalsausprägungen von X und n_j die Anzahl der Cases, welche für X den Wert x_j annehmen.

Dieser Eta^2-Koeffizient kann folgendermaßen im Sinne eines PRE-Modells interpretiert werden:

Prognostiziert man auf der Basis der eigenen Verteilung einen charakteristischen Wert von Y in Form des arithmetischen Mittels $\overline{y}$, so macht man (im Mittel) den geringsten Fehler, nämlich den Fehler der Gesamtvariation

$$ E_1 = \sum_{i=1}^{N}(y_i - \overline{y})^2 \ . $$

Sagt man unter Kenntnis der gemeinsamen Verteilung für einen Merkmalsträger, der bzgl. X die Ausprägung x_j besitzt, das arithmetische Mittel $\overline{y_j}$ aller Y-Werte in der Gruppe aller Merkmalsträger, die für X den Wert x_j besitzen, voraus, so macht man insgesamt (im Mittel) den Fehler

$$ E_2 = \sum_{j=1}^{k} \sum_{i=1}^{n_j}(y_{ij} - \overline{y_j})^2 \ . $$

Folglich kennzeichnet man durch

$$ Eta^2 = (E_1 - E_2) / E_1 $$

den Anteil der Gesamtvariation, der dadurch erklärt wird, daß man für jedes x_j das arithmetische Mittel der zugehörigen Y-Werte in Form von $\overline{y_j}$ vorhersagt.

Allgemein gilt, daß Eta^2 stets größer oder gleich dem Determinationskoeffizienten r^2 ist, so daß die Differenz Eta^2 - r^2 als ein Maß für die <u>Kurvilinearität</u>, d.h. für das Abweichen von einer linearen Beziehung aufgefaßt werden kann.

<u>Automatische Berechnung von r und Eta</u>

Für die Ausgabe der Koeffizienten r und Eta muß man die folgenden Kennzahlen im STATISTICS=Kommando - im Anschluß an die Kodierung des CROSSTABS=Kommandos - angeben:[+)

lo : Ausgabe des Wertes Eta (<u>nicht</u> Eta^2) und

11 : Ausdruck des Korrelationskoeffizienten r nach Bravais-Pearson (<u>nicht</u> r^2).

So erhalten wir etwa als Koeffizienten für die Stärke des statistischen Zusammenhangs zwischen den Merkmalen "Schulleistung" (VARo14) und "Lehrerurteil" (VARo17) durch die Kommandos

```
CROSSTABS      TABLES = VARo14 BY VARo17
OPTIONS        3, 5
STATISTICS     lo, 11
```

+) Es ist nicht sinnvoll, den Koeffizienten r mit dem Kommandos CROSSTABS berechnen zu lassen, falls die Anzahl der Ausprägungen zu groß ist. In diesem Fall sollte man eines der Kommandos PEARSON CORR oder SCATTERGRAM (vgl. 5.3) benutzen.

die folgenden Werte ausgedruckt:[+)]

```
    ETA =  0.60020 WITH VARO14    DEPENDENT.          = 0.65471 WITH VARO17    DEPENDENT.
●   PEARSON'S R = 0.59273  SIGNIFICANCE =  0.0000
```

Somit besteht zwischen VARo14 und VARo17 eine positive lineare Beziehung, da das
Vorzeichen von r positiv ist, und es werden ungefähr 35% (= 0.5927^2 * loo%) der
Variation von VARo14 durch die Variation von VARo17 linear erklärt.[++)]
Für Eta^2 ergibt sich der Wert o.36 (= $0.6oo2^2$) und folglich für die Differenz von
Eta^2 und r^2 das Resultat o.oo95, d.h. es liegen keine wesentlichen kurvilinearen
Einflüsse vor.

5.1.8 Inferenzstatistische Aussagen über den statistischen Zusammenhang
in der Grundgesamtheit

Bislang haben wir dargestellt, wie man Unterschiede von Konditionalverteilungen feststellen und Aussagen über die Stärke bzw. Schwäche einer statistischen Beziehung in
der Gruppe der Merkmalsträger machen kann.
Sind die Merkmalsträger zufällig aus einer bestimmten Grundgesamtheit ausgewählt worden - man bezeichnet die Gruppe dann als Stichprobe - so kann man, sofern die Ausprägungen verschiedener Merkmalsträger unabhängig voneinander erhoben wurden, die folgende Fragestellung untersuchen:
Sind die Unterschiede in den Verteilungen (z.B. in den Prozentsätzen der jeweiligen
Häufigkeitsverteilungen) allein auf Stichprobenfehler, d.h. auf Fehler bei der Auswahl der Merkmalsträger zurückzuführen oder aber spiegeln sie signifikante, d.h.
statistisch bedeutsame Beziehungen zwischen den Merkmalen in der Grundgesamtheit
wieder?
Im Hinblick auf diese Fragestellung führt man in der Regel Signifikanztests bzgl. der
folgenden Nullhypothese (Arbeitshypothese) durch:

H_o : (es besteht kein statistischer Zusammenhang in der Grundgesamtheit)

Ein statistischer Test entscheidet, ob die mittels einer Stichprobe erhobenen Daten
mit einer Hypothese über die Grundgesamtheit verträglich sind. In einem derartigen
Test gibt man ein geeignetes Testniveau α (von i. allg. 5%) vor und berechnet als
Kriterium dafür, daß man H_o beibehalten oder ablehnen soll, den Prüfwert (Realisierung)
einer Teststatistik [+++)] aus den erhobenen Merkmalsausprägungen der Stichprobenelemen-
te. Anschließend leitet man aus der Verteilung dieser Teststatistik die Wahrscheinlichkeit dafür ab, daß die Teststatistik diesen Prüfwert oder einen bzgl. der Nullhypothese

---

 +) Wir verwenden die Variablen VARo14 und VARo17 hier nur zur Demonstration (s. 1.5).
++) Es ist üblich, den Erklärungsanteil r^2 in Prozentwerten auf der Basis loo anzu-
    geben.
+++) Eine Teststatistik ist eine Funktion des Assoziationskoeffizienten in Abhängig-
     keit von allen theoretisch möglichen Ausprägungen der Elemente der Grundgesamtheit

noch ungünstigeren Wert annimmt. Diese so ermittelte Wahrscheinlichkeit - man nennt sie das Signifikanzniveau (significance) - vergleicht man mit dem vorgegebenen Testniveau α.

Ist das Signifikanzniveau kleiner als das Testniveau, so lehnt man H_0 ab und nimmt die Alternativhypothese

> H_1 : (es besteht ein statistischer Zusammenhang in der Grundgesamtheit)

an. Anderenfalls behält man H_0 bei, weil das erhaltene Ergebnis dieser Hypothese nicht widerspricht.

Die Durchführung derartiger Signifikanztests wird vom SPSS-System in folgender Weise unterstützt:

Für intervallskalierte Merkmale (mit Normalverteilung) kann ein Korrelationstest durchgeführt werden, da - bei Kodierung der Kennzahl 11 im STATISTICS=Kommando - zusammen mit dem Korrelationskoeffizienten r das zugehörige Signifikanzniveau (SIGNIFICANCE) ausgedruckt wird.[+)]

Für ordinalskalierte Merkmale kann man einen Assoziationstest durchführen, da - bei Kodierung der Kennzahlen 6 und 7 im STATISTICS=Kommando - zusammen mit den Assoziationskoeffizienten Tau_b und Tau_c das zugehörige Signifikanzniveau ausgegeben wird.[++)]

Für nominalskalierte Merkmale wird im Zusammenhang mit der Kodierung der Kennzahl 1 im STATISTICS=Kommando folgendermaßen verfahren:

- bei 2x2-Kontingenz-Tabellen mit höchstens 2o Cases wird ein exakter Fisher-Test[+++)] durchgeführt und es werden die entsprechenden Signifikanzniveaus ausgedruckt und
- bei 2x2-Kontingenz-Tabellen mit mehr als 2o Cases wird der Chi-Quadrat-Wert (raw chi square) und der durch die Yates-Korrektur [++++)] korrigierte Chi-Quadrat-Wert (corrected chi square) ausgegeben. Ferner werden die zugehörigen Signifikanzniveaus

---

+) Die zugehörige Teststatistik hat die Form $(r * \sqrt{N - 2} / \sqrt{1 - r^2})$ - N ist gleich der Anzahl der Cases - und ist unter H_0 gemäß t (N - 2)-verteilt. Dabei ist die t-Verteilung die theoretische Verteilung von (X - u) / s_x , wobei u der Erwartungswert und s_x die Stichproben-Standardabweichung des normalverteilten Merkmals X ist.

++) Die zugehörigen Teststatistiken sind unter H_0 normalverteilt mit dem Mittelwert o und der Varianz $\sqrt{(4 * N + 1o) / (9 * N * (N - 1))}$, wobei N die Anzahl der Cases bezeichnet.

+++) Beim exakten Fisher-Test (auch Fisher-Yates-Test genannt) ermittelt man - unter der Annahme der Unabhängigkeit der beiden Merkmale (Nullhypothese) und der Konstanz der beiden Marginalverteilungen - die Wahrscheinlichkeit dafür, die aktuelle oder eine bzgl. der Nullhypothese noch ungünstigere (d.h. weniger wahrscheinliche) Häufigkeitsverteilung zu beobachten.

++++) Durch die Yates-Korrektur wird bei der Berechnung des Chi-Quadrat-Koeffizienten (vgl. S. 123) eine Kontinuitäts-Korrektur vorgenommen, indem der Wert o.5 von jeder positiven Abweichung $f_b - f_e$ abgezogen und zu jeder negativen Abweichung $f_b - f_e$ hinzuaddiert wird, d.h. es ergibt sich der Wert $\sum ((| f_b - f_e | - o.5)^2 / f_e)$.

protokolliert.[+)]

Für kleinere Casezahlen (kleiner oder gleich 1oo) sollte man stets den korrigierten
Chi-Quadrat-Wert benutzen, und für größere Casezahlen kann man auch den unkorrigierten Chi-Quadrat-Wert verwenden.

Falls ein Wert der Indifferenz-Tabelle kleiner als 5 ist, darf man grundsätzlich
keinen Chi-Quadrat-Test mit dem unkorrigierten Chi-Quadrat-Wert durchführen. Allerdings ist es in dieser Situation erlaubt, einen Chi-Quadrat-Test mit dem korrigierten Chi-Quadrat-Wert vorzunehmen, falls die Anzahl der Cases sehr groß ist.

- Für Kontingenz-Tabellen, deren Zeilen- bzw. Spaltenzahl größer als 2 ist, wird der
  Chi-Quadrat-Wert und das zugehörige Signifikanzniveau ausgedruckt.[++)] Gleichzeitig
  wird die Anzahl der Zellen protokolliert, für welche die zugehörigen Häufigkeiten in
  der Indifferenz-Tabelle kleiner als 5 sind, und es wird zusätzlich der kleinste in
  der Indifferenz-Tabelle enthaltene Wert ausgedruckt.
  Für den Fall, daß nicht mehr als 2o% der erwarteten Häufigkeiten in der Indifferenz-
  Tabelle kleiner als 5 und keiner dieser Werte kleiner als 1 ist, darf man das pro-
  tokollierte Signifikanzniveau teststatistisch auswerten. Sollte dies nicht möglich
  sein, so sollte man die Merkmalsausprägungen geeignet klassifizieren, sofern dies
  inhaltlich bzw. aufgrund der zugehörigen Häufigkeitsverteilungen zulässig ist.

Wir erläutern die o.a. Ausführungen durch die Untersuchung des statistischen Zusammenhangs der Merkmale "Schulleistung" (VARo14) und "Lehrerurteil" (VARo17) (vgl. 5.1.7).
Durch die Kommandos

```
CROSSTABS      TABLES = VARo14 BY VARo17
OPTIONS        3, 5
STATISTICS     1, 6, 7
```

werden die folgenden Statistik-Informationen ausgedruckt:

```
     67 OUT OF     81 ( 82.7%) OF THE VALID CELLS HAVE EXPECTED CELL FREQUENCY LESS THAN 5.0.
●   MINIMUM EXPECTED CELL FREQUENCY =  0.004
    CHI SQUARE =    365.51196 WITH  64 DEGREES OF FREEDOM   SIGNIFICANCE =  0.0000
    KENDALL'S TAU B =     0.50794 SIGNIFICANCE =  0.0000
●   KENDALL'S TAU C =     0.43204 SIGNIFICANCE =  0.0000
```

+) Unter der Annahme, daß die Daten zufällig und voneinander unabhängig erhoben und
   die Häufigkeiten der zugehörigen Indifferenz-Tabelle einen Wert größer oder gleich
   5 haben, sind die zugehörigen Teststatistiken beide Chi-Quadrat-verteilt mit einem
   Freiheitsgrad, weil bei gegebenen Marginalverteilungen mit der Angabe nur einer
   Zellhäufigkeit auch die drei restlichen Werte in der Kontingenz-Tabelle bestimmt
   sind. Da es sich bei den empirischen Häufigkeitsverteilungen um diskrete Verteilungen handelt, können sie nur unzulänglich durch die kontinuierliche theoretische
   Chi-Quadrat-Verteilung angenähert werden. Die Verbesserung der Anpassung wird i.
   allg. durch die Yates-Korrektur erreicht. Allerdings kann diese Art der Anpassung
   im Sonderfall auch schlechter ausfallen!
++) Die zugehörige Teststatistik ist Chi-Quadrat-verteilt, wobei sich die Anzahl der
   Freiheitsgrade als Produkt der um jeweils 1 verminderten Zeilen- und Spaltenzahlen
   errechnet.

Da mehr als 2o% - nämlich 82.7% - der Werte in der Indifferenz-Tabelle kleiner als 5 sind, darf man für diese 9x9-Kontingenz-Tabelle keinen Chi-Quadrat-Signifikanztest auf statistische Unabhängigkeit von VARo14 und VARo17 durchführen.

Da beide Merkmale ordinalskaliert sind, können wir mit Hilfe der Assoziationskoeffizienten Tau_b bzw. Tau_c die Nullhypothese abtesten, ob beide Merkmale in der Grundgesamtheit statistisch unabhängig sind.

Dazu geben wir uns das Testniveau α = 5% vor und entscheiden uns für die Überprüfung von Tau_b oder Tau_c. Allein aus Gründen der Darstellung haben wir uns hier die Werte beider Assoziationskoeffizienten ausdrucken lassen. Im Hinblick auf ein sauberes statistisches Vorgehen sollte man sich nämlich stets das Testniveau vor der Durchführung der Datenanalyse vorgeben. Dadurch legt man nämlich fest, welchen <u>Fehler 1. Art</u> man einzugehen bereit ist, d.h. mit welcher Wahrscheinlichkeit man eine Nullhypothese verwerfen will, obgleich sie richtig ist.[+)]

Haben wir uns z.B. für die Überprüfung der Nullhypothese bzgl. des Assoziationskoeffizienten Tau_b entschieden, so müssen wir die für Tau_b ausgegebenen Werte

$$Tau_b = 0.50794 \quad \text{mit dem Signifikanzniveau } 0.0000$$

diskutieren. Da das Signifikanzniveau kleiner als 10^{-4} (es ist nicht gleich o !) und demzufolge kleiner als das vorgegebene Testniveau α = 5% ist, lehnen wir die Nullhypothese der statistischen Unabhängigkeit ab. Es spricht alles dafür, daß in der Grundgesamtheit eine positive Assoziation zwischen VARo14 und VARo17 besteht, deren Stärke für die Stichprobe der 25o Schüler mit dem Tau_b-Wert o.51 (und dem Tau_c-Wert o.43) beschrieben wird.

5.2 Das Kommando NONPAR CORR

Im Abschnitt 5.1.6 haben wir die Assoziationsmaße Gamma, Somers' d und die Kendall'schen Koeffizienten Tau_b und Tau_c beschrieben, mit denen man die Stärke des statistischen Zusammenhangs zwischen zwei ordinalskalierten Merkmalen kennzeichnen und deren Werte man durch ein geeignetes STATISTICS=Kommando in Verbindung mit dem Kommando CROSSTABS berechnen lassen kann.

Spearman's Rho

Neben diesen Möglichkeiten besteht ein weiterer Zugang zur Beschreibung der ordinalen Assoziation darin, daß man den jeweiligen Merkmalsausprägungen sog. <u>Rangzahlen</u> zuordnet und einen geeigneten Rang-Korrelationskoeffizienten berechnet.

+) Man kann zwar durch eine Verkleinerung des Testniveaus das Risiko eines derartigen Fehlschlusses verringern, muß dabei jedoch bedenken, daß man dadurch den <u>Fehler 2. Art</u> - die Wahrscheinlichkeit, eine falsche Hypothese beizubehalten - erhöht. Aus diesem Dilemma kommt man i. allg. nur dadurch heraus, daß man von vornherein für eine möglichst große Stichprobe sorgt. Ob jedoch die Unterschiede (Zusammenhänge)· die bei großen Stichproben signifikant abgesichert werden können, auch von <u>praktischer Relevanz</u> sind, sollte man im Einzelfall sehr genau überlegen.

Dabei setzen wir zunächst voraus, daß es sich bei beiden Rangreihen um <u>echte</u> Rang-
folgen handelt, so daß kein Rangplatz mehrfach auftritt.

Für die nachfolgend angegebenen Ausprägungen der Merkmale X und Y werden z.B. die
folgenden Rangplätze ermittelt:

	Wert von X	Wert von Y	Rangplatz r bzgl. X	Rangplatz s bzgl. Y
1. Case	3.4	o.5	3	1
2. Case	o.4	1o.2	1	4
3. Case	1o.5	5.3	4	3
4. Case	1.1	1.6	2	2

Hat man dem i-ten Merkmalsträger bzgl. des einen Merkmals den Rangplatz r_i und bzgl.
des anderen Merkmals den Rangplatz s_i zugeordnet, so beschreibt der <u>Spearman'sche</u>
<u>Rang-Korrelationskoeffizient Rho ($\wp$)</u> in der Form[+)]

$$Rho = 1 - (6 * \sum_{i=1}^{N} (r_i - s_i)^2 / (N^3 - N))$$

die Unterschiedlichkeit der beiden Rangreihen, wobei die Summation über alle N Merkmalsträger vorgenommen wird.
Die Werte von Rho liegen zwischen -1 und +1. Stimmen die beiden Rangreihen überein,
so besteht eine totale positive statistische Abhängigkeit, und Rho nimmt den Wert +1
an. Verlaufen die Rangreihen genau entgegengesetzt, so besteht eine totale negative
statistische Beziehung, und Rho errechnet sich zu -1. Ansonsten haben die Cases mit
den größten Rangplatz-Differenzen das größte Gewicht.

<u>Bindungen</u>
Treten bei der Bildung der beiden Rangreihen gleiche Rangplätze auf, so wird das
arithmetische Mittel dieser Ränge gebildet und den jeweiligen Merkmalsträgern als
gemeinsamer Rangplatz zugeordnet.

Für die nachfolgend angegebenen Werte der Merkmale X und Y werden z.B. die folgenden
Rangplätze ermittelt:

	Wert von X	Wert von Y	Rangplatz r bzgl. X	Rangplatz s bzgl. Y
1. Case	3.4	o.5	(3+4+5)/3 = 4	1
2. Case	o.4	1o.2	1	(5+6)/2 = 5.5
3. Case	3.4	1.6	(3+4+5)/3 = 4	(2+3)/2 = 2.5
4. Case	1o.5	5.3	6	4
5. Case	3.4	1o.2	(3+4+5)/3 = 4	(5+6)/2 = 5.5
6. Case	1.1	1.6	2	(2+3)/2 = 2.5

Bezeichnen wir die Anzahl der Bindungen in X und Y mit T_x bzw. T_y , so wird die ursprüngliche Berechnung von Rho für den Fall, daß Bindungen vorliegen, in der folgenden Weise korrigiert:

[+)] Diesen Ausdruck leitet man aus der Formel für den Korrelationskoeffizienten r
(s. S. 135) ab, indem man die Assoziation der beiden Rangreihen ermittelt. Genau-
genommen muß man dabei unterstellen, daß die Skala der Rangplätze intervallskaliert
ist.

$$Rho = \frac{(N^3 - N/6) - (1/12)*(\sum(T_x^3 - T_x) + \sum(T_y^3 - T_y)) - \sum(r_i - s_i)^2}{2*\sqrt{(N^3 - N)/12 - 1/12*\sum(T_x^3 - T_x)}\sqrt{(N^3 - N)/12 - 1/12*\sum(T_y^3 - T_y)}}$$

Automatische Berechnung von Spearman's Rho

Die automatische Berechnung des Rang-Korrelationskoeffizienten Rho kann man mit dem
Kommando NONPAR CORR (nichtparametrische Korrelation) abrufen, welches die folgende
allgemeine Form besitzt:

```
NONPAR CORR     variablenliste1 [WITH variablenliste2]
                [/ variablenliste3 [WITH variablenliste4]] ...
```

Aus den Angaben jeder Spezifikationsliste der Form[+)]

```
variablenliste1 [WITH variablenliste2]
```

werden Variablenpaare gebildet. Dabei darf jede Variablenliste aus einer[++)] oder
mehreren Variablen bestehen, die gegebenenfalls in Form reflexiver Variablenlisten
vereinbart sind. Für jedes Variablenpaar, welches durch die Spezifikationslisten bestimmt ist, wird der Assoziationskoeffizient Rho ermittelt[+++)] und ausgegeben.

Ist das Schlüsselwort WITH in einer Spezifikationsliste kodiert, so wird ein Paar aus
je einer Variablen der beiden vor und hinter WITH aufgeführten Variablenlisten gebildet. Ohne die Angabe des Wortes WITH werden alle Variablen der einen Variablenliste
paarweise miteinander kombiniert.

Die Position der Variablen in ihren Listen bestimmt die Reihenfolge bei der Druckausgabe der Assoziationskoeffizienten.

So erhalten wir z.B. durch das Kommando

```
NONPAR CORR     VARo14, VARo16, VARo17
```

die folgende Druckausgabe:

```
●   VARIABLE                VARIABLE                VARIABLE
    PAIR                    PAIR                    PAIR
    --------                --------                --------

●      Spearman's Rho

    VAR014      0.4634      VAR014      0.5890      VAR016      0.4789
●   WITH        N(  250)    WITH        N(  250)    WITH        N(  250)
    VAR016      SIG .001    VAR017      SIG .001    VAR017      SIG .001
```

Dies bedeutet, daß zwischen je zwei Merkmalen eine positive Beziehung in der Gruppe
der N =250 Befragten besteht, so daß keine extremen Diskrepanzen oder gar gegenläu-

---

+) Es dürfen bis zu 25 Spezifikationslisten aufgeführt werden.
++) Besteht eine Spezifikationsliste nur aus einer Variablenliste, so müssen in ihr
    mindestens zwei Variablen aufgeführt sein.
+++) Dabei werden alle die Cases von der Auswertung ausgeschlossen, welche für min-
     destens eine Variable des Variablenpaares einen als missing Value vereinbarten
     Wert besitzen.

figen Tendenzen in den Einschätzungen der eigenen Schulleistung (VARo14), der eigenen Begabung (VARo16) und der Meinung des Lehrers über die eigene Begabung (VARo17) bestehen.

Signifikanztest für Rho

Aus der o.a. Druckausgabe entnehmen wir, daß mit jedem Rho-Koeffizienten auch gleichzeitig ein zugehöriges Signifikanzniveau (SIG) ausgegeben wird.[+] Dieses bezieht sich auf die Nullhypothese

H_o (in der Grundgesamtheit besteht kein statistischer Zusammenhang).[++]

Im Gegensatz zu unseren Erörterungen im Abschnitt 5.1.8 wird jetzt standardmäßig nicht gegen die Alternativhypothese

H_1 (es besteht ein statistischer Zusammenhang und es ist Rho ungleich o)

getestet, d.h. es wird kein sog. _zweiseitiger Test_ durchgeführt.

Vielmehr gibt man sich die Richtung der Korrelation durch eine Alternativhypothese der Form

H_1 (es besteht eine positive bzw. eine negative Assoziation)

vor, so daß man in diesem Fall einen sog. _einseitigen Test_ durchführt.[+++]
Durch die Angabe einer geeigneten Kennzahl in einem zugehörigen OPTIONS=Kommando kann man sich allerdings wieder das Signifikanzniveau für einen zweiseitigen Test ausdrucken lassen (s. unten).

Kendall's Tau

Ist die Anzahl der Bindungen bei den beiden untersuchten Merkmalen sehr groß, so ist es empfehlenswert, anstelle des Rho-Koeffizienten den Koeffizienten Kendall's Tau_b (vgl. S. 133) zur Beschreibung der Stärke der statistischen Beziehung abzurufen.
Dazu braucht man nicht unbedingt das CROSSTABS=Kommando zu kodieren, wobei eine zusätzliche Druckausgabe der Kontingenz-Tabelle angefordert wird, sondern man kann sich den Tau_b-Wert und das zugehörige Signifikanzniveau - zum Test der Nullhypothese, daß in der Grundgesamtheit kein statistischer Zusammenhang existiert - durch ein OPTIONS= Kommando im Zusammenhang mit dem Kommando NONPAR CORR ausgeben lassen.
Im Anschluß an die Kodierung eines NONPAR CORR=Kommandos kann man nämlich auf die standardmäßige Berechnung von Spearman's Rho und des zugehörigen Signifikanzniveaus für einen einseitigen Test durch die Angabe der folgenden Kennzahlen in einem entsprechenden OPTIONS=Kommando einwirken:

[+] Ein ausgedruckter Wert von SIG = o.ooo bedeutet, daß das Signifikanzniveau kleiner als o.oo1 ist.

[++] Falls die Stichprobengröße N größer als 1o ist, besitzt die Teststatistik $Rho * \sqrt{(N-2)/(1-Rho^2)}$ eine t-Verteilung mit N-2 Freiheitsgraden.

[+++] Wegen der Symmetrie der t-Verteilung ergibt die Hälfte des Signifikanzniveaus beim zweiseitigen Test gerade das Signifikanzniveau beim einseitigen Test.

---

1 : Einschluß von missing Values,

2 : es erfolgt ein <u>listenweiser Ausschluß</u> von Cases mit missing Values, d.h. ein
    Case wird dann von allen Koeffizientenberechnungen für die Paare einer bzw.
    (falls WITH kodiert ist) zweier Variablenlisten ausgeschlossen, falls er für
    irgendeine Variable dieser Liste(n) einen als missing Value vereinbarten Wert
    besitzt,

3 : ein ausgedrucktes Signifikanzniveau bezieht sich auf einen zweiseitigen Signi-
    fikanztest (standardmäßig wird das Signifikanzniveau für einen einseitigen
    Test ausgedruckt),

4 : ist in einer Spezifikationsliste das Schlüsselwort WITH nicht kodiert, so wer-
    den die ermittelten Assoziationskoeffizienten in Matrixform zeilenweise als
    Datensätze in eine Datei auf der Magnetplatte oder dem Magnetband ausgegeben
    (vgl. 6.8.3),

5 : anstelle von Spearman's Rho wird der Koeffizient Kendall's Tau_b berechnet,

6 : es werden sowohl Spearman's Rho als auch Kendall's Tau_b ermittelt und

8 : reicht der Workspace[+] nicht aus, um alle Cases in die Auswertung mit einbe-
    ziehen zu können, so werden die Berechnungen für eine Zufallsstichprobe der
    Cases durchgeführt.

5.3 Die Beschreibung der Beziehung von intervallskalierten Merkmalen durch den Korrelationskoeffizienten von Bravais-Pearson

Im Abschnitt 5.1.7 haben wir gelernt, wie der Korrelationskoeffizient r von Bravais-
Pearson vereinbart ist und wie sein Quadrat, der sog. Determinationskoeffizient r^2
zur Beschreibung der Stärke einer statistischen Beziehung zwischen zwei intervallskalierten Merkmalen interpretiert werden kann. Dabei haben wir darauf hingewiesen, daß
bei einer größeren Anzahl von Ausprägungen der beiden Merkmale eine Auswertung mit
dem CROSSTABS=Kommando nicht sinnvoll ist, da neben dem Koeffizienten r auch stets
eine zugehörige Kontingenz-Tabelle ausgedruckt wird.

5.3.1 Das Kommando SCATTERGRAM

Anstelle dieser aufwendigen und i. allg. auch völlig unübersichtlichen Druckausgabe
durch das CROSSTABS=Kommando empfiehlt es sich, die Ausgabe eines Streudiagramms mit
Hilfe des Kommandos <u>SCATTERGRAM</u> (Streudiagramm) abzurufen, welches die folgende allgemeine Form besitzt:

```
SCATTERGRAM     variablenliste1 [WITH variablenliste2]
                [/ variablenliste3 [WITH variablenliste4]] ...
```

+) Zur Erweiterung des Workspace vgl. Abschnitt 6.3.

Aus den Angaben jeder Spezifikationsliste der Form

> variablenliste1 [WITH variablenliste2]

werden Variablenpaare gebildet. Dabei darf jede Variablenliste aus einer[+] oder mehreren Variablen bestehen, die gegebenenfalls in Form von reflexiven Variablenlisten vereinbart sind. Für jedes Variablenpaar, welches durch die Spezifikationslisten bestimmt ist, wird ein Streudiagramm ausgegeben.

Ist das Schlüsselwort <u>WITH</u> kodiert, so wird ein Paar aus je einer Variablen der beiden vor und hinter WITH aufgeführten Variablenlisten gebildet, und ohne die Angabe von WITH werden alle Variablen der einen Variablenliste paarweise miteinander kombiniert. In jedem Fall bestimmt die Position der Variablen in ihren Listen die Reihenfolge der ausgedruckten Streudiagramme.

So werden z.B. durch das Kommando[++]

> SCATTERGRAM   VARo14, VARo16 WITH VARo17

zwei Streudiagramme ausgegeben, wobei wir für die Merkmale "Schulleistung" (VARo14) und "Lehrerurteil" (VARo17) das folgende Druckbild erhalten:

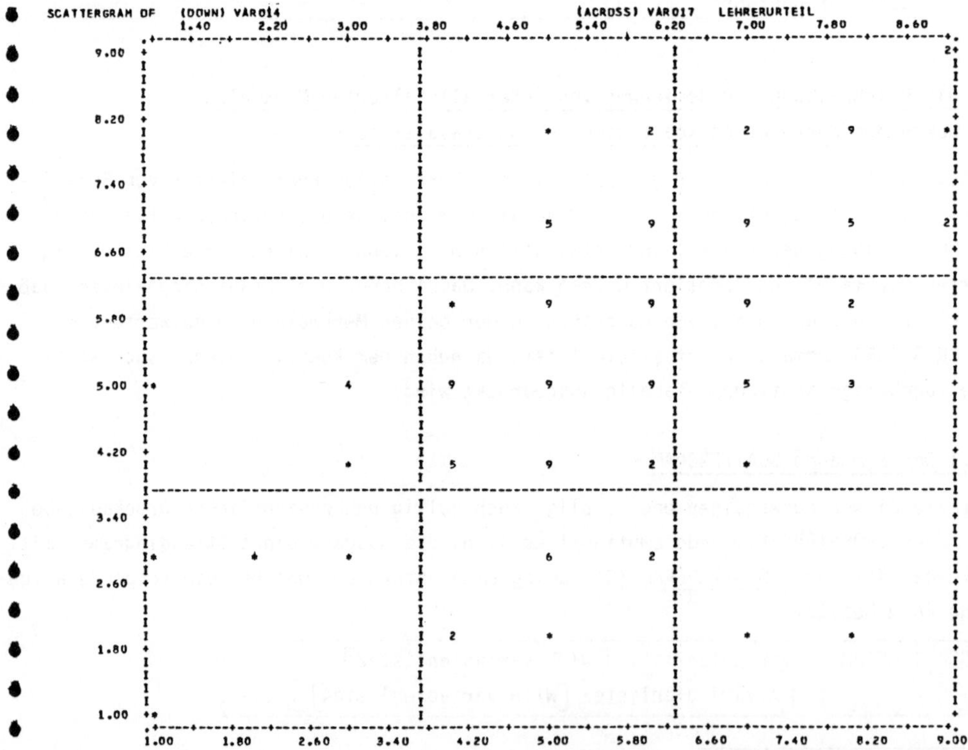

+) Besteht eine Spezifikationsliste nur aus <u>einer</u> Variablenliste, so müssen mindestens zwei Variablen in dieser Liste aufgeführt sein.

++) Wir verwenden VARo14, VARo16 und VARo17 hier und im folgenden nur zur Demonstration

Die Werte von VARo14 werden als Ordinaten- (DOWN) und diejenigen von VARo17 als Abszis-
senwerte (ACROSS) in das Diagramm eingetragen.[+)] Jeder einzelne Punkt des Streudiagramms wird - im Rahmen der Druckgenauigkeit - durch das Zeichen "*" markiert. Fallen
bei der Druckausgabe mehrere Punkte zusammen, so wird stets die jeweilige Anzahl ausgedruckt. Dabei charakterisiert die Ziffer "9", daß an dieser Stelle 9 oder mehr
Punkte angesiedelt sind.
Um die Punktekonzentration und die Lage des Streudiagramms besser beurteilen zu können, wird die Druckausgabe standardmäßig in 9 Quadranten eingeteilt.

Wir erkennen in dem o.a. Streudiagramm eine gewisse Punktekonzentration entlang der
diagonalen Quadranten und schließen daher auf eine schwache positive lineare statistische Beziehung zwischen den beiden Merkmalen "Schulleistung" und "Lehrerurteil".

<u>STATISTICS</u>

Zur Beschreibung dieser Beziehung sind wir z.B. am Korrelationskoeffizienten r, am
Determinationskoeffizienten r^2, an den beiden Parametern a (Niveaukoeffizient) und
b (Steigungskoeffizient) der <u>Regressionsgeraden-Gleichung " y = a + b * x "</u> und an
einem Maß der mittleren Abweichung der Punkte von der Regressionsgeraden, dem sog.
<u>Standardfehler der Schätzung</u> interessiert, der durch

$$\sqrt{(1 / (n - 2)) * \sum_{i=1}^{n} (y_i - y'_i)^2}$$

vereinbart ist und welcher der positiven Quadratwurzel der durch den Wert "n - 2"
geteilten Variation der Regressionsgeraden (vgl. S. 136) entspricht.

Die Ausgabe dieser charakteristischen Kennwerte können wir durch die Angabe der folgenden Kennzahlen in einem STATISTICS=Kommando abrufen, welches im Anschluß an das
SCATTERGRAM=Kommando kodiert werden muß:

---

1 : Korrelationskoeffizient r von Bravais-Pearson (CORRELATION),

2 : Determinationskoeffizient r^2 (R SQUARED),

3 : Signifikanzniveau (SIGNIFICANCE) für einen einseitigen Signifikanztest zur
    Überprüfung der Nullhypothese, daß beide Merkmale in der Grundgesamtheit un-
    korreliert sind (r = o),

4 : Standardfehler der Schätzung (STD ERR OF EST),

5 : Niveaukoeffizient (INTERCEPT) der Regressionsgeraden, welcher den Schnittpunkt
    der Regressionsgeraden mit der senkrechten Achse beschreibt und

6 : Steigungskoeffizient (SLOPE) der Regressionsgeraden, welcher gleich dem Tangens
    des Winkels ist, den die Regressionsgerade mit der waagerechten Achse bildet.

Standardmäßig werden im Anschluß an ein Streudiagramm als Statistik-Informationen nur
die Anzahl der ausgedruckten Punkte (PLOTTED VALUES) und die Anzahl der Cases proto-

---

+) Bei der Druckausgabe werden standardmäßig nur diejenigen Cases berücksichtigt,
   deren Werte für beide Merkmale nicht als missing Values vereinbart sind.

kolliert, die wegen vorhandener missing Values nicht ausgewertet wurden (dies wird
unter MISSING VALUES angegeben).[+)]

Kodieren wir z.B. die Kommandos

```
SCATTERGRAM     VARo14 WITH VARo17
STATISTICS      1, 2, 5, 6
```

so erhalten wir im Anschluß an das Streudiagramm die folgende Druckausgabe:

```
●   STATISTICS..

        CORRELATION (R)-         0.59273      R SQUARED       -       0.35133      INTERCEPT (A)  -       2.17321
●       SLOPE (B)       -        0.59002

●       PLOTTED VALUES -         250          EXCLUDED VALUES-         0            MISSING VALUES -       0

●                    '********' IS PRINTED IF A COEFFICIENT CANNOT BE COMPUTED.
```

Zwischen VARo14 und VARo17 besteht also eine gewisse positive lineare Beziehung,
welche durch die Regressionsgerade mit der Geradengleichung

$$y = 2.17 + o.59 * x$$

beschrieben wird und die ungefähr 35% (r^2 = o.35) der Varianz von VARo14 erklärt.
Dabei schneidet diese Regressionsgerade die senkrechte Achse im Punkt 2.17 und besitzt einen Steigungswinkel von ungefähr $3o^o$ (= arctan (o.59)).

<u>OPTIONS</u>

Auf die Art der Druckausgabe des Streudiagramms und die Ermittlung der zugehörigen
statistischen Kennwerte kann man einwirken, indem man geeignete Kennzahlen in einem
OPTIONS=Kommando kodiert, welches im Anschluß an das SCATTERGRAM=Kommando anzugeben
ist. Dabei kann man die folgenden Leistungen abrufen:

```
1 : Einschluß von missing Values,
2 : es erfolgt ein listenweiser Ausschluß von Cases mit missing Values (s. S. 145),
3 : die durch das Kommando VAR LABELS vereinbarten Etiketten werden nicht ausge-
    druckt,
4 : die Einteilung der Streudiagramm-Ausgabe in 9 Quadranten entfällt,
5 : in der Druckausgabe des Streudiagramms werden zusätzlich die beiden Diagonalen
    gekennzeichnet,
```

+) Zusätzlich wird die Anzahl der gezielt ausgeschlossenen Cases (EXCLUDED VALUES) protokolliert. Es besteht nämlich die Möglichkeit, durch entsprechende Angaben hinter
einer Spezifikationsliste im Kommando SCATTERGRAM den jeweils kleinsten und größten
auszuwertenden Wert zu kennzeichnen. Dazu muß man die Angaben "(kleinster Wert,
größter Wert)" hinter einer betreffenden Variablenliste kodieren, wobei man gegebenenfalls entweder das Schlüsselwort <u>LOWEST</u> oder das Schlüsselwort <u>HIGHEST</u> angeben
darf, sofern kein Ausschluß nach unten bzw. oben erfolgen soll. Allerdings ist die
Angabe der für die Auswertung voreingestellten Markierung von "(LOWEST,HIGHEST)"
nicht erlaubt.

> 6 : das im Zusammenhang mit der Kennzahl 3 des STATISTICS=Kommandos ausgedruckte
>   Signifikanzniveau bezieht sich auf einen zweiseitigen Test zur Überprüfung von
> H_o (r = o) anstelle eines (standardmäßig vorgenommenen) einseitigen Tests,
> 7 : die Beschriftung der senkrechten und waagerechten Achsen wird ganzzahlig vor-
>   genommen und
> 8 : reicht der Workspace[+] nicht aus, um alle Werte in die Auswertung mit einbe-
>   ziehen zu können, so werden die Berechnungen nur für eine Zufallsstichprobe
>   der Cases durchgeführt.

5.3.2 Das Kommando PEARSON CORR

Will man für eine große Anzahl von intervallskalierten Merkmalen paarweise nur die
Korrelationskoeffizienten r nach Bravais-Pearson (Produktmoment-Korrelation) ermitteln und tabellarisch in Matrixform ausdrucken lassen, so muß man dazu das Kommando PEARSON CORR kodieren, welches die folgende allgemeine Form besitzt:

```
PEARSON CORR    variablenliste1 [WITH variablenliste2]
                [/ variablenliste3 [WITH variablenliste4]]...
```

Aus den Angaben jeder Spezifikationsliste der Form

```
variablenliste1 [WITH variablenliste2]
```

werden Variablenpaare gebildet. Dabei darf jede Variablenliste aus einer[++] oder
mehreren Variablen bestehen, die gegebenenfalls in Form reflexiver Variablenlisten
vereinbart sind.

Für jedes Variablenpaar, welches durch die Spezifikationslisten bestimmt ist, wird
der Korrelationskoeffizient r ermittelt und zusammen mit der Anzahl der gültigen
Cases ausgedruckt.[+++] Zusätzlich wird das zu einem einseitigen Signifikanztest
bzgl. der Nullhypothese H_o (r = o) errechnete Signifikanzniveau protokolliert.

Die jeweiligen Variablenpaare werden aus den Spezifikationslisten in folgender Weise
ermittelt: Ist das Schlüsselwort WITH kodiert, so wird ein Paar aus je einer Variablen der beiden vor und hinter WITH aufgeführten Variablenlisten gebildet. Ohne die
Angabe von WITH werden alle Variablen der einen Variablenliste paarweise miteinander
kombiniert. Die Reihenfolge der Variablen in ihren Variablenlisten bestimmt die Abfolge bei der Druckausgabe der Korrelationskoeffizienten.

So erhalten wir z.B. mit der Kodierung des Kommandos

```
PEARSON CORR    VARo14, VARo16, VARo17
```

+) Zur Erweiterung des Workspace vgl. Abschnitt 6.3.
++) Besteht eine Spezifikationsliste aus nur einer Variablenliste, so müssen minde-
    stens zwei Variablen in dieser Liste aufgeführt sein.
+++) Dabei werden standardmäßig alle diejenigen Cases einbezogen, deren Werte für bei-
     de Merkmale nicht als missing Values vereinbart sind.

die folgenden Informationen ausgedruckt:

```
                 VAR014      VAR016      VAR017

     VAR014      1.0000      0.4678      0.5927
                (     0)    (   250)    (   250)
                P=*****     P=0.000     P=0.000  ←── das Signifikanzniveau ist
                                                     kleiner als o.ool
     VAR016      0.4678      1.0000      0.4927
                (   250)    (     0)    (   250)
                P=0.000     P=*****     P=0.000

     VAR017      0.5927      0.4927      1.0000
                (   250)    (   250)    (     0)
                P=0.000     P=0.000     P=*****  ←── die Korrelation einer Variablen
                                                     mit sich selbst ist bedeutungslos
```

Auf die Art der Druckausgabe und die Auswertung der Korrelationskoeffizienten und der
zugehörigen Signifikanzniveaus kann man durch eine entsprechende Kodierung der nachfolgend aufgeführten Kennzahlen innerhalb eines OPTIONS=Kommandos - im Anschluß an
das PEARSON CORR=Kommando - einwirken:

---

1 : Einschluß von missing Values,

2 : es erfolgt ein listenweiser Ausschluß von Cases mit missing Values (s. S. 145),

3 : das ausgedruckte Signifikanzniveau bezieht sich auf einen zweiseitigen Test zur
    Überprüfung von H_o (r = o) anstelle eines (standardmäßig vorgenommenen) ein-
    seitigen Tests,

4 : ist in einer Spezifikationsliste das Schlüsselwort WITH nicht kodiert, so wer-
    den die ermittelten Korrelationskoeffizienten in Matrixform zeilenweise als
    Datensätze in eine Datei auf der Magnetplatte oder einem Magnetband ausgegeben
    (vgl. 6.8.4),

5 : die Ausgabe des Signifikanzniveaus und der Anzahl der gültigen Cases wird
    unterdrückt und

6 : die Druckausgabe erfolgt nicht in Matrixform sondern die Koeffizienten werden
    reihenweise hintereinander ausgegeben.

Will man neben den Korrelationskoeffizienten auch die Werte der jeweiligen arithmetischen Mittel, der Standardabweichungen, der Kovariationen und Kovarianzen[+)] abrufen,
so muß man die folgenden Kennzahlen in einem STATISTICS=Kommando kodieren:

---

1 : vor der Ausgabe der Korrelationskoeffizienten werden in einer separaten Tabelle
    die arithmetischen Mittel (MEAN) und die Standardabweichungen (STD DEV) ausge-
    druckt und

2 : es erfolgt eine tabellarische Druckausgabe der Kovariationen (CROSS-PROD DEV)
    und der Kovarianzen (VARIANCE-COVAR) aller Variablenpaare.

+) Die Kovariation zwischen X und Y beschreibt die gemeinsame Variation dieser beiden
   Merkmale. Dafür werden für alle Merkmalsausprägungen x und y die Produkte der Ab-
   weichungen $x - \overline{x}$ bzw. $y - \overline{y}$ von den jeweiligen arithmetischen Mitteln $\overline{x}$ und $\overline{y}$ gebildet und anschließend über alle diese Produkte summiert.
   Die Kovarianz ergibt sich aus der Division von Kovariation und der um 1 verminderten Anzahl der Cases.

So erhalten wir z.B. durch die Kommandos

```
PEARSON CORR    VARo14, VARo16 WITH VARo17
STATISTICS      1, 2
```

die folgende Druckausgabe:

```
        VARIABLE        CASES           MEAN            STD DEV

        VARO14          250             5.5080          1.3599
        VARO16          250             6.2680          1.2371
        VARO17          250             5.6520          1.3661


- - - - - - - - - - - P E A R S O N   C O R R E L A T I O N   C O E F F I C I E N T S


        VARO17

VARO14     0.5927
          (  250)
          P=0.000

VARO16     0.4927
          (  250)
          P=0.000


VARIABLES          CASES   CROSS-PROD DEV   VARIANCE-COVAR   VARIABLES          CASES   CROSS-PROD DEV   VARIANCE-COVAR

VARO14   VARO17     250       274.1960           1.1012      VARO16   VARO17     250       207.3160           0.6326
```


5.4 Das Kommando BREAKDOWN

Im Abschnitt 4.5 haben wir dargestellt, wie man das Kommando BREAKDOWN zur vereinfach-
ten Report-Ausgabe für quantitative Merkmale einsetzen kann. An dieser Stelle wollen
wir nachtragen, daß sich mit diesem Kommando auch zusätzlich der Wert des im Abschnitt
5.1.7 beschriebenen Koeffizienten Eta^2 zur Kennzeichnung der statistischen Beziehung
zwischen einem intervallskalierten abhängigen und einem nominalskalierten unabhängigen
Merkmal abrufen läßt.
Dazu muß man hinter dem <u>BREAKDOWN=Kommando</u>, welches die folgende allgemeine Form hat

```
BREAKDOWN       TABLES = variablenliste1 BY variablenliste2 [BY variablenliste3] ...
                [/ variablenliste4 BY variablenliste5 [BY variablenliste6] ...] ...
```

ein STATISTICS=Kommando mit der Kennzahl 1 in der Form

```
STATISTICS      1
```

kodieren.

So erhalten wir z.B. durch die Kommandos

```
BREAKDOWN       TABLES = VARo14 BY VARo17
STATISTICS      1
```

im Anschluß an die Report-Ausgabe den folgenden Ausdruck:

```
********************************************************************
*                                                                 *
*            A N A L Y S I S   O F   V A R I A N C E   Treatment-  *
*                                                      Varianz     *
********************************************************************
*                                                                 *
*  SOURCE              SUM OF SQUARES   D.F.   MEAN SQUARE     F      SIG.  *
*  BETWEEN GROUPS          165.884       8      20.735      16.963  0.0000 *
*  WITHIN GROUPS           294.600      241      1.222                     *
*                                                         F-Wert          *
*               ETA = 0.6002    ETA SQUARED = 0.3602   Fehlervarianz      *
*                                                                 *
********************************************************************
```

$\qquad\qquad\qquad\qquad\qquad\qquad\qquad$ Signifikanzniveau

Varianzanalyse-Tafel

Der Wert von Eta^2 wird mit o.36 protokolliert (vgl. S. 138). Diese Größe, die auf eine
mittelstarke statistische Beziehung hindeutet, wird innerhalb einer Varianzanalyse-
Tafel (ANALYSIS OF VARIANCE) ausgedruckt. Diese Tabelle enthält die erforderlichen
Angaben für einen Signifikanztest zur Überprüfung von teilgruppenspezifischen Mittel-
wertsunterschieden. Dadurch kann man nämlich abtesten, ob die Mittelwerte des abhän-
gigen Merkmals in den durch das unabhängige Merkmal bestimmten Teilgruppen von insgesamt N Merkmalsträgern signifikant voneinander abweichen, d.h. ob die Nullhypothese
H_o (Eta^2 = o) gültig ist.
Zur Durchführung dieses Signifikanztests müssen wir voraussetzen, daß das abhängige
Merkmal in den k Teilgruppen jeweils normalverteilt mit dem Erwartungswert μ_j und der
Varianz $\tilde{6}_j^2$ ist.
Besteht Varianzhomogenität, d.h. sind alle Varianzen gleich, so können wir die Null-
hypothese

$$\boxed{H_o \ (\mu_1 = \mu_2 = \ldots = \mu_k \ )}$$

überprüfen.
Bei vorgegebenem Testniveau α von z.B. 5% lehnen wir H_o dann ab, falls zu dem ermittelten Wert der F-verteilten Teststatistik ein Signifikanzniveau gehört, welches
kleiner als das Testniveau ist.

In unserem Fall erhalten wir - nach Vorgabe von α = 5% - den F-Wert 16.963 und das
zugehörige Signifikanzniveau (SIG) o.oooo[+)], so daß wir H_o ablehnen müssen.

In der Varianzanalyse-Tafel finden wir neben dem F-Wert und dem zugehörigen Signifikanzniveau noch die folgenden Größen protokolliert:
- die gewichtete Variation zwischen den Teilgruppen (SUM OF SQUARES, BETWEEN GROUPS)
  gemäß der Formel

$$\sum_{j=1}^{k} n_j * (\bar{y}_j - \bar{y})^2$$

  (ergibt in unserem Fall den Wert 165.884),
- die Variation innerhalb der Teilgruppen (SUM OF SQUARES, WITHIN GROUPS) gemäß

+) Das Signifikanzniveau ist folglich kleiner als lo^{-4}.

der Formel

$$\sum_{j=1}^{k} \sum_{i=1}^{n_j} (y_{ij} - \overline{y}_j)^2$$

(ergibt in unserem Fall den Wert 294.6oo),

- die jeweilige Anzahl der Freiheitsgrade (D.F.), nämlich k - 1 Freiheitsgrade für
die Variation zwischen den Teilgruppen und N - k Freiheitsgrade für die Variation
innerhalb der Teilgruppen
(in unserem Fall ergeben sich 8 bzw. 241 Freiheitsgrade) und
- die durch die Anzahl der jeweiligen Freiheitsgrade geteilten Variationen (MEAN
SQUARE) in Form der <u>Treatment-Varianz</u>

$$(1 / (k - 1)) * \sum_{j=1}^{k} n_j * (\overline{y}_j - \overline{y})^2$$

und der <u>Fehlervarianz</u>

$$(1 / (N - k)) * \sum_{j=1}^{k} \sum_{i=1}^{n_j} (y_{ij} - \overline{y}_j)^2$$

(in unserem Fall ergeben sich die Werte 2o.735 bzw. 1.222).

Aus diesen Größen errechnet sich der F-Wert als Quotient von Treatment- und Fehlervarianz, so daß die Nullhypothese H_o immer dann beibehalten wird, falls dieser Quotient nicht viel größer als 1 ist.
Überwiegt jedoch die Treatment-Varianz die Fehlervarianz stark, so spricht alles
dafür, daß teilgruppenspezifische Unterschiede in den Mittelwerten vorliegen und
demzufolge H_o nicht vertretbar ist.

Linearitäts-Test

Hat sich - wie in unserem Beispiel - durch den Signifikanztest gezeigt, daß die Nullhypothese H_o der Gleichheit der Mittelwerte in den Teilgruppen abgelehnt werden muß,
so stellt sich die Frage, ob evtl. ein linearer Trend vorliegt.[+]
Diese Fragestellung kann man ebenfalls mit Hilfe des BREAKDOWN=Kommandos untersuchen.
Dazu muß man in einem nachfolgenden STATISTICS=Kommando die Kennzahl 2 in Form von

STATISTICS   2

kodieren. Als Resultat erhält man die Varianzanalyse -Tafel mit Zusatzinformationen
für einen sog. <u>Linearitäts-Test.</u>

In dieser Tabelle ist neben dem Wert von Eta^2 auch der Wert von r^2 eingetragen.
Aus Abschnitt 5.1.7 wissen wir, daß die Differenz $Eta^2 - r^2$ ein Maß für die Kurvilinearität der Beziehung zweier Merkmale ist.
Ist diese Differenz größer als o, so stellt sich die Frage, ob dies ein Indikator für
eine bestehende Kurvilinearität in der Grundgesamtheit ist.
Dazu wird die durch die Regressionsgerade nicht erklärte Variation der Gruppenmittelwerte (SUM OF SQUARES, DEV FROM LINEARITY) in der Form

---

+) In diesem Fall muß auch das unabhängige Merkmal intervallskaliert sein.

$$\sum_{j=1}^{k} n_j * (y_j' - \overline{y}_j)^2$$

durch die Anzahl der Freiheitsgrade k - 2 geteilt und dieser Quotient wiederum zur Fehlervarianz

$$(1 / (N - k)) * \sum_{j=1}^{k} \sum_{i=1}^{n_j} (y_{ij} - \overline{y}_j)^2$$

in Beziehung gesetzt.

Das Ergebnis dieser Division ergibt den F-Wert für den Signifikanztest.

Ist H_0 erfüllt, d.h. liegt eine Linearität in der Grundgesamtheit vor, so ist dieser F-Wert hinreichend klein.

Die Signifikanz dieses F-Wertes wird mit Hilfe des protokollierten Signifikanzniveaus (SIG) überprüft, indem diese Größe mit dem vorgegebenen Testniveau von z.B. α = 5% verglichen wird.

In unserem Fall erhalten wir durch die Kommandos

```
BREAKDOWN        TABLES = VARo14 BY VARo17
STATISTICS       2
```

für den Linearitäts-Test die folgende Druckausgabe:

```
************************************************************
*                                                          *
*   SOURCE              SUM OF SQUARES   D.F.   MEAN SQUARE          F      SIG.   *
*                                                          *
*   BETWEEN GROUPS         165.884        8       20.735      16.963  0.0000  *
*                                                          *
*     LINEARITY            161.781        1      161.781     132.346  0.0000  *
*     DEV. FROM LINEARITY    4.103        7        0.586       0.479  0.8490  *
*                                                          *
*                      R   = 0.5927   R SQUARED   = 0.3513                    *
*                                                                   F-Wert    *
*   WITHIN GROUPS           294.600      241        1.222                     *
*   durch Regression                                                         *
*   erklärte Variation  ETA = 0.6002   ETA SQUARED = 0.36C2                   *
************************************************************
```

Dieser Tabelle entnehmen wir den F-Wert o.479 und das zugehörige Signifikanzniveau o.849o, so daß wir H_0 auf dem Testniveau von α = 5% beibehalten. Dadurch wird unterstrichen, daß o.089 als Wert der Differenz von Eta^2 und r^2 kein ausreichender Indikator für eine bestehende Kurvilinearität zwischen VARo14 und VARo17 ist.

Abschließend merken wir an, daß sich die durch die Regression erklärte Variation (SUM OF SQUARES, LINEARITY)

$$\sum_{j=1}^{k} \sum_{i=1}^{n_j} (y_{ij} - \overline{y})^2 - \sum_{j=1}^{k} \sum_{i=1}^{n_j} (y_{ij} - y_j')^2$$

als Differenz der gewichteten Variation zwischen den Teilgruppen (SUM OF SQUARES, BETWEEN GROUPS; vgl. S. 152) und der durch die Regressionsgeraden nicht erklärten Variation der Gruppenmittelwerte (SUM OF SQUARES, DEV. FROM LINEARITY; s.o.) ergibt.

5.5 Das Kommando T-TEST

Im vorigen Abschnitt haben wir beschrieben, wie man mit Hilfe des Kommandos BREAKDOWN
abtesten kann, ob die Mittelwerte eines abhängigen intervallskalierten Merkmals in
den durch ein unabhängiges Merkmal bestimmten Teilgruppen signifikant voneinander
abweichen. Die in der angegebenen Varianzanalyse-Tafel enthaltenen Entscheidungskri-
terien für einen entsprechenden Signifikanztest (F-Wert und Signifikanzniveau)
können u.a. jedoch nur dann sinnvoll interpretiert werden, wenn die Varianzhomogenität vorausgesetzt werden kann.

Der T-Test

Für den Spezialfall zweier Teilgruppen kann man mit Hilfe des Kommandos T-TEST einen
Test auf Varianzhomogenität durchführen.[+] Dabei werden zusätzlich die Ergebnisse
eines T-Tests, d.h. eines Signifikanztests auf Mittelwertunterschiede sowohl für den
Fall der Varianzhomogenität als auch für den Fall unterschiedlicher Varianzen (Varianz·
heterogenität) errechnet und tabellarisch ausgedruckt.
Dazu muß das Kommando T-TEST in der folgenden Form kodiert werden:

T-TEST   GROUPS = gruppenspezifikation / VARIABLES = variablenliste

Die Variablenliste darf aus einer oder mehreren Variablen bestehen, die gegebenenfalls
in Form reflexiver Variablenlisten vereinbart sind. Für jede Variable werden die Ergebnisse des Varianzhomogenitäts-Tests und der beiden T-Tests ausgegeben, welche
jeweils als zweiseitige Tests durchgeführt werden.

Die Festlegung der beiden Teilgruppen erfolgt durch die Gruppenspezifikation mit dem
Subkommando GROUPS, für welches die folgenden drei Formen möglich sind:

GROUPS = variablenname1 (wert1) │ variablenname2 (wert2, wert3) │ n1, n2

Mit der zuerst aufgeführten Angabe ist die erste Teilgruppe dadurch bestimmt, daß die
Variable "variablenname1" den Wert "wert1" oder einen größeren Wert annimmt. Die
zweite Teilgruppe besteht aus allen anderen Cases des SPSS-files.

Bei der zweiten Alternative setzt sich die erste Teilgruppe aus den Cases zusammen,
für die "variablenname2" den Wert "wert2" annimmt, und die zweite Teilgruppe enthält
diejenigen Cases, für die "variablenname2" den Wert "wert3" annimmt.

Bei der dritten Möglichkeit setzt sich die erste Teilgruppe aus den ersten "n1" Cases
des SPSS-files zusammen, und die zweite Teilgruppe enthält die nachfolgenden "n2"
Cases.

Wollen wir z.B. überprüfen, ob sich in unserer Untersuchung Schüler und Schülerinnen
im Hinblick auf die Mittelwerte des Merkmals "Schulleistung" (VARo14)[++] signifikant
unterscheiden,so kodieren wir

[+] Bei mehr als zwei Teilgruppen muß man das SPSS-Kommando ONEWAY einsetzen.
[++] Wir verwenden die Variable VARo14 hier nur zur Demonstration (vgl. 1.5).

```
| T-TEST          GROUPS = VARoo2 ( 1, 2 ) / VARIABLES = VARo14 |
```

und erhalten das Resultat:[+)]

```
- - - - - - - - - - - - - - - - - - - - - - - - t - t e s t - - - - - - - - - - - - - - - - - - - - - - -

GROUP 1 - VAR002    EQ        1.
GROUP 2 - VAR002    EQ        2.
                                                        POOLED VARIANCE ESTIMATE   SEPARATE VARIANCE ESTIMATE

VARIABLE          NUMBER              STANDARD    STANDARD      F    2-TAIL      T    DEGREES OF 2-TAIL      T    DEGREES OF 2-TAIL
                  OF CASES   MEAN     DEVIATION   ERROR       VALUE  PROB.     VALUE  FREEDOM    PROB.     VALUE  FREEDOM    PROB.
-----------------------------------------------------------------------------------------------------------------------------
VARO14
     GROUP 1      125       5.4560    1.440       0.129
                                                            1.27   0.189    -0.60    248       0.547    -0.60    244.60    0.547
     GROUP 2      125       5.5600    1.279       0.114
-----------------------------------------------------------------------------------------------------------------------------
```

Haben wir uns z.B. das Testniveau von 5% vorgegeben, so behalten wir daraufhin die
Nullhypothese der Varianzhomogenität von VARo14 in beiden Teilgruppen auf dem ermittelten Signifikanzniveau von 18.9% bei.

Mit diesem Resultat führen wir nun einen zweiseitigen T-Test unter der Voraussetzung
der Varianzhomogenität durch, und daher müssen wir die Testergebnisse dem ersten
Tabellenteil mit der Überschrift "POOLED VARIANCE ESTIMATE" entnehmen. Der ermittelte
Wert der t-verteilten Teststatistik beträgt -o.6o (T-VALUE), und das zugehörige Sig-
nifikanzniveau (2-TAIL PROB.) der t-Verteilung mit 248 Freiheitsgraden (DEGREES OF
FREEDOM) errechnet sich zu 54.7%.

Wir behalten die Nullhypothese der Mittelwertsgleichheit folglich bei und stellen
somit keine signifikanten Mittelwertsunterschiede beim Merkmal "Schulleistung"
zwischen den Schülern und Schülerinnen fest.

Hätten wir in dem o.a. Ausdruck beim Test auf Varianzhomogenität ein signifikantes
Ergebnis erhalten, so hätten wir den Mittelwertsvergleich mit den Werten des zweiten
Tabellenteils mit der Überschrift "SEPARATE VARIANCE ESTIMATE" durchführen müssen.

T-Test für abhängige Stichproben

Charakteristisch für unser bisheriges Vorgehen war es, daß wir ein Merkmal innerhalb
zweier unterschiedlicher Stichproben studiert haben. In den vorausgehenden Abschnitten
haben wir dargestellt, wie man mit Hilfe der Kommandos CROSSTABS, SCATTERGRAM und
PEARSON CORR Aussagen über die statistische Abhängigkeit bzw. Unabhängigkeit je zweier
intervallskalierter (normalverteilter) Merkmale erhalten kann. Insbesondere stellt
sich i. allg. die Frage, ob bei statistischer Abhängigkeit bzw. Unabhängigkeit auch
Mittelwertsunterschiede vorliegen oder nicht. Insofern ist es von Interesse, die
Beziehung der Mittelwerte zweier Merkmale bzgl. einer einzigen Stichprobe zu untersuchen. Einen derartigen Test nennt man einen T-Test für abhängige (verbundene) Stich-

---

+) Die zugehörigen Signifikanzniveaus für einseitige Tests erhält man, indem man die
   jeweils angegebenen Signifikanzniveaus durch 2 teilt.
   Bei der Durchführung eines einseitigen Tests muß man auf das Vorzeichen des t-Werts
   achten, weil dadurch die Richtung der Hypothese gestützt oder bereits widerlegt
   wird.

proben (paired sample t-test, correlated t-test)[+] im Gegensatz zu dem von uns bisher durchgeführten sog. T-Test für unabhängige Stichproben (independent sample t-test). Dieser Test kann in der folgenden Form mit dem Kommando T-TEST abgerufen werden:

```
T-TEST          PAIRS = variablenliste1 [WITH variablenliste2]
```

Aus den Angaben der Spezifikationsliste

```
variablenliste1 [WITH variablenliste2]
```

werden Variablenpaare gebildet. Dabei darf jede Variablenliste aus einer[++] oder mehreren Variablen bestehen, die gegebenenfalls in Form reflexiver Variablenlisten vereinbart sind. Für jedes Variablenpaar, welches durch die Spezifikationsliste bestimmt ist, wird ein T-Test für abhängige Stichproben durchgeführt.
Ist das Schlüsselwort WITH in der Spezifikationsliste kodiert, so wird ein Paar aus je einer Variablen der beiden vor und hinter WITH aufgeführten Variablenlisten gebildet, und ohne Angabe von WITH werden alle Variablen der einen Variablenliste paarweise miteinander kombiniert. Die Position der Variablen in ihren Listen bestimmt die Reihenfolge, in der die T-Tests ausgeführt werden.

Wollen wir z.B. den Mittelwertsunterschied der Merkmale "Begabung" (VARo16) und "Lehrerurteil" (VARo17) in der Gruppe aller Befragten - d.h. genauer: in der Grundgesamtheit, aus der die Gruppe der Befragten eine Zufallsstichprobe darstellt - untersuchen, so können wir das Kommando

```
T-TEST          PAIRS = VARo16, VARo17
```

oder auch

```
T-TEST          PAIRS = VARo16 WITH VARo17
```

kodieren. Als Ergebnis erhalten wir die folgende Druckausgabe:

```
- - - - - - - - - - - - - - - - - - - - - - - T - T E S T - - - - - - - - - - - - - - - - - - - - - - - -
```

VARIABLE	NUMBER OF CASES	MEAN	STANDARD DEVIATION	STANDARD ERROR	(DIFFERENCE) MEAN	STANDARD DEVIATION	STANDARD ERROR	CORR.	2-TAIL PROB.	T VALUE	DEGREES OF FREEDOM	2-TAIL PROB.
VARo16 BEGABUNG												
		6.2680	1.237	0.078								
	250				0.6160	1.316	0.083	0.493	0.000	7.40	249	0.000
		5.6520	1.366	0.086								
VARo17 LEHRERURTEIL												

Bei einem vorgegebenen Testniveau von 5% lehnen wir die Nullhypothese, daß sich die

---

+) Bei diesem Test sind die Voraussetzungen vergleichsweise schwächer, da nur noch gefordert wird, daß die Differenz beider Merkmale normalverteilt sein sollte. Zusätzlich ist hervorzuheben, daß die Fehlervariation - sie beeinflußt den Wert der Teststatistik - i. allg. reduziert wird, da die Variation zweier Merkmale innerhalb eines Merkmalsträgers i. allg. kleiner ist als diejenige zwischen zwei Merkmalsträgern bzgl. eines Merkmals.
++) Besteht die Spezifikationsliste nur aus einer Variablenliste, so müssen in ihr mindestens zwei Variablen aufgeführt sein.

beiden Merkmale im Mittelwert nicht signifikant voneinander unterscheiden, auf einem
Signifikanzniveau von weniger als o.oo1% ab. Dieses Ergebnis ist im letzten Tabellenteil protokolliert.

Davor sind die Ergebnisse eines Korrelations-Tests auf statistische Unabhängigkeit
eingetragen.[+] Wir schließen hier (vgl. S. 15o), daß die Nullhypothese der statistischen Unabhängigkeit auf einem Signifikanzniveau von höchstens o.oo1% abzulehnen ist,
wobei die Stärke der Korrelation in der Stichprobe durch den Korrelationskoeffizienten r von Bravais-Pearson mit dem Wert r = o.493 beschrieben wird.

<u>Das Kommando T-TEST</u>

Neben den o.a. Möglichkeiten zum getrennten Aufruf der T-Tests darf man mit dem Kommando T-TEST den Aufruf von T-Tests für unabhängige und für abhängige Stichproben
auch kombinieren, so daß sich die allgemeine Form des T-TEST=Kommandos folgendermaßen
darstellt:

```
T-TEST        GROUPS = gruppenspezifikation1 / VARIABLES = variablenliste1

             |PAIRS = variablenliste2 [WITH variablenliste3]
             |GROUPS = gruppenspezifikation2 / VARIABLES = variablenliste4 /
              PAIRS = variablenliste5 [WITH variablenliste6]
```

Auf die Art der Druckausgabe und die Art der Behandlung von missing Values[++] kann
man durch eine entsprechende Kodierung der nachfolgend aufgeführten Kennzahlen innerhalb eines OPTIONS=Kommandos - im Anschluß an das T-TEST=Kommando - einwirken:

```
1 : Einschluß von missing Values,
2 : es erfolgt ein listenweiser Ausschluß von Cases mit missing Values, d.h. es
    wird ein Case dann von der Auswertung ausgeschlossen, falls er für irgendeine
    Variable, die im Subkommando VARIABLES bzw. PAIRS aufgeführt ist, einen als
    missing Value vereinbarten Wert enthält und
3 : die durch das Kommando VAR LABELS vereinbarten Variablenetiketten werden nicht
    ausgedruckt.
```

+) Ergibt sich eine negative Beziehung, so sollte man sorgsam überlegen, ob das
   Ergebnis des T-Tests überhaupt sinnvoll ausgewertet werden kann.
++) Standardmäßig werden alle diejenigen Cases in die Analyse einbezogen, deren Werte
   für das betreffende Merkmal (T-Test für unabhängige Stichproben) bzw. für die
   beiden beteiligten Merkmale (T-Test für abhängige Stichproben) nicht als missing
   Values vereinbart sind.

6. Ablaufsteuerung und Ein-/Ausgabe von Daten

6.1 Steuerung der Eingabe und der Verarbeitungsform von SPSS-Programmen

6.1.1 Veränderung der Länge des Spezifikationsfeldes von SPSS-Kommandos (NUMBERED)

Standardmäßig werden die Spezifikationen eines SPSS-Kommandos im Spezifikationsfeld
(vgl. 2.4) von Spalte 16 bis Spalte 8o eingetragen. Will man diesen Bereich verkürzen,
so daß nur noch die Eintragungen im Bereich von Spalte 16 bis Spalte 72 gelesen und
eine evtl. nachfolgende Numerierung bzw. Kennung im Spaltenbereich 73 - 8o ausgeblen-
det wird, so muß man das Kommando NUMBERED (numeriert) in der Form

```
NUMBERED        YES
```

als erstes Kommando des SPSS-Programms kodieren.[+)]

6.1.2 Überprüfung der Korrektheit eines SPSS-Programms (EDIT)

Das SPSS-System bearbeitet die Kommandos eines SPSS-Programms in der Abfolge ihrer
Kodierung. Nachdem festgestellt ist, daß ein Kommando fehlerfrei ist[++)], wird dieses
Kommando sofort ausgeführt - unabhängig davon, ob die nachfolgenden Kommandos ord-
nungsgemäß angegeben sind.
Ist ein Kommando falsch plaziert oder enthält es fehlerhafte Angaben, so wird dieses
Kommando protokolliert und anschließend der Text "PROCESSING CEASES, ERROR SCAN
CONTINUES" und eine entsprechende Fehlernummer ausgegeben, deren zugehöriger Fehlertext am Ende des Programmlaufs ausgedruckt wird. Alle nachfolgenden Kommandos werden
nicht mehr ausgeführt - auch wenn sie korrekt sind - sondern es wird nur noch überprüft, ob die Angaben in den einzelnen Kommandos ordnungsgemäß sind. Werden dabei
weitere Fehler festgestellt, so erfolgen erneute Fehleranalysen mit entsprechenden
Textausgaben. Sind in einem Kommando mehrere Fehler enthalten, so wird nur der erste
erkannte Fehler gemeldet und analysiert. Die Überprüfung der Kommandos wird abgebrochen, falls bereits 4o Fehler diagnostiziert worden sind.
Um Rechenzeit zu sparen, sollte man sich vor der Ausführung größerer SPSS-Programme
vergewissern, daß alle Kommandos korrekt sind. Dies kann man durch einen Testlauf mit
dem Kommando EDIT (redigiere) überprüfen, wobei man dieses Kommando in der Form

```
EDIT
```

als erstes Kommando eines SPSS-Programms aufführen muß.[+)]
Ist in dem zu analysierenden SPSS-Programm das Kommando READ INPUT DATA mit nachfolgenden Datenkarten enthalten, so sind für diesen Testlauf alle Datenkarten zu entfernen, da sie für die Überprüfung nicht benötigt werden. Dies ist nicht nur sinnvoll,
weil die Dateneingabe ein i. allg. zeitintensiver Vorgang ist, sondern auch verbind-
lich vorgeschrieben.

+) Zur Stellung der einzelnen Kommandos im SPSS-Programm vgl. Anhang A.1.
++) Es kann z.B. ein Ablochfehler oder orthographischer Fehler oder aber ein falscher
    Aufbau eines Kommandos (Syntaxfehler) vorliegen.

Wird während des Testlaufs mit dem Kommando EDIT ein Fehler festgestellt, so erfolgt
die Ausgabe einer Fehlernummer, welche die Fehlerart beschreibt und deren zugehöriger
Fehlertext am Programmende ausgedruckt wird. Nach der Fehlerkorrektur sollte man einen
erneuten Testlauf durchführen und den Produktionslauf erst dann starten, wenn das
SPSS-Programm dabei als fehlerfrei erkannt ist.

6.2 Dateneingabe (VARIABLE LIST, INPUT FORMAT)

Die auszuwertenden Daten haben wir bislang stets mit Hilfe des Kommandos DATA LIST in
das SPSS-file übertragen (vgl. 3.1). Darüberhinaus gibt es die Möglichkeit, die Eingabe von Daten mit den Kommandos VARIABLE LIST (Variablenliste) und INPUT FORMAT
(Eingabeformat) vorzunehmen.

So kann man z.B. das Kommando

```
DATA LIST        FIXED VARoo6 5 - 6, VARoo7 7, VARo1o 1o, VARo14 14
```

durch die folgenden Angaben ersetzen:

```
VARIABLE LIST   VARoo6, VARoo7, VARo1o, VARo14
INPUT FORMAT    FIXED ( 4X, F2.o, F1.o, 2X, F1.o, 3X, F1.o )
```

Dabei werden im Kommando VARIABLE LIST, welches die allgemeine Form

```
VARIABLE LIST   variablenliste
```

besitzt, die Namen der Variablen aufgeführt, aus denen das SPSS-file gebildet werden
soll. Die zu den einzelnen Variablen gehörigen Spaltenbereichsangaben, welche im DATA
LIST=Kommando direkt hinter dem Variablennamen kodiert werden, sind im INPUT FORMAT=
Kommando im Rahmen einer Formatliste anzugeben. Diese Liste wird durch die Klammern
"(" und ")" eingeschlossen und hinter dem Schlüsselwort FIXED in der Form

```
INPUT FORMAT    FIXED ( formatliste )
```

kodiert. Die in der Formatliste aufgeführten Formatelemente werden jeweils durch ein
Komma voneinander abgegrenzt.

Das erste Formatelement "4X" der o.a. Formatliste der Form

```
4X, F2.o, F1.o, 2X, F1.o, 3X, F1.o
```

legt fest, daß beim eingelesenen Datensatz (Datenkarte) zunächst 4 Spalten überlesen
werden sollen. Danach ist der Inhalt der beiden nachfolgenden Spalten 5 und 6 als
ganzzahliger Wert ohne Nachkommastellen zu interpretieren - dies wird durch das nachfolgende Formatelement "F2.o" gefordert - und der ersten Variablen (VARoo6) zuzuordnen. Direkt anschließend - auf "F2.o" folgt das Formatelement "F1.o" - wird der Inhalt
der nächsten Spalte als ganzzahliger Wert interpretiert und der zweiten Variablen
(VARoo7) zugewiesen. Durch das nachfolgende Formatelement "2X" wird wieder festgelegt,
daß die nächsten zwei Spalten zu überlesen sind, damit - wegen "F1.o" - der Inhalt der

darauffolgenden Spalte als ganzzahliger Wert in die nächste Variable (VARo1o) eingetragen werden kann. Mit dem durch "3X" geforderten Überlesen der nächsten 3 Spalten
wird auf die Spalte 14 positioniert und der dortige Inhalt - wegen "F1.o" - ganzzahlig
an die letzte Variable (VARo14) übertragen.
Damit ist die Formatliste abgearbeitet, und es sind dem betreffenden Case seine 4
Variablenwerte zugeordnet worden. Anschließend wird der nächste Datensatz eingelesen
und die Zuweisung für den nächsten Case nach dem gleichen Verfahren durchgeführt.

Allgemein legt die ganze Zahl vor dem Formatelement "X" fest, wieviele Spalten zu
überlesen sind.
Mit dem Formatelement "Fm.n" wird beschrieben, daß der Inhalt der nachfolgenden m
Spalten an die nächste Variable zu übertragen ist, wobei die Ziffern der letzten n
Spalten als Nachkommastellen zu interpretieren sind.[+] Bei der Eingabe ganzzahliger
Werte muß man für n demnach den Wert o eintragen.
Ist die Anzahl mehrerer aufeinanderfolgender Formatelemente "Fm.n" mit gleichen Angaben
für m und n gleich der Zahl r, so darf man abkürzend auch "rFm.n" schreiben.

Demzufolge kann man etwa das Kommando

```
DATA LIST        FIXED VARoo1, VARoo2 1 - 2, VARoo6 5 - 6, VARo18 TO VARo32 18 - 32
```

durch die folgenden Angaben ersetzen:

```
VARIABLE LIST  VARoo1, VARoo2, VARoo6, VARo18 TO VARo32
INPUT FORMAT   FIXED ( 2F1.o, 2X, F2.o, 11X, 15F1.o )
```

Zur Eingabe von (bis zu 4 Zeichen langen) Texten muß man das Formatelement "Am" verwenden, wobei m die Anzahl der einzulesenden Zeichen festlegt.

Somit kann man z.B. anstelle von

```
DATA LIST        FIXED VARoo1 1, VARoo2 2 ( A )
```

die folgenden Kommandos schreiben:

```
VARIABLE LIST  VARoo1, VARoo2
INPUT FORMAT   FIXED ( F1.o, A1 )
```

Sind mehrere Datensätze für einen Case vorhanden, so muß man die Positionierung auf
den nächsten Datensatz durch das Formatelement "/" beschreiben.

So legt etwa die Formatliste

```
F1.o, /, F1.o
```

fest, daß der Inhalt der ersten Spalte in dem ersten Datensatz der ersten Variablen
und der Inhalt der ersten Spalte in dem zweiten Datensatz der zweiten Variablen zugewiesen werden soll.

+) Ist der einzulesende Wert mit einem Dezimalpunkt abgelocht, so hat der für n angegebene Wert keine Bedeutung.

6.3 Veränderung der Größe des Workspace (ALLOCATE)

Der für den Lauf des SPSS-Systems benötigte Speicherplatz im Hauptspeicher der Datenverarbeitungsanlage gliedert sich in den Bereich für die Befehle des Programmsystems
und in den Datenspeicher, welcher unterteilt ist
- in den Workspace (Arbeitsspeicher), d.h. in den Speicherbereich für die Daten und
  Zwischenergebnisse zur Ausführung einer Datenanalyse sowie
- in den Transpace, d.h. in den Zwischenspeicher für die temporären und permanenten
  Veränderungen, aufgerufen durch z.B. COMPUTE, RECODE, *COMPUTE oder *RECODE.

Die standardmäßige Aufteilung des gesamten Datenspeichers wird mit 7/8 Anteil
Workspace und 1/8 Anteil Transpace vorgenommen.

Sind etwa 1ooK Bytes (kurz: 1ooKB) für den gesamten Datenspeicher zur Verfügung gestellt[+)], so besteht der Transpace folglich aus 128oo Bytes. Für wieviele Operationen
dieser Speicherbereich ausreicht, wird zu Beginn des Ablaufprotokolls (vgl. S. 23)
hinter den Angaben zur aktuellen SPSS-Literatur ausgegeben. Diesem Protokoll entnehmen wir, daß sich bei 1ooKB für den Datenspeicher maximal 128 COMPUTE=Kommandos oder
512 RECODE=Kommandos oder bis zu 2o48 arithmetische Operationen in COMPUTE=Kommandos
durchführen lassen.

Während der Ausführung eines SPSS-Programms werden für jede Aufgabenstellung Angaben
über den bereitgestellten Workspace gemacht, und es wird der im Rahmen einer Aufgabenstellung tatsächlich benutzte Transpace im Ablaufprotokoll ausgedruckt.

Will man den Transpace-Anteil zugunsten oder zuungunsten des Workspace verändern,
weil z.B. wenige oder sehr viele Datentransformationen durchzuführen sind, so muß
man die Anzahl der für den Transpace benötigten Bytes durch das Kommando ALLOCATE
(weise zu) in der Form

```
ALLOCATE        TRANSPACE = anzahl der bytes
```

vor den betreffenden Datentransformationen angeben. Jeder derartige Eingriff in die
Aufteilung des Datenspeichers wirkt bis zum nächsten ALLOCATE=Kommando.

Wollen wir z.B. den Speicheranteil von Workspace und Transpace vertauschen, so müssen
wir (bei 1ooKB bereitgestelltem Datenspeicher) das Kommando ALLOCATE in der Form

```
ALLOCATE        TRANSPACE = 896oo
```

kodieren.

+) Die Anzahl der standardmäßig für den Datenspeicher bereitgestellten Bytes ist
   installationsabhängig und wird durch die Angaben der SPSS-Karten-Prozedur SPSS
   festgelegt (vgl. Anhang A.4).
   Dabei können in einem Byte genau ein Zeichen und in 1ooKB folglich 1oo * 1024
   = 1o24oo Zeichen abgespeichert werden.

6.4 Modifikation des SPSS-files

Im Abschnitt 3.7 haben wir gelernt, wie man mit den Kommandos COMPUTE und RECODE
bzw. deren temporären Formen *COMPUTE und *RECODE das SPSS-file verändern kann. Wir
erweitern nun unsere Kenntnisse, indem wir die Darstellung dieser Kommandos vertiefen
und weitere Kommandos zur Veränderung eines SPSS-files kennenlernen.

6.4.1 Die Kommandos COMPUTE und *COMPUTE

Mit dem <u>COMPUTE=Kommando</u> in der Form[+)]

COMPUTE   variablenname = arithmetischer ausdruck

kann man permanent, d.h. für den gesamten Programmlauf der <u>numerischen</u> Variablen,
deren Name auf der linken Seite des Gleichheitszeichens "=" kodiert ist, Werte zuweisen, deren Berechnung rechts vom Gleichheitszeichen beschrieben ist.
Will man diese Wertzuweisung nur temporär, d.h. nur für die unmittelbar nachfolgende
Aufgabenstellung vornehmen, so muß man das Kommando <u>*COMPUTE</u> in der Form

*COMPUTE   variablenname = arithmetischer ausdruck

kodieren.
Ist die aufgeführte Ergebnisvariable im SPSS-file enthalten, so werden ihre alten
Werte permanent (bei COMPUTE) bzw. temporär (bei *COMPUTE) überschrieben.
Ist die Ergebnisvariable noch nicht Bestandteil des SPSS-files, so wird sie permanent
bzw. temporär in das SPSS-file eingespeichert und caseweise mit den errechneten Wer-
ten gefüllt.

Spezialfälle von arithmetischen Ausdrücken haben wir früher schon in Form von

COMPUTE   VARo14R = VARo14

bzw.

COMPUTE   DUMMY = 1

kennengelernt.
Arithmetische Ausdrücke bestehen i. allg. nicht nur aus Variablen (hier: VARo14) oder
Konstanten (hier: 1), sondern aus beliebigen Kombinationen dieser Größen, welche
paarweise durch arithmetische Operatoren verknüpft sind.
Als arithmetische Operatoren sind dabei zugelassen:

Operator	Operation
+	Addition
-	Subtraktion
*	Multiplikation
/	Division
**	Potenzierung

+) In einem arithmetischen Ausdruck dürfen keine alphanumerischen Variablen auftreten.

Die Berechnung eines arithmetischen Ausdrucks erfolgt nach der bekannten Regel
"Punktrechnung geht vor Strichrechnung". Diese Vorschrift wird allein durch das
(geläufige) Setzen von Klammern beeinflußt.

Wollen wir in unserer Untersuchung z.B. einen Indikator für die Einschätzung der
Fähigkeiten der Lehrer und der Schule ermitteln, so können wir durch

```
COMPUTE          INDIKLS = VARo21 + VARo23 + VARo29
```

die jeweiligen Werte der Variablen VARo21, VARo23 und VARo29 caseweise summieren und
die Summe dem jeweiligen Case als Wert der Variablen INDIKLS zuordnen.

Als Elemente von arithmetischen Ausdrücken dürfen auch <u>Funktionsaufrufe</u> der Form

```
funktionsname ( variablenname )
```

mit den folgenden Funktionsnamen auftreten:

```
SQRT   :  positive Quadratwurzel
LN     :  natürlicher Logarithmus ( zur Basis e )
LG1o   :  dekadischer Logarithmus ( zur Basis 1o )
EXP    :  Exponentialfunktion
SIN    :  Sinusfunktion
COS    :  Cosinusfunktion
ATAN   :  Arcustangensfunktion
RND    :  Rundung zur ganzen Zahl
ABS    :  Absolutbetrag
TRUNC  :  Abschneiden der Nachkommastellen
MOD1o  :  ganzzahliger Rest bei ganzzahliger Division
```

Ferner sind auch die folgenden Funktionsaufrufe erlaubt:

```
NORMAL ( sd )       : ergibt die Realisierung einer N ( o, sd ) - verteilten
                      Zufallsvariablen
UNIFORM ( n )       : ergibt die Realisierung einer gleichverteilten Zufalls-
                      variablen im offenen Intervall von o bis n
YRMODA ( j, m, t ) : ermittelt aus der Jahresangabe "j", dem Monatswert "m"
                      und der Tagesangabe "t" eine Tagesordnungsnummer, wobei dem
                      15.1o.1582 (Einführung des Gregorianischen Kalenders) die
                      Ordnungsnummer 1 zugewiesen ist.
```

6.4.2 Die Kommandos RECODE und *RECODE

Mit dem RECODE=Kommando (vgl. 3.7) in der Form

```
RECODE          variablenliste ( werteliste1 = wert-neu1 )
                [ ( werteliste2 = wert-neu2 ) ] ...
```

kann man permanent die Werte einer oder mehrerer numerischer oder alphanumerischer
Variablen, welche in der Variablenliste aufgeführt sind, durch die angegebenen Rekodierungsvorschriften verändern.

Will man diese Rekodierungen nur temporär vornehmen, so muß man das *RECODE=Kommando

```
*RECODE         variablenliste ( werteliste1 = wert-neu1 )
                [ ( werteliste2 = wert-neu2 ) ] ...
```

kodieren.

Dabei wird für jede Variable, welche explizit oder implizit in Form einer reflexiven
Variablenliste aufgeführt ist, und für jeden Case untersucht, ob der jeweilige Wert
in einer der angegebenen Wertelisten enthalten ist. Dieser Suchvorgang wird caseweise
mit der zuerst angegebenen Werteliste begonnen und in der Reihenfolge der Kodierung
dieser Listen solange fortgesetzt, bis eine Übereinstimmung gefunden ist. In diesem
Fall wird der angegebene neue Wert der betreffenden Variablen zugewiesen.
Wird keine Übereinstimmung festgestellt, so bleibt der alte Wert erhalten.

Welche Arten von Wertelisten in den einzelnen Rekodierungsvorschriften angegeben werden dürfen, haben wir im Abschnitt 3.7 ausführlich dargestellt (vgl. S. 41ff).

So wird z.B. durch das Kommando

```
RECODE          VARo14, VARo16, VARo17 ( 1 THRU 3 = 1 ), ( 4, 5, 6 = 2 ),
                                       ( 7 THRU HIGHEST = 3 )
```

festgelegt, daß bei den Variablen VARo14, VARo16 und VARo17 die alten Werte zwischen
1 und 3 durch den neuen Wert 1 zu ersetzen sind. Ferner erhalten die Cases mit den
alten Werten 4, 5 und 6 jeweils den neuen Wert 2, und von 7 an aufwärts sind die
alten Werte durch den neuen Wert 3 zu ersetzen.

6.4.3 Die Kommandos IF und *IF

In Abhängigkeit von einer Bedingung kann man mit Hilfe des Kommandos IF in der Form[+]

```
IF              ( bedingung ) variablenname = arithmetischer ausdruck
```

permanent, d.h. für den gesamten Programmlauf der numerischen Variablen, deren Name
auf der linken Seite des Gleichheitszeichens "=" kodiert ist, Werte zuweisen, deren
Berechnung durch den arithmetischen Ausdruck rechts vom Gleichheitszeichen festgelegt
ist. Will man diese Wertzuweisung nur temporär, d.h. für die unmittelbar folgende

---

[+] In einem arithmetischen Ausdruck dürfen keine alphanumerischen Variablen auftreten.

Aufgabenstellung vornehmen, so muß man das *IF=Kommando* in der Form

*IF   (bedingung) variablenname = arithmetischer ausdruck

kodieren. Ist die betreffende Variable im SPSS-file vorhanden, so werden ihre alten
Werte permanent (bei IF) oder temporär (bei *IF) überschrieben. Ist die Variable
jedoch noch nicht im SPSS-file enthalten, so wird sie als weitere Variable permanent
bzw. temporär in das SPSS-file eingetragen und caseweise mit den errechneten Werten
gefüllt.

Welche arithmetischen Ausdrücke man dabei bilden kann, haben wir im Abschnitt 6.6.1
kennengelernt.

Die Wertzuweisung an die Ergebnisvariable wird dabei immer dann für einen Case vorgenommen, wenn die durch die Klammern "(" und ")" eingeschlossene Bedingung wahr ist.
Falls diese Bedingung für einen Case nicht erfüllt ist, so bleibt der alte Wert erhalten oder aber es wird ihr, sofern die Ergebnisvariable noch nicht im SPSS-file
enthalten war, der Wert o zugewiesen.

So können wir z.B. die Kommandos

COMPUTE   VARo14R = VARo14
RECODE   VARo14R (1, 2, 3 = 1), (4, 5, 6 = 2), (7, 8, 9 = 3)

durch die folgenden drei IF=Kommandos ersetzen: [+)]

IF   (VARo14 LE 3) VARo14R = 1
IF   (VARo14 GT 3 AND VARo14 LT 7) VARo14R = 2
IF   (VARo14 GE 7) VARo14R = 3

Durch das erste IF=Kommando wird eine neue Variable namens VARo14R im SPSS-file eingerichtet und caseweise mit dem Wert o besetzt, und es wird allen Cases, welche für
VARo14 einen Wert kleiner oder gleich (LE) 3 besitzen, für VARo14R der Wert 1 zugewiesen. Mit dem zweiten IF=Kommando erhalten alle diejenigen Cases für VARo14R den
Wert 2, für die VARo14 einen Wert besitzt, welcher sowohl größer als (GT) 3 als auch
(AND) kleiner als (LT) 7 ist. Mit dem dritten Kommando wird den Cases der Wert 3 zugewiesen, welche für VARo14 einen Wert größer oder gleich (GE) 7 besitzen.

Die o.a. Bedingungen "VARo14 LE 3" und "VARo14 GE 7" sind Beispiele für einfache
Bedingungen der Form:

arithmetischer-ausdruck1 vergleichsoperator arithmetischer-ausdruck2

wobei die folgenden Operatoren als Vergleichsoperatoren zugelassen sind:

+) Dies ist deswegen möglich, weil VARo14 nur ganzzahlige Werte zwischen 1 und 9
   besitzt.

Vergleichsoperator	Bedeutung
GT	größer als
LT	kleiner als
NE	ungleich
GE	größer oder gleich
LE	kleiner oder gleich
EQ bzw. "="	gleich

Neben diesen einfachen Bedingungen darf man auch <u>zusammengesetzte Bedingungen</u> der Form

```
bedingung1 AND bedingung2      (+)
bedingung3 OR bedingung4       (++)
NOT bedingung5                 (+++)
```

bilden. Dabei ist die zusammengesetzte Bedingung (+) immer nur dann erfüllt, wenn beide Bedingungen "bedingung1" <u>und</u> "bedingung2" wahr sind.

Dagegen ist die Bedingung (++) immer nur dann falsch, falls beide Bedingungen "bedingung3" <u>und</u> "bedingung4" nicht erfüllt sind - anderenfalls ist sie wahr.

Die Bedingung (+++) ist immer dann erfüllt, falls "bedingung5" falsch ist.

Somit ist die zusammengesetzte Bedingung

```
VARo14 GT 3 AND VARo14 LT 7
```

für alle diejenigen Cases erfüllt, für die der Wert von VARo14 größer als 3 <u>und</u> kleiner als 7 ist.

Bei der Auswertung einer zusammengesetzten Bedingung wird die Reihenfolge entweder durch die gesetzten Klammern oder aber durch die Prioritätenfolge der einzelnen Operationen bestimmt. Dabei wird eine zusammengesetzte Bedingung stets von "links nach rechts" ausgewertet, wobei zuerst die arithmetischen Ausdrücke, dann die Vergleichsbedingungen und zuletzt die logischen Operatoren AND, OR und NOT abgearbeitet werden.

Dabei sind die Operatoren AND und OR gleichberechtigt, und der Operator NOT wirkt nur auf die direkt folgende Vergleichsbedingung, so daß man z.B. jede zu negierende zusammengesetzte Bedingung einklammern muß.

Abschließend stellen wir dar, wie man den Indikator INDIKLS für die Fähigkeiten der Lehrer und der Schule (vgl. S. 164) als Ersatz für die Kodierung von

```
COMPUTE          INDIKLS = VARo21 + VARo23 + VARo29
```

mit Hilfe des IF=Kommandos in folgender Weise konstruieren kann: [+)]

```
IF             ( VARo21 = 1 ) INDIKLS = INDIKLS + 1
IF             ( VARo23 = 1 ) INDIKLS = INDIKLS + 1
IF             ( VARo29 = 1 ) INDIKLS = INDIKLS + 1
```

+) Die Variablen VARo21, VARo23 und VARo29 besitzen nur die Werte o und 1 (vgl. 1.4).

Durch das erste IF=Kommando wird die Variable INDIKLS zunächst im SPSS-file eingerichtet (und caseweise mit dem Wert o belegt), und anschließend wird für jeden Case,
für den die Bedingung "VARo21 = 1" erfüllt ist, der für INDIKLS vorliegende Wert o
um 1 erhöht und damit der Wert 1 als Ergebnis zugewiesen. Durch die Ausführung der
beiden folgenden IF=Kommandos wird der Wert von INDIKLS jeweils dann um 1 erhöht,
falls die angegebene Bedingung erfüllt ist. Demzufolge erhält INDIKLS nur für diejenigen Cases den Wert o, für die weder VARo21, noch VARo23, noch VARo29 den Wert 1
besitzen. Ansonsten ergeben sich die Werte 1, 2 und 3 in Abhängigkeit davon, ob eine,
zwei oder drei dieser Variablen den Wert 1 enthalten.

6.4.4 Die Kommandos COUNT und *COUNT

In Abhängigkeit von der Häufigkeit, mit der bestimmte Werte in einer oder mehreren
Variablen caseweise auftreten, kann man mit Hilfe des Kommandos COUNT (zähle) in der
Form[+)

```
COUNT           variablenname = variablenliste1 ( werteliste1 )
                               [variablenliste2 ( werteliste2 )]...
```

permanent der numerischen Variablen, deren Name links vom Gleichheitszeichen "="
kodiert ist, Werte zuweisen, deren Berechnung durch den Ausdruck rechts vom Gleichheitszeichen festgelegt ist.

Will man diese Wertzuweisung nur temporär vornehmen, so muß man das *COUNT=Kommando

```
*COUNT          variablenname = variablenliste1 ( werteliste1 )
                               [variablenliste2 ( werteliste2 )]...
```

kodieren.

Ist die betreffende Ergebnisvariable schon im SPSS-file enthalten, so werden ihre
alten Werte permanent (bei COUNT) bzw. temporär (bei *COUNT) überschrieben, und
anderenfalls wird sie als neue Variable permanent bzw. temporär in das SPSS-file eingespeichert und caseweise mit den errechneten Werten gefüllt.

So kann man z.B. durch

```
COUNT           INDIKLS = VARo21, VARo23, VARo29 ( 1 )
```

den Indikator INDIKLS für die Einschätzung der Fähigkeiten der Lehrer und der
Schule (vgl. S. 164) aufbauen. Dabei wird nämlich für jeden Case gezählt, wie oft
der Wert 1 in den Variablen VARo21, VARo23 und VARo29 vorkommt und die Häufigkeit
der Variablen INDIKLS als Ergebniswert zugewiesen. Enthalten diese drei Variablen
für einen Case jeweils nur den Wert o, so ist die Häufigkeit des Wertes 1 gleich o,
und folglich wird der Ergebniswert o der Variablen INDIKLS zugeordnet.

Anstelle dieser Kodierung mit einer Variablenliste und einer Werteliste, bestehend

---

+) Die Werte in den Wertelisten müssen genauso wie im RECODE=Kommando aufgebaut sein
   (vgl. 3.7).

aus der Zahl 1, kann man auch ein COUNT=Kommando mit drei Variablenlisten und jeweils
einer zugehörigen Werteliste in der folgenden Form angeben:

```
COUNT           INDIKLS = VARo21 ( 1 ), VARo23 ( 1 ), VARo29 ( 1 )
```

Jede angegebene Werteliste kann grundsätzlich aus nur einem oder mehreren Werten bestehen.

Sind mehrere Werte in einer Werteliste aufgeführt, so wird gezählt, wieviele Variablen der vorausgehenden Variablenliste einen Wert besitzen, der in dieser Werteliste
enthalten ist. Dabei wird - genauso wie beim RECODE=Kommando - die Untersuchung einer
Werteliste abgebrochen, falls eine Übereinstimmung gefunden wurde. Dieses Verfahren
wird für jede Variablenliste mit nachfolgender Werteliste angewendet, und die Summe
der jeweils ermittelten Häufigkeiten wird dem entsprechenden Case als Wert der Ergeb-
nisvariablen zugewiesen.

So könnte man etwa die Kommandos

```
COMPUTE        VARo14R = VARo14
RECODE         VARo14R ( 1, 2, 3 = 1 ),( 4, 5, 6 = 2 ), ( 7, 8, 9 = 3 )
```

durch das folgende COUNT=Kommando ersetzen:[+]

```
COUNT          VARo14R = VARo14 ( 1, 2, 3 ), VARo14 ( 4, 5, 6 ), VARo14 ( 4, 5, 6 ),
               VARo14 ( 7, 8, 9 ), VARo14 ( 7, 8, 9 ), VARo14 ( 7, 8, 9 )
```

Hat nämlich VARo14 z.B. den Wert 4, so ergibt die Häufigkeitsauszählung in der ersten
Werteliste " 1, 2, 3 " den Wert o, in der zweiten Werteliste " 4, 5, 6 " den Wert 1,
in der dritten ebenfalls den Wert 1 und in den folgenden jeweils den Wert o, so daß
sich als Summe der Wert 2 ergibt.

6.4.5 Das Kommando ASSIGN MISSING

Mit den Kommandos COMPUTE, IF und COUNT bzw. deren temporären Versionen können neue
Variablen im SPSS-file eingerichtet werden. Die Werte dieser Variablen erhält man bei
COMPUTE und IF als Ergebnis eines arithmetischen Ausdrucks und bei COUNT als Ergebnis
eines Zählvorgangs.

Es ist i. allg. sinnvoll, die Werte der bei diesen Operationen auszuwertenden Variablen, die als missing Values vereinbart sind, gesondert zu behandeln. Dazu kann man
mit Hilfe des Kommandos ASSIGN MISSING (weise missing Values zu) in der Form

```
ASSIGN MISSING variablenliste1 ( wert1 )[ / variablenliste2 ( wert2 ) ]...
```

festlegen, daß jede der in den Variablenlisten explizit oder implizit aufgeführten
Variablen den in den Klammern "(" und ")" eingeschlossenen Wert erhält, falls mindestens ein Wert aller bei einer Zuweisung auszuwertenden Variablen als missing Value
vereinbart ist. Dieser zugewiesene Wert wird für die Ergebnisvariable gleichzeitig

---

[+] Dies dient nur zur Demonstration, da man aus Gründen einer besseren Übersicht
    in diesem Fall stets das RECODE=Kommando kodieren würde.

als missing Value vereinbart.

So legen wir etwa durch die Kommandos

```
COMPUTE          VARoo7R = VARoo7
RECODE           VARoo7R ( 1, 2 = 1 ), ( 3 = 2 ), ( 4 = 3 ), ( 5, 6, 7 = 4 )
ASSIGN MISSING VARoo7R ( -1 )
```

fest, daß bei der Ausführung des COMPUTE=Kommandos die Cases, bei denen VARoo7 den
als missing Value vereinbarten Wert o besitzt, für VARoo7R den Wert -1 erhalten,
welcher dadurch für die nachfolgenden Analysen als missing Value der Variablen
VARoo7R ausgewiesen wird.

Die gleiche Wirkung hat z.B. die Kodierung von

```
COMPUTE          VARoo7R = 2
IF               ( VARoo7 = 1 OR VARoo7 = 2 ) VARoo7R = 1
IF               ( VARoo7 = 4 ) VARoo7R = 3
IF               ( VARoo7 GE 5 AND VARoo7 LE 7 ) VARoo7R = 4
ASSIGN MISSING VARoo7R ( -1 )
```

da bei der Überprüfung der Vergleichsbedingungen für die Cases mit der Eigenschaft
"VARoo7 = o" die Zuweisung des Wertes -1 an VARoo7R vorgenommen wird.

6.4.6 Die Kommandos DO REPEAT und END REPEAT

Wollen wir in einem SPSS-Programm eine größere Anzahl von Variablen nach demselben
Schema vereinbaren bzw. verändern, so können wir dies mit Hilfe der Kommandos
DO REPEAT (wiederhole) und END REPEAT (beende die Wiederholung) durch die Definition
bzw. Redefinition nur einer einzigen Variablen abkürzend beschreiben.

So können wir z.B. die Kommandos

```
IF               ( VARo21 = 1 ) INDIKLS = INDIKLS + 1
IF               ( VARo23 = 1 ) INDIKLS = INDIKLS + 1
IF               ( VARo29 = 1 ) INDIKLS = INDIKLS + 1
```

durch die folgenden Kommandos ersetzen:

```
DO REPEAT        DUMMY = VARo21, VARo23, VARo29
IF               ( DUMMY = 1 ) INDIKLS = INDIKLS + 1
END REPEAT
```

Dabei ist DUMMY nicht der Name einer Variablen des SPSS-files sondern ein Platzhalter,
der zunächst durch den Namen VARo21, anschließend durch VARo23 und zuletzt durch
VARo29 ersetzt wird. Dies wird dadurch festgelegt, daß diese Namen in einer Variablenliste rechts vom Gleichheitszeichen "=" in dem Kommando DO REPEAT aufgeführt sind
und damit den links von "=" angegebenen Namen DUMMY sukzessive ersetzen sollen.

Allgemein wird jede Angabe zur Erzeugung von SPSS-Kommandos durch das DO REPEAT=
Kommando in der Form

```
DO REPEAT        platzhalter1 = variablenliste1 | werteliste1
                 [/ platzhalter2 = variablenliste2 | werteliste2]...
```

eingeleitet und durch das Kommando END REPEAT in der Form

```
END REPEAT
```

beendet. Bei den hierdurch eingegrenzten Kommandos darf es sich nur um IF=, COMPUTE=,
RECODE=, COUNT= und SELECT IF=Kommandos sowie deren temporäre Versionen und um
MISSING VALUES= und ASSIGN MISSING=Kommandos handeln.

Die Variablen- und Wertelisten müssen alle dieselbe Länge besitzen. Beginnend mit
den jeweils ersten Listenelementen werden bei jedem Durchlauf alle korrespondierenden
Listenelemente den zugehörigen Platzhaltern zugewiesen und anstelle dieser Platzhalter
in die einzelnen Kommandos eingesetzt.

So könnte man z.B. eine temporäre Rekodierung der Variablen VARo14, VARo16 und VARo17
folgendermaßen beschreiben: [+)]

```
DO REPEAT        DUMMY1 = VARo14R1, VARo14R2, VARo14R3 /
                 DUMMY2 = VARo16R1, VARo16R2, VARo16R3 /
                 DUMMY3 = VARo17R1, VARo17R2, VARo17R3 /
                 W1 = 5, 1, 1 /
                 W2 = 5, 1, 9 /
                 W3 = 5, 9, 9
*COMPUTE         DUMMY1 = VARo14
*COMPUTE         DUMMY2 = VARo16
*COMPUTE         DUMMY3 = VARo17
*RECODE          DUMMY1, DUMMY2, DUMMY3 ( 1, 2, 3 = 1 ), ( 4 = W1 ), ( 5 = W2 ),
                                        ( 6 = W3 ), ( 7, 8, 9 = 9 )
END REPEAT
```

Dies ist äquivalent zu:

```
DO REPEAT        DUMMY1 = VARo14R1, VARo14R2, VARo14R3, VARo16R1, VARo16R2,
                 VARo16R3, VARo17R1, VARo17R2, VARo17R3 /
                 DUMMY2 = VARo14, VARo14, VARo14, VARo16, VARo16, VARo16, Varo17,
                 VARo17, VARo17 /
                 W1 = 5, 1, 1, 5, 1, 1, 5, 1, 1 /
                 W2 = 5, 1, 9, 5, 1, 9, 5, 1, 9 /
                 W3 = 5, 9, 9, 5, 9, 9, 5, 9, 9
*COMPUTE         DUMMY1 = DUMMY2
*RECODE          DUMMY1 ( 1, 2, 3 = 1 ), ( 4 = W1 ), ( 5 = W2 ), ( 6 = W3 ),
                 ( 7, 8, 9 = 9 )
END REPEAT
```

Dabei ist zu beachten, daß in dem ersten o.a. Kommando-Block die Variablen in der
Reihenfolge VARo14R1, VARo16R1, VARo17R1, ... , VARo16R3, VARo17R3 und in dem zweiten
Kommando-Block in der Reihenfolge VARo14R1, VARo14R2, VARo14R3, ... , VARo17R2,
VARo17R3 in das SPSS-file temporär eingetragen werden. Die R1-Versionen enthalten

---

+) DO REPEAT=Kommandos dürfen nicht ineinander verschachtelt werden.

drei Klassen (die erste Klasse besteht aus den Werten 1,2,3 und die zweite aus den
Werten 4,5,6 und die dritte aus den Werten 7,8,9) und die R2- und R3-Versionen jeweils
zwei Klassen (bei der R2-Version besteht die erste Klasse aus den Werten 1,2,3,4,5
und die zweite Klasse aus den Werten 6,7,8,9; bei der R3-Version besteht die erste
Klasse aus den Werten 1,2,3,4 und die zweite Klasse aus den Werten 5,6,7,8,9).

6.5 Gewichtung von Cases (WEIGHT, *WEIGHT)

Bei den Datenanalysen gehen die Werte eines Cases standardmäßig stets mit dem Gewich-
tungsfaktor 1 ein. Auf diese gleichgewichtige Behandlung aller Cases kann man mit
Hilfe des Kommandos WEIGHT (gewichte) Einfluß nehmen. Dies ist z.B. dann erforderlich,
falls bei geschichteten Stichproben die Größe gewisser Teilstichproben verändert
werden soll.

Eine permanente Gewichtung kann man in der Form

```
WEIGHT           variablenname
```

und eine temporäre Gewichtung durch die Angabe von

```
*WEIGHT          variablenname
```

vornehmen. Dadurch werden der internen Variablen CASWGT (Abk. für "case weight"),
welche neben den Variablen SEQNUM und SUBFILE bei der Erstellung eines SPSS-files
automatisch erzeugt und mit dem Wert 1 für jeden Case vorbesetzt wird, die jeweiligen
Werte[+] der im WEIGHT=Kommando angegebenen Variablen zugewiesen. Bei der Bearbeitung
einer nachfolgenden Aufgabenstellung wird dann jeder Case sooft gezählt, wie es der
aktuelle Wert von CASWGT vorschreibt.

Diese Möglichkeit kann z.B. auch sinnvoll bei der Analyse von aggregierten Daten sein.
Dazu betrachten wir die erste Kontingenz-Tabelle auf S. 111, und wir nehmen an, daß
wir keinen Zugriff auf die Rohdaten haben und an den Ergebnissen der Zeilen- und
Gesamtprozentuierung interessiert sind.

Mit Hilfe des WEIGHT=Kommandos erhalten wir durch das Programm

```
DATA LIST        FIXED VARoo2 1, VARo1o 2, ANZAHL 3 - 4
WEIGHT           ANZAHL
READ INPUT DATA
116o
1263
2178
2245
END INPUT DATA
CROSSTABS        TABLES = VARo1o BY VARoo2
```

die folgende Druckausgabe:

+) Diese Werte müssen positiv und brauchen nicht notwendig ganzzahlig zu sein.

```
                             VAR002
                COUNT  I
                ROW PCT I                                    ROW
                COL PCT I                                   TOTAL
                TOT PCT I        1.I         2.I
      VAR010    --------I--------I--------I
                   1.  I     60 I     78 I      138
                       I   43.5 I   56.5 I     56.1
                       I   48.8 I   63.4 I
                       I   24.4 I   31.7 I
                      -I--------I--------I
                   2.  I     63 I     45 I      108
                       I   58.3 I   41.7 I     43.9
                       I   51.2 I   36.6 I
                       I   25.6 I   18.3 I
                      -I--------I--------I
                COLUMN        123        123        246
                TOTAL        50.0       50.0      100.0
```

Da WEIGHT=Kommandos nicht kumulativ wirken, kann man jederzeit eine gültige permanente Gewichtung durch den Einsatz des *WEIGHT=Kommandos in der Form

```
*COMPUTE        GEWICHT = 1
*WEIGHT         GEWICHT
```

für die direkt nachfolgende Aufgabenstellung rückgängig machen.

6.6 Datenauswahl

6.6.1 Gezielte Auswahl von Cases (SELECT IF, *SELECT IF)

Im Abschnitt 3.8 haben wir gelernt, wie man mit Hilfe der Kommandos SELECT IF und
*SELECT IF eine permanente bzw. temporäre Auswahl von Cases für die jeweiligen Aufga-
benstellungen vornehmen kann. Diese Auswahl muß man durch Bedingungen formulieren,
deren allgemeine Form wir im Abschnitt 6.4.3 (IF=Kommando) beschrieben haben.

Kodieren wir

```
SELECT IF        ( bedingung )
```

bzw.

```
*SELECT IF        ( bedingung )
```

so wertet das SPSS-System - beim SELECT IF=Kommando für alle folgenden und beim
*SELECT IF=Kommando nur für die direkt folgende Aufgabenstellung - alle diejenigen
Cases aus, welche durch die aufgeführte Bedingung herausgefiltert werden.
Wirken mehrere derartige Kommandos gleichzeitig, so werden stets alle die Cases aus-
gewählt, deren Werte sämtliche angegebenen Bedingungen erfüllen.

Kodieren wir z.B. das Programm

```
DATA LIST       FIXED VARoo7 7, VARo14 14
SELECT IF       ( VARoo7 = 9 )
INPUT MEDIUM    DISK
*SELECT IF      ( VARo14 = o )
FREQUENCIES     GENERAL = SEQNUM
FREQUENCIES     GENERAL = SEQNUM
```

so werden bei der Ausführung des ersten FREQUENCIES=Kommandos nur diejenigen Reihenfolgenummern (Werte von SEQNUM) berücksichtigt, für deren zugehörige Cases sowohl
VARoo7 den Wert 9 als auch VARo14 den Wert o besitzen. Bei der Ausführung des zweiten
FREQUENCIES=Kommandos wertet das SPSS-System dagegen alle die Cases aus, welche
- unabhängig von den Werten der Variablen VARo14 - für VARoo7 den Wert 9 haben.

6.6.2 Auswahl der ersten Cases (N OF CASES)

Will man - unabhängig von einer Bedingung - die ersten "n" Cases in die Analyse einbeziehen, so muß man vor der betreffenden Aufgabenstellung das Kommando N OF CASES
(Anzahl der Cases) in der Form

```
N OF CASES      n
```

kodieren.[+] Dadurch werden für alle nachfolgenden Aufgabenstellungen nur die jeweils
ersten "n" Cases ausgewertet, so daß diese Angabe vor der ersten Aufgabenstellung
gleichbedeutend mit dem Kommando

```
SELECT IF       ( SEQNUM LE n )
```

ist.

Durch eine wiederholte Kodierung des N OF CASES=Kommandos vor entsprechenden Aufgabenstellungen mit einem veränderten Spezifikationswert "n" läßt sich jederzeit eine
bislang gültige Auswahlvorschrift aufheben und durch eine neue Vorgabe ersetzen.

Ferner kann man bei der Dateneingabe, sofern die Datenkarten im SPSS-Programm integriert sind (vgl. 2.3), das END INPUT DATA=Kommando durch das Kommando N OF CASES
austauschen, indem man als Spezifikationswert die genaue Anzahl der einzulesenden
Cases angibt, d.h. anstelle von

```
READ INPUT DATA
  Datenkarten
END INPUT DATA
```

ist die Kartenfolge

```
N OF CASES      n
READ INPUT DATA
  Datenkarten für n Cases
```

aufzuführen.

+) Dabei darf das SPSS-file nicht in Subfiles gegliedert sein.

6.6.3 Zufällige Auswahl von Cases (SAMPLE, *SAMPLE, SEED)

Will man für alle Auswertungen eine Zufallsauswahl aus der Grundgesamtheit aller Cases des SPSS-files bereitstellen, so muß man das Kommando SAMPLE (ziehe Stichprobe) in der Form

```
SAMPLE          faktor | n1 FROM n2
```

kodieren. Soll dagegen eine derartige Auswahl nur für eine spezielle Aufgabenstellung getroffen werden, so muß man die temporäre Version in der Form

```
*SAMPLE         faktor | n1 FROM n2
```

vor der jeweiligen Aufgabenstellung angeben.[+)]

Der Wert "faktor" muß eine positive Dezimalzahl sein, welche kleiner als 1 ist. Diese Größe legt den Prozentsatz der aus der Grundgesamtheit auszuwählenden Cases fest.

So werden etwa durch das Kommando

```
SAMPLE          o.2
```

ungefähr 2o% der Cases des SPSS-files zufällig ausgewählt.[++)]

Will man nicht einen Prozentsatz, d.h. eine relative Größe, sondern eine absolute Anzahl "n1" von "n2" im SPSS-file vorhandenen Cases in die Datenanalyse einbeziehen, so muß man "n1 FROM n2" als Spezifikationswert angeben. Dabei ist hinter dem Schlüsselwort FROM die genaue Anzahl der Cases einzutragen, die für eine Auswertung zugelassen sind. [+++)]

Wollten wir für unsere Untersuchung z.B. 3o Cases zufällig auswählen, so müßten wir folglich das Kommando

```
SAMPLE          3o FROM 25o
```

kodieren.

Die zufällige Auswahl der Cases wird durch einen im SPSS-System integrierten Pseudo-Zufallszahlen-Generator getroffen. Dieser ermittelt den für die Berechnung erforderlichen Startwert standardmäßig als Funktion der jeweiligen Uhrzeit, zu welcher der Generator intern aufgerufen wird. Um die erhaltenen Analyseergebnisse später reproduzieren zu können, sollte man einen eigenen Startwert mit Hilfe des Kommandos SEED (säe) in der Form

```
SEED            startwert
```

festlegen. Diese Angabe ist vor dem entsprechenden SAMPLE= bzw. *SAMPLE=Kommando aufzuführen.

+) Sofern sowohl das SAMPLE= als auch das *SAMPLE=Kommando kodiert ist, wirken die Angaben in den Spezifikationsfeldern kumulativ.
++) In der Regel wird der Prozentsatz nicht exakt ausgeschöpft.
+++) Dies ist i. allg. die Gesamtzahl der Cases im SPSS-file, es sei denn, daß durch das SELECT IF= bzw. *SELECT IF= oder aber das N OF CASES=Kommando eine Einschränkung getroffen ist.

Es besteht ferner die Möglichkeit, sich bei der automatischen Ermittlung den Startwert protokollieren zu lassen. Dazu muß man vor dem betreffenden SAMPLE= bzw.
*SAMPLE=Kommando das Kommando SEED in der Form

| SEED   PRINT |

kodieren. Dann wird der errechnete Startwert ausgedruckt, so daß man beim nächsten
Programmlauf eine entsprechende Angabe in einem SEED=Kommando machen kann, falls man
die erhaltenen Ergebnisse reproduzieren will.

6.7 Gestaltung der Druckausgabe

6.7.1 Veränderung der Zeilenzahl pro Druckseite (PAGESIZE)

Standardmäßig werden auf jeder Druckseite maximal 55 Druckzeilen ausgegeben, und
am Ende jeder Druckseite wird automatisch auf den Anfang der nächsten Druckseite
positioniert. Dieser Vorschub wird auch nach der Druckausgabe einer statistischen
Datenanalyse durchgeführt, so daß i. allg. die restlichen Zeilen einer "angebrochenen"
Druckseite nicht ausgenutzt werden.
Will man sich beim erstmaligen Einlesen der zu analysierenden Daten davon überzeugen,
daß keine unzulässigen Werte kodiert sind, so sollte man - aus Gründen der Papierersparnis - diesen automatischen Seitenvorschub abschalten. Auf diesen Vorschub sollte
man z.B. auch verzichten, falls man eine Vielzahl von Kontingenz-Tabellen durch das
Kommando CROSSTABS abrufen will.
Dazu muß man vor einer derartigen Aufgabenstellung das Kommando PAGESIZE (Druckseiten-
größe) in der Form

| PAGESIZE   NOEJECT |

kodieren.[+] Dann wird kein Papiervorschub mehr auf den Anfang einer neuen Druckseite
durchgeführt, sondern das Seitenende durch eine gestrichelte Linie kenntlich gemacht.

Oftmals ist es auch wünschenswert, die Anzahl von maximal 55 Druckzeilen pro Seite
zu reduzieren oder zu erhöhen. Dies kann ebenfalls durch das PAGESIZE=Kommando in der
Form

| PAGESIZE   anzahl |

mit einem ganzzahligen positiven Wert "anzahl" wie z.B. durch

| PAGESIZE   4o |

festgelegt werden. In diesem Fall erfolgen die Druckausgaben auf Druckseiten mit
maximal 4o Zeilen pro Seite. Diese Angabe bleibt solange gültig, bis durch ein nachfolgendes PAGESIZE=Kommando eine neue Angabe über den Seitenvorschub gemacht wird.

[+] Dieses Kommando hat für die Druckausgaben mit dem Kommando SCATTERGRAM keine
   Wirkung.

6.7.2 Erzeugung von Seitenüberschriften (RUN NAME, TASK NAME)

Zur besseren Dokumentation der Druckausgabe kann man zu Beginn jeder neuen Druckseite
einen Text von maximal 64 Zeichen ausgeben lassen. Dazu muß man das Kommando RUN NAME
(Programmlaufname) in der Form

```
RUN NAME        text
```

zu Beginn eines SPSS-Programms kodieren.[+)]

So wird z.B. durch

```
RUN NAME        LEISTUNGSEINSCHAETZUNG VON NGO-SCHUELERN
```

am Seitenanfang stets der Text "LEISTUNGSEINSCHAETZUNG VON NGO-SCHUELERN" ausgedruckt.

Will man unter der Zeile für die Seitenüberschrift, welche ohne die Kodierung eines
RUN NAME=Kommandos leer bleibt, in einer weiteren Zeile einen Text eintragen lassen,
der sich speziell auf die jeweilige Aufgabenstellung bezieht, so muß man das Kommando
TASK NAME (Name der Aufgabenstellung) in der Form

```
TASK NAME       text
```

unmittelbar vor dem Kommando kodieren, mit welchem die Aufgabenstellung formuliert
wird. Dabei darf der angegebene Text aus maximal 64 Zeichen bestehen.

So führt z.B. die Angabe von

```
TASK NAME       LEISTUNGSEINSCHAETZUNG
FREQUENCIES     GENERAL = VARo14
```

dazu, daß mit Beginn der Druckausgabe für die Häufigkeitsverteilung von VARo14 in
jeder zweiten Zeile einer Druckseite der Text "LEISTUNGSEINSCHAETZUNG" ausgegeben
wird. Dieser Text wird auch bei den nachfolgenden Aufgabenstellungen gedruckt, sofern
man ihn nicht durch geeignete Angaben auf nachfolgenden TASK NAME=Kommandos ersetzt.

6.7.3 Kommentierung von SPSS-Kommandos (COMMENT)

Vor jeder Aufgabenstellung kann man dokumentarische Angaben in das Ablaufprotokoll
ausgeben lassen, indem man den entsprechenden Text in das Spezifikationsfeld eines
COMMENT=Kommandos (Kommentar) in der Form

```
COMMENT         text
```

einträgt. Reicht für die Angabe des Textes eine Karte nicht aus, so darf seine Kodierung auf weiteren Karten fortgesetzt werden.

So können wir für die Programmdokumentation etwa angeben:

```
*SELECT IF      ( VARoo1 = 1 )
COMMENT         AUSWERTUNG FUER DIE SCHUELER DER JAHRGANGSSTUFE 11
FREQUENCIES     GENERAL = VARo14
```

+) Zur Stellung der einzelnen Kommandos im SPSS-Programm vgl. Anhang A.1.

6.7.4 Einschränkung der Protokollierungsart (PRINT BACK)

Standardmäßig werden alle Programmkarten eines SPSS-Programms sowie die Korrespondenztabelle zwischen Variablennamen und Spaltenpositionen beim Aufruf der Kommandos
VARIABLE LIST und INPUT FORMAT (vgl. 6.2) ins Ablaufprotokoll eingetragen. Will man
beide Ausgaben - aus Gründen der Papierersparnis - unterdrücken, so muß man das Kommando PRINT BACK (drucke ab) in der Form

```
PRINT BACK      NO
```

zu Beginn des SPSS-Programms kodieren.[+)]

Sollen allein die SPSS-Kommandos nicht protokolliert werden, so muß man

```
PRINT BACK      FORMAT
```

angeben.

Dagegen erreicht man durch die Kodierung von

```
PRINT BACK      CONTROL
```

den Abdruck der Kommandos und die Unterdrückung der Korrespondenztabelle.

6.8 Datenausgabe

6.8.1 Datenhaltung in Magnetplatten- und Magnetband-Dateien

Speicherung der Daten in Dateien.

Zum Aufbau eines SPSS-files haben wir unsere Daten anfänglich auf Lochkarten kodiert
und diese Karten an geeigneter Stelle in einem Job plaziert (vgl. 2.3).

Allgemein heißt eine Zusammenfassung von Daten eine Datei (file), wenn die Daten in
Datensätzen (records) eingeteilt und diese nach gleichen Kriterien strukturiert sind.
In Abhängigkeit vom jeweiligen Datenträger sprechen wir von einer Lochkarten-, Druck-,
Magnetplatten- oder Magnetband-Datei.

Somit stellen unsere auf Lochkarten erfaßten Daten eine Lochkarten-Datei dar, wobei
die einzelnen Datensätze (Lochkarten) gemäß der zugrundeliegenden Datenmatrix strukturiert sind (vgl. 1.4).

Wir haben unsere Daten deswegen auf Lochkarten abgelocht, weil diese Form der Erfassung für den ungeübten Laien sicherlich am günstigsten ist.[++)] Man kann nämlich
nicht nur die Handhabung des Schreiblochers in wenigen Minuten erlernen, sondern das
Produkt seiner Arbeit "mit Händen greifen" und die Verschlüsselung der einzelnen
Zeichen auf dem Datenträger unmittelbar erkennen.

+) Zur Stellung der einzelnen Kommandos im SPSS-Programm vgl. Anhang A.1.
++) Als kostengünstigere Art der Datenerfassung findet man heutzutage im kommerziellen
   Bereich in der Regel Bildschirmarbeitsplätze vor, bei denen die zu erfassenden
   Zeichen über eine Tastatur eingegeben und am Bildschirm angezeigt werden. Dabei
   handelt es sich um einen Einzel- oder Sammelerfassungsplatz, bei dem die Daten auf
   Disketten oder Magnetbandkassetten aufgezeichnet werden.

Speicherung der Daten in Magnetplatten-Dateien

Nach der Erfassung auf Lochkarten sollten die Daten in der Regel auf einem magnetischen Datenträger wie Magnetplatte oder Magnetband abgespeichert werden. Dafür sprechen u.a. die folgenden Gründe:
- ein ständiges Einlesen der Lochkarten ist zu aufwendig, weil die Lesegeschwindigkeit des Eingabe-Geräts Lochkartenleser zu gering ist,
- durch wiederholtes Einlesen können die Karten leicht abnutzen und
- die sachgemäße Lagerung der Lochkarten ist langfristig evtl. nicht zu gewährleisten.
Zusätzlich zu diesen Argumenten erscheint uns auch der folgende Aspekt als sehr
wichtig:
Müssen Datensätze geändert, ersetzt, hinzugefügt oder entfernt werden, so sind die
dazu erforderlichen Tätigkeiten bei der Datenhaltung auf Lochkarten sehr aufwendig.
Insofern ist es sinnvoll, sich bei dieser Arbeit vom Betriebssystem der Datenverarbeitungsanlage unterstützen zu lassen. Dazu muß man zunächst einmal die Daten der
Lochkarten-Datei in eine Datei auf der Magnetplatte (Direktzugriffsspeicher) übertragen. Dadurch ändert sich allein der Datenträger, und die Struktur der Datei bleibt
unverändert.
Magnetplatten-Dateien werden vom Betriebssystem durch einen Dateinamen identifiziert,
den man bei der Einrichtung einer Datei - in gewissen Grenzen - frei wählen kann und
welcher anschließend in einem internen Datei-Verwaltungskatalog eingetragen wird, so
daß man über die Angabe des katalogisierten Dateinamens stets auf die in dieser Datei
abgespeicherten Daten zugreifen kann.

Z.B. tragen wir bei der Datenverarbeitungsanlage SIEMENS 7.88o die Datensätze unserer
Lochkarten-Datei durch den folgenden Job in die Magnetplatten-Datei "A2oA.SPSS.DATA"
ein:

```
//A2oA$GEN  JOB  PASSWORD=GEHEIM,USER=A2oA
// EXEC PGM=JSDGENER
//SYSPRINT DD SYSOUT=A
//SYSUT1   DD *
  Datensätze der Lochkarten-Datei (Lochkarten)
//SYSUT2   DD DSN=A2oA.SPSS.DATA,DISP=(NEW,CATLG,DELETE),
//            SPACE=(TRK,(3,1),RLSE),UNIT=LFDAT4,
//            DCB=(RECFM=FB,LRECL=8o,BLKSIZE=312o)
//SYSIN    DD DUMMY
//
```

Nach der Ausführung dieses Jobs können wir beim Aufruf des SPSS-Systems angeben, daß
die für den Aufbau des SPSS-files benötigten Daten in der Magnetplatten-Datei
"A2oA.SPSS.DATA" abgespeichert sind (vgl. 2.3).

Editieren einer Datei im Dialogbetrieb

Um evtl. erforderliche Datenkorrekturen vornehmen zu können, müssen wir unsere Daten
in der Datei "A2oA.SPSS.DATA" im Dialogbetrieb von einem Terminal aus bearbeiten. [+]
Eine entsprechende Dialogsitzung bei der Datenverarbeitungsanlage SIEMENS 7.88o
beginnt etwa folgendermaßen: [++]

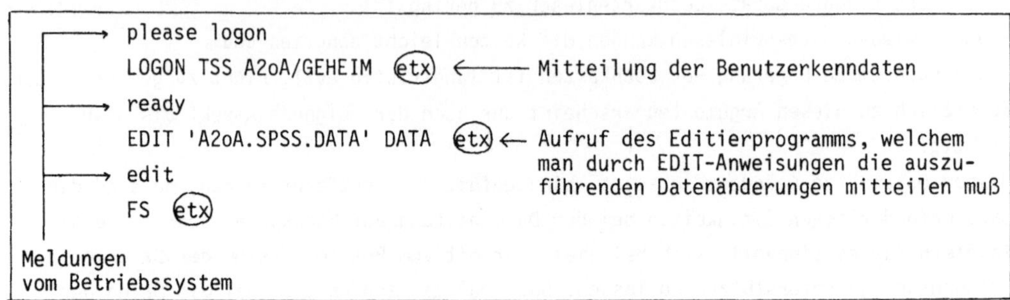

Nach der EDIT-Anweisung FS (full screen) arbeitet man im "Full-Screen-Modus", d.h.
man kann sich auf dem Bildschirm des Terminals jeden gewünschten Ausschnitt der Datei
"A2oA.SPSS.DATA" anzeigen lassen und z.B. mit Hilfe des Cursors (blinkendes Unter-
streichungszeichen) jede Zeichenposition erreichen und dort geeignete Änderungen vornehmen.
Nach der Durchführung aller erforderlichen Korrekturen beenden wir das Editierpro-
gramm durch die EDIT-Anweisung [+++]

> END S (etx)

und schließen unsere Dialogsitzung, nachdem die Meldung

> ready

vom Betriebssystem auf dem Bildschirm ausgegeben ist, durch die Eingabe von

> LOGOFF (etx)

ab.

Datensicherung auf Magnetband

Nach der Datenkorrektur sollte man mit geeigneten SPSS-Programmen überprüfen, ob der
Datenbestand korrekt und konsistent ist. Ist dies der Fall, so empfiehlt es sich,
eine Sicherheitskopie der Magnetplatten-Datei "A2oA.SPSS.DATA" auf dem Datenträger

---

+) Beim Dialogbetrieb korrespondiert der Anwender über ein Terminal, welches in der
   Regel mit einer Tastatur und einem Bildschirm ausgestattet ist, direkt mit dem
   Betriebssystem. Auf eine Anforderung hin wird vom Betriebssystem die abgerufene
   Leistung unmittelbar erbracht (Wechsel von "Frage und Antwort").
++) Durch Drücken der (etx)-Taste (end of text) wird die über die Tastatur eingegebene
   Nachricht an das Betriebssystem abgeschickt.
+++) Diese Anweisung wird in die Kommandozeile des Bildschirms eingetragen. Bei ihrer
   Ausführung werden alle Veränderungen in die Magnetplatten-Datei "A2oA.SPSS.DATA"
   übernommen.

Magnetband zu erstellen.[+]

Z.B. kann man bei der Datenverarbeitungsanlage SIEMENS 7.88o eine Datenübertragung
von der Magnetplatte auf ein Magnetband durch den folgenden Job durchführen lassen:

```
//A2oA$KOP  JOB   PASSWORD=GEHEIM,USER=A2oA,CLASS=L
// EXEC PGM=JSDGENER
//SYSPRINT DD SYSOUT=A
//SYSUT1   DD DSN=A2oA.SPSS.DATA,DISP=SHR
//SYSUT2   DD DSN=SPSS.DATA,DISP=NEW,UNIT=TAPE,
//            VOL=SER=987654,LABEL=1
//SYSIN    DD DUMMY
//
```

Bei der Ausführung dieses Jobs wird eine Magnetband-Datei namens "SPSS.DATA" als
erste Datei auf dem Magnetband mit der Identifikationsnummer "987654" erstellt, in
welche die Datensätze der Magnetplatten-Datei "A2oA.SPSS.DATA" satzweise transportiert
werden.

Durch diese Übertragung hat sich wiederum nur der Datenträger (und damit die physika-
lische Ablageform) nicht aber die logische Datenstruktur verändert. Somit kann man
beim erneuten Aufruf des SPSS-Systems anstelle des Dateinamens der Magnetplatten-
Datei auch den Dateinamen angeben, den man bei der Erstellung der Magnetband-Datei
(hier: SPSS.DATA) gewählt hat. Nachteilig ist allein, daß bei der Ausführung eines
derartigen Jobs ein freies Magnetband-Gerät bereitstehen muß, so daß es u.U. zu
(geringen) Verzögerungen bei der Bearbeitung dieses Jobs kommen kann.

Durch unsere bisherigen Ausführungen haben wir uns darüber Klarheit verschafft,
welche Vorarbeiten erforderlich sind, bevor man mit entsprechenden SPSS-Programmen
mit der eigentlichen Datenanalyse beginnen kann.
In den folgenden Abschnitten wollen wir lernen, wie man Variablenwerte des SPSS-files
oder gewisse Analyseergebnisse, die während eines SPSS-Laufs ermittelt werden, ausdrucken oder aber in geeignete Dateien auf magnetischen Datenträgern ausgeben lassen
kann, damit man sie dort langfristig speichern und bei Bedarf ausdrucken oder aber
für das SPSS-System zur Ausführung weiterer Datenanalysen geeignet bereitstellen
lassen kann.

6.8.2 Ausgabe der Variablenwerte (WRITE CASES)

Zunächst wollen wir lernen, wie man die Werte der im SPSS-file abgespeicherten Variablen ausgeben lassen kann. Dabei ist es für die Beschreibung der Datenausgabe unerheblich, ob wir die Daten auf Druckerpapier - wir sprechen dann von einer Druck-Datei -
oder in eine Datei auf einem magnetischen Datenträger übertragen lassen wollen.

+) Der Datenträger Magnetband empfiehlt sich nicht nur für die langfristige Daten-
   sicherung sondern muß evtl. auch bei großen Datenbeständen als Datenträger anstelle
   einer (von der Kapazität her beschränkteren) Magnetplatte gewählt werden.

Generell rufen wir die Datenausgabe mit Hilfe des Kommandos <u>WRITE CASES</u> (schreibe die
Variablenwerte) in der folgenden Form ab:

WRITE CASES   (formatliste) variablenliste

Die Variablenliste kann aus einer oder mehreren Variablen bestehen, die gegebe-
nenfalls in Form reflexiver Variablenlisten vereinbart sind. Als Variablen können
alle zum Zeitpunkt der Ausführung des WRITE CASES=Kommandos im SPSS-file enthaltenen
Variablen aufgeführt werden, d.h. alle durch das DATA LIST=Kommando[+)] vereinbarten
Variablen, ferner alle durch permanente bzw. temporäre Modifikationen gebildeten
Variablen und auch die standardmäßig im SPSS-file enthaltenen Variablen SEQNUM,
SUBFILE und CASWGT.

Bei der Ausführung des WRITE CASES=Kommandos werden für jeden Case die Werte der in
der Variablenliste angegebenen Variablen in der diesbezüglichen Reihenfolge nach den
Vorschriften der Formatliste ausgegeben.

<u>Elemente der Formatliste</u>

Die Formatliste muß durch die Klammer "(" eingeleitet und durch ")" abgeschlossen
werden, und je zwei Formatlistenelemente müssen durch ein Komma "," voneinander abgegrenzt werden.

Die Elemente der Formatliste legen für jede Variable fest, in welchem Format der zugehörige Variablenwert auszugeben ist. Als Formatelemente dürfen alle Symbole aufgeführt werden, welche wir im Abschnitt 6.2 im Zusammenhang mit der Dateneingabe durch
die Kommandos VARIABLE LIST und INPUT FORMAT kennengelernt haben.

So legen wir mit dem <u>F-Format</u> in der Form "rFm.n" (r kleiner oder gleich 255) fest,
daß die Werte der r folgenden <u>numerischen</u> Variablen im Format "Fm.n" auszugeben sind.
Dabei bestimmt die Angabe von "Fm.n", daß die Ausgabe des betreffenden Wertes in den
nächsten m Zeichenpositionen des aktuellen Ausgabesatzes vorzunehmen ist und die Nachkommastellen an die letzten n Zeichenpositionen einzutragen sind.[++)] Dabei ist zu beachten, daß die letzte der n Nachkommastellen vor der Ausgabe gegebenenfalls gerundet
wird. Ferner ist zu bedenken, daß die Zeichenzahl " m - n " für die Ausgabe des ganzzahligen Anteils und auch für ein Vorzeichen bei der Ausgabe eines negativen Wertes
ausreichen muß.[+++)]

Mit dem <u>A-Format</u> in der Form "rAm" beschreiben wir, daß die Werte der r nächsten
<u>alphanumerischen</u> Variablen in der Form "Am" auszugeben sind. Dabei bestimmt der Wert
m (m kleiner oder gleich 4) jeweils die Anzahl der Zeichen, welche ab der aktuellen
Position im Ausgabesatz (linksbündig) abzulegen sind.

 +) Dies gilt entsprechend für den Fall, daß die Variablen durch das Kommando
    VARIABLE LIST in Verbindung mit dem INPUT FORMAT=Kommando vereinbart wurden
    (vgl. 6.2).
 ++) Ein Dezimalpunkt wird nicht ausgegeben.
+++) Ist die Differenz " m - n " zu klein, so werden im gesamten Ausgabefeld Stern-
    zeichen "*" eingetragen.

Mit dem X-Format in der Form "rX" legen wir fest, daß ab der aktuellen Position im Ausgabesatz r Leerzeichen auszugeben sind.

Mit der Kodierung des Formatelements "/" bestimmen wir, daß der gerade bearbeitete Ausgabesatz abzuschließen und der nächste auszugebende Wert zu Beginn des folgenden Datensatzes - nach den Angaben der folgenden Formatelemente - einzutragen ist.

So wird etwa durch die Ausführung des Kommandos

```
WRITE CASES    ( 2F1.o, F2.o, 4F1.o ) VARoo1, VARoo2, VARoo6, VARo1o,
                                       VARo14, VARo16, VARo17
```

für jeden Case ein Datensatz ausgegeben, welcher folgendermaßen strukturiert ist:

```
⊢F1.o⊣⊢F1.o⊣⊢──F2.o──⊣⊢F1.o⊣⊢F1.o⊣⊢F1.o⊣⊢F1.o⊣
┌─────┬─────┬─────────┬─────┬─────┬─────┬─────┐
└─────┴─────┴─────────┴─────┴─────┴─────┴─────┘
 VARoo1 VARoo2   VARoo6   VARo1o VARo14 VARo16 VARo17
```

Ausgabe von Textkonstanten

Bei der Ausgabe von Datensätzen in eine Druck-Datei ist es sehr oft vorteilhaft, die Variablenwerte durch zusätzliche Texte zu beschreiben. Dazu darf man als weitere Formatelemente sog. Textkonstanten in der Form[+)]

```
' textzeichenfolge '
```

innerhalb der Formatliste kodieren.

Z.B. strukturieren wir durch die Kodierung von

```
WRITE CASES    ( 5X, 'CASE-NR:', F3.o, 3X, 'JAHRGANGSSTUFE:␣', F1.o )
               SEQNUM, VARoo1
```

mit den Textkonstanten "CASE-NR:" und "JAHRGANGSSTUFE:␣" jeden Ausgabesatz in der folgenden Weise:

```
┌─────────────────────────────────────────────────────────────────┐
│␣␣␣␣␣C A S E - N R :        ␣␣␣J A H R G A N G S S T U F E : ␣│
└─────────────────────────────────────────────────────────────────┘
⊢──5X──⊣ ⊢─'CASE-NR:'─⊣ ⊢F3.o⊣⊢─3X─⊣ ⊢──────'JAHRGANGSSTUFE:␣'──────⊣ ⊢⊣ ← F1.o
```

Ausgabe von missing Values

Bei der Ausführung eines WRITE CASES=Kommandos werden die Variablenwerte standardmäßig für alle diejenigen Cases ausgegeben, welche für diese Auswertung zugelassen sind (also z.B. nicht für die durch ein SELECT IF=Kommando herausgefilterten Cases). Dies ist unabhängig davon, ob einer der auszugebenden Werte für eine Variable als missing Value vereinbart wurde.

Sollen jedoch alle die Cases von der Ausgabe ausgeschlossen werden, welche in mindestens einer der in der Variablenliste aufgeführten Variablen einen als missing Value vereinbarten Wert besitzen, so muß man im Anschluß an das WRITE CASES=Kommando ein OPTIONS=Kommando mit der Kennzahl 1 als Spezifikationswert in der folgenden Form

---

+) Als Textzeichen darf das Hochkomma (') nicht aufgeführt werden, da es als Begrenzungszeichen benutzt wird.

kodieren:

```
WRITE CASES     ( formatliste ) variablenliste
OPTIONS         1
```

So legen wir etwa durch die Angabe von

```
*SELECT IF      ( VARoo1 = 1 AND VARoo2 = 2 )
WRITE CASES     ( 2F1.o ) VARo1o, VARo14
OPTIONS         1
```

fest, daß die Werte der Variablen VARo1o und VARo14 für alle diejenigen Schülerinnen
(VARoo2=2) der Jahrgangsstufe 11 (VARoo1=1) ausgegeben werden sollen, für die VARo1o
keinen als missing Value vereinbarten Wert besitzt. Jeder bei der Ausführung dieses
Kommandos erzeugte Datensatz enthält an der ersten Zeichenposition den Wert von VARo1o
und an der zweiten Position den Wert von VARo14.

6.8.3 Festlegung der Ausgabe-Datei (RAW OUTPUT UNIT)

Bisher haben wir gelernt, wie wir eine caseweise Ausgabe von Variablenwerten mit dem
WRITE CASES=Kommando abrufen und die dabei zu erzeugende Form des Ausgabesatzes durch
eine entsprechende Formatliste beschreiben können. Wir werden jetzt darstellen, wie
wir die Ausgabe-Datei bestimmen können, d.h. ob wir die Ausgabe in eine Druck-,
Magnetplatten- oder Magnetband-Datei vornehmen lassen wollen.

Ausgabeeinheiten und DD-Namen

Innerhalb des SPSS-Programms muß man für jede Datenausgabe eine Ausgabeeinheit
(output unit) festlegen, welche durch eine der Nummern 9, 15, 16, 17, 18, 19 oder 2o
gekennzeichnet wird.[+)]
Standardmäßig ist zu Beginn eines SPSS-Laufs für die Datenausgabe die Ausgabeeinheit
mit der Nummer 9 vorgesehen. Diese Voreinstellung kann man im SPSS-Programm durch das
Kommando RAW OUTPUT UNIT (Ausgabeeinheit für die Daten) in der Form

```
RAW OUTPUT UNIT   n
```

abändern, wobei "n" eine der Nummern 9, 15, 16, 17, 18, 19 oder 2o sein muß.
Das RAW OUTPUT UNIT=Kommando ist vor dem jeweiligen WRITE CASES=Kommando aufzuführen,
für welches die Ausgabeeinheit eingestellt werden soll, und diese Festlegung gilt für
alle folgenden WRITE CASES=Kommandos, bis sie durch eine erneute Kodierung des RAW
OUTPUT UNIT=Kommandos verändert wird.

Zwar können innerhalb des SPSS-Programms die Nummern der Ausgabeeinheiten für die jeweiligen Datenausgaben bestimmt werden, jedoch wird die Dateiform selbst erst durch
den Aufruf der JCL-Karten-Prozedur SPSS (vgl. A.4) festgelegt. Innerhalb dieser Prozedur entspricht nämlich jeder Ausgabeeinheit ein sog. DD-Name (data definition name),
welchem eine bestimmte Dateiform in der folgenden Weise zugeordnet ist:

+) Dies gilt z.B. für die Anlagen IBM und SIEMENS (BS 3ooo).

Nummer der Ausgabeeinheit:	zugehöriger DD-Name:	durch den DD-Namen festgelegte Dateiform:
9	FTo9Foo1	Datei auf magnetischem Datenträger
15	FT15Foo1	Druck-Datei
16	FT16Foo1	
17	FT17Foo1	
18	FT18Foo1	
19	FT19Foo1	
2o	FT2oFoo1	

Datenausgabe in Magnetplatten- und Magnetband-Dateien

Ob es sich bei der durch die Nummer 9 gekennzeichneten Ausgabe-Datei um eine Magnet-
platten- oder eine Magnetband-Datei handelt, wird beim Aufruf der JCL-Karten-Prozedur
SPSS durch die Besetzung entsprechender Parameter bestimmt (vgl. A.4).

So legen wir etwa durch den Aufruf des SPSS-Systems in der Form

```
// EXEC SPSS,OUTFILE='A2oA.WRITE.DATA'
```

fest, daß die Daten, die mit dem Kommando WRITE CASES im SPSS-Programm ausgegeben
werden sollen, in die Magnetplatten-Datei "A2oA.WRITE.DATA" zu übertragen sind.

Sollen die Daten z.B. in einer Magnetband-Datei namens "WRITE.DATA" abgespeichert
werden, die als zweite Datei auf dem Magnetband mit der Identifikationsnummer 987654
erstellt werden soll, so müssen wir auch Angaben zu den Parametern OUTUNIT, OUTVOL und
OUTPOS machen und den Aufruf des SPSS-Systems in der folgenden Form kodieren (s. A.4):

```
// EXEC SPSS,OUTFILE='WRITE.DATA',OUTUNIT=TAPE,OUTVOL=987654,OUTPOS=2
```

Datenausgabe in Druck-Dateien

Um Variablenwerte in eine Druck-Datei ausgeben zu können, muß man als Ausgabeeinheit
eine der Nummern 15, 16, 17, 18, 19 oder 2o wählen.

Wollen wir etwa die in der Variablen SEQNUM enthaltenen Reihenfolgenummern und die
jeweiligen Jahrgangsstufenwerte der Cases getrennt nach Jahrgangsstufen und Geschlecht
ausdrucken lassen, so können wir dazu den folgenden Job ausführen lassen:

```
//A2oAßDRU  JOB  PASSWORD=GEHEIM,USER=A2oA
// EXEC SPSS,INFILE='A2oA.SPSS.DATA'
//SYSIN DD *
DATA LIST        FIXED VARoo1, VARoo2 1 - 2
INPUT MEDIUM    DISK
RAW OUTPUT UNIT 15
*SELECT IF       ( VARoo1 = 1 AND VARoo2 = 1 )
WRITE CASES      ( 5X, 'CASE-ID:', F3.o, 3X, 'JAHRGANGSSTUFE:_', F1.o )
        .            SEQNUM, VARoo1
        :
RAW OUTPUT UNIT 2o
*SELECT IF       ( VARoo1 = 3 AND VARoo2 = 2 )
WRITE CASES      ( 5X, 'CASE-ID:', F3.o, 3X, 'JAHRGANGSSTUFE:_', F1.o )
                   SEQNUM, VARoo1
//
```

6.8.4 Datenausgabe bei den Auswertungsverfahren (OPTIONS)

In den beiden vorausgehenden Abschnitten haben wir dargestellt, wie man ausgewählte Variablenwerte des SPSS-files caseweise in eine Datei ausgeben lassen kann. Darüberhinaus besteht die Möglichkeit, bei der Ausführung bestimmter SPSS-Kommandos gewisse Informationen in einer Datei auf einem magnetischen Datenträger zwischenspeichern zu lassen, damit sie anschließend gesondert ausgedruckt oder von einem anderen SPSS-Programm weiterverarbeitet werden können. Diese speziellen Leistungen lassen sich durch die Kodierung eines OPTIONS=Kommandos abrufen, welches hinter demjenigen SPSS-Kommando aufzuführen ist, durch welches das Auswertungsverfahren bestimmt ist.

Die diesbezüglich vorhandenen Möglichkeiten fassen wir in der folgenden Tabelle zusammen:

SPSS-Kommando	Kennzahl	Folgende Informationen werden übertragen:
CONDESCRIPTIVE	3	die standardisierten Variablenwerte (im Format F8.5),
CROSSTABS	1o	für jede Zelle der berechneten Kontingenz-Tabellen die absoluten Häufigkeiten und die Zellenidentifikation in jeweils einem Datensatz,
FREQUENCIES	4	die ansonsten standardmäßig in eine Druck-Datei ausgegebenen Ergebnisse und
PEARSON CORR	4	die ermittelten Korrelationskoeffizienten (im Format F1o.7), wobei jede Zeile der Korrelationsmatrix in einen oder mehrere Datensätze übertragen wird.

Wollen wir z.B. die Variablen VARo14, VARo16 und VARo17 standardisieren und anschließend einen Index für die gesamte Selbsteinschätzung von Leistung und Begabung durch Summenbildung konstruieren,[+)] so können wir z.B. den folgenden Job ausführen lassen:

```
//A2oA$ST  JOB   PASSWORD=GEHEIM,USER=A2oA
// EXEC SPSS,INFILE='A2oA.SPSS.DATA',OUTFILE='A2oA.Z.DATA'
//SYSIN DD *
DATA LIST        FIXED VARo14 14, VARo16, VARo17 16 - 17
INPUT MEDIUM     DISK
CONDESCRIPTIVE VARo14 TO VARo17
OPTIONS          3
// EXEC SPSS,INFILE='A2oA.Z.DATA'
//SYSIN DD *
DATA LIST        FIXED Z14, Z16, Z17 17 - 4o ( 5 )
COMMENT          DIE STANDARDISIERTEN WERTE SIND IM FORMAT F8.5 AB DER
                 ZEICHENPOSITION 17 IN DEN DATENSAETZEN ABGESPEICHERT.
                 DAVOR SIND DIE WERTE DER VARIABLEN SEQNUM, SUBFILE UND
                 CASWGT EINGETRAGEN.
COMPUTE          INDEX = Z14 + Z16 + Z17
INPUT MEDIUM     DISK
CONDESCRIPTIVE INDEX
STATISTICS       1, 6
//
```

+) Dies ist natürlich inhaltlich äußerst fragwürdig (vgl. auch 1.5) und soll hier nur zur Demonstration dargestellt werden.

Bei der Ausführung des ersten SPSS-Programms werden die Daten aus der Magnetplatten-
Datei "A2oA.SPSS.DATA" gelesen, da wir im SPSS-Programm das Kommando INPUT MEDIUM
mit dem Spezifikationswert DISK[+] kodiert und dem Parameter INFILE (beim Aufruf des
SPSS-Systems mit der JCL-Karten-Prozedur SPSS) den Namen unserer Magnetplatten-Datei
zugeordnet haben. Über die Kennzahl 3 des hinter dem Kommando CONDESCRIPTIVE aufgeführten OPTIONS=Kommandos rufen wir die Ausgabe der standardisierten Variablenwerte
von VARo14, VARo16 und VARo17 in eine Ausgabe-Datei auf einem magnetischen Datenträger ab. Da wir die Nummer der Ausgabeeinheit nicht explizit mit einem RAW OUTPUT UNIT=
Kommando vor dem CONDESCRIPTIVE=Kommando eingestellt haben, wird die Ausgabe über die
Ausgabeeinheit mit der Nummer 9 vorgenommen. Dieser ist der DD-Name FTo9Fool zugeordnet, welcher mit einer Magnetplatten-Datei korrespondiert, deren Dateiname von uns
durch die Angabe von "A2oA.Z.DATA" beim Parameter OUTFILE (beim Aufruf des SPSS-
Systems mit der JCL-Karten-Prozedur SPSS) festgelegt ist.
Nach der Ausführung des CONDESCRIPTIVE=Kommandos sind die standardisierten Variablen-
werte in den Datensätzen der Magnetplatten-Datei "A2oA.Z.DATA" abgespeichert, von wo
sie durch die Ausführung des zweiten SPSS-Programms in das durch die Variablen Z14,
Z16 und Z17 gebildete SPSS-file eingelesen werden.
Die Ausführung des CONDESCRIPTIVE=Kommandos im zweiten SPSS-Programm liefert die
folgende Druckausgabe:

```
    VARIABLE   INDEX
●
    MEAN            0.000              VARIANCE         6.106
●
    VALID OBSERVATIONS -    250              MISSING OBSERVATIONS -       0
```

6.8.5 Sicherung des SPSS-files (SAVE FILE)

Bislang haben wir alle unsere SPSS-Programme durch eine vollständige Beschreibung des
einzurichtenden SPSS-files eingeleitet, d.h. wir haben in Verbindung mit dem DATA
LIST=Kommando (bzw. dem VARIABLE LIST= und dem INPUT FORMAT=Kommando, vgl. 6.2) in
der Regel SPSS-Kommandos zur
- Vereinbarung einer Subfile-Struktur (SUBFILE LIST),
- Etikettierung der Variablen und Variablenwerte (VAR LABELS und VALUE LABELS),
- permanenten Datenmodifikation   (wie z.B. COMPUTE und RECODE),
- permanenten Datenauswahl (wie z.B. SELECT IF),
- Vereinbarung von missing Values (MISSING VALUES und ASSIGN MISSING) und
- Dateneingabe (READ INPUT DATA, Datenkarten und END INPUT DATA bzw. INPUT MEDIUM
  mit dem Spezifikationswert DISK)
aufgeführt.

+) Sollen Daten aus einer Magnetband-Datei gelesen werden, so muß man im INPUT MEDIUM=
   Kommando den Spezifikationswert TAPE (Magnetband) angeben.

Hat man jedoch nach geeigneten Datenüberprüfungen die Daten von Kodier- und Abloch-
fehlern bereinigt, die erforderlichen permanenten Modifikationen und eine geeignete
Etikettierung kodiert, so daß fortan die eigentlichen Datenanalysen durchgeführt
werden können, so sollte man am Ende eines SPSS-Laufs den Inhalt des zu diesem Zeitpunkt aktuellen SPSS-files in eine Magnetplatten- oder eine Magnetband-Datei retten.
Dazu muß man das SPSS-Programm mit der Kodierung des Kommandos SAVE FILE (rette das
SPSS-file) in der folgenden Form beenden:

```
SAVE FILE        [filename [etikett] ]
```

Mit der Angabe von "filename" hat man die Möglichkeit, einen durch das Kommando FILE
NAME (vgl. 3.2) für das SPSS-file vergebenen Namen oder den diesbezüglich standardmäßig voreingestellten Namen NONAME zu ersetzen.

Bei der Ausführung des SAVE FILE=Kommandos wird der aktuelle Datenbestand des SPSS-
files in einer Datei gesichert. Welcher Dateiname vergeben und auf welchem Datenträger diese Datei eingerichtet werden soll, legen wir wiederum beim Aufruf der JCL-
Karten-Prozedur SPSS fest.[+]

Wollen wir z.B. das SPSS-file in einer Magnetplatten-Datei mit dem Namen
"A2oA.FILE.DATA" abspeichern, so kodieren wir:

```
// EXEC SPSS,INFILE='A2oA.SPSS.DATA',SVFILE='A2oA.FILE.DATA'
//SYSIN DD *
SUBFILE LIST     J11 ( 1oo ), J12 ( 1oo ), J13 ( 5o )
DATA LIST        FIXED VARoo1, VARoo2 1 - 2, VARoo6 5 - 6, VARo1o 1o, VARo14 14,
                 VARo16, VARo17 16 - 17, VARo18 TO VARo32 18 - 32
VAR LABELS       VARoo1 JAHRGANGSSTUFE/
                     .
                     .
                     .
                 VARo32 MITARBEITEN
VALUE LABELS     VARoo1
                 (1)11
                 (2)12
                 (3)13
                     .
                     .
                     .
VALUE LABELS     VARo17
                 (1)SEHR GERING
                 (5)DURCHSCHNITTLICH
                 (9)SEHR HOCH
MISSING VALUES   VARo1o ( o )
INPUT MEDIUM     DISK
SAVE FILE        NGO NEUGESTALTETE GYMNASIALE OBERSTUFE
```

Nach der Übertragung der Daten des SPSS-files in die Datei "A2oA.FILE.DATA" druckt
das SPSS-System die folgende Meldung in das Ablaufprotokoll:

+) Diese Datei wird innerhalb der JCL-Karten-Prozedur SPSS über den DD-Namen
   FTo4Foo1 bearbeitet.

```
FILE NGO      HAS BEEN SAVED WITH    25 VARIABLES..

SEQNUM     SUBFILE    CASWGT     VAR001     VAR002     VAR006     VAR010     VAR014     VAR016     VAR017
VAR018     VAR019     VAR020     VAR021     VAR022     VAR023     VAR024     VAR025     VAR026     VAR027
VAR028     VAR029     VAR030     VAR031     VAR032


              THE SUBFILES ARE..

                           NO OF
              NAME         CASES

              J11          100
              J12          100
              J13           50
```

6.8.6 Wiederherstellung des SPSS-files (GET FILE)

Ein SPSS-file, welches durch die Ausführung des Kommandos SAVE FILE in einer Datei
gesichert worden ist, kann durch den Aufruf des Kommandos GET FILE (stelle das SPSS-
file bereit) zur weiteren Verarbeitung wiederhergestellt werden. Man setzt somit den
Lauf des SPSS-Programms an der Stelle fort, an welcher das SPSS-file durch die Ausführung eines das Programm abschließenden SAVE FILE=Kommandos gesichert wurde.

Ein GET FILE=Kommando muß das SPSS-Programm einleiten[+] und in der Form

```
GET FILE        [filename]
```

kodiert werden.

Bei der Ausführung dieses Kommandos wird das SPSS-file vom SPSS-System wieder in die
für die weitere Verarbeitung erforderliche Form übertragen,[++] so daß dem GET FILE=
Kommando im SPSS-Programm unmittelbar Kommandos zur Durchführung von Datenanalysen
folgen dürfen.

In Anknüpfung an unser im Abschnitt 6.8.5 angegebenes Beispiel zur Sicherung eines
SPSS-files können wir den folgenden Job zur Ermittlung von Häufigkeitsverteilungen
zusammenstellen:

```
//A2oA$GET  JOB  PASSWORD=GEHEIM,USER=A2oA
// EXEC SPSS,GTFILE='A2oA.FILE.DATA'
//SYSIN DD *
GET FILE
FREQUENCIES     GENERAL = variablenliste
//
```

Beim Aufruf der JCL-Karten-Prozedur müssen wir somit nur dem Parameter GTFILE den
Namen der Datei zuweisen, in welcher wir das SPSS-file abgespeichert haben.

 +) Im SPSS-Programm dürfen vor einem GET FILE=Kommando nur die Kommandos EDIT,
    NUMBERED, PRINT BACK, PAGESIZE und RUN NAME (in dieser Reihenfolge) kodiert
    werden (vgl. Anhang A.1).
++) Beim SPSS-Programmlauf sind die Daten des SPSS-files physikalisch in zwei Magnet-
    platten-Dateien abgespeichert, denen die DD-Namen FTo1Foo1 und FTo2Foo1 zugeord-
    net sind. Bei der Ausführung des GET FILE=Kommandos wird auf die Datei, in der
    das SPSS-file enthalten ist, über den DD-Namen FTo3Foo1 zugegriffen.

Der Einsatz des GET FILE=Kommandos ist nicht nur vorteilhaft, um Schreibarbeit ein-
zusparen, sondern der Aufbau des SPSS-files erfolgt in der Regel auch viel schneller
als es bei der Ausführung der sonst dazu erforderlichen SPSS-Kommandos der Fall
wäre.[+)]

6.8.7 Inhaltsverzeichnis eines SPSS-files (LIST FILEINFO)

Um sich einen Überblick über die in einem SPSS-file abgespeicherten Informationen zu
verschaffen, kann man das Kommando LIST FILEINFO (drucke die Informationen des SPSS-
files) einsetzen, welches in der folgenden Form (in der Regel direkt hinter dem GET
FILE=Kommando) zu kodieren ist:

```
LIST FILEINFO  spezifikationswert(e)
```

Über die möglichen Spezifikationswerte kann man sich die folgenden Informationen
tabellarisch ins Ablaufprotokoll ausdrucken lassen:

Spezifikationswert	Ausgabe
VARLIST	der Liste aller im SPSS-file enthaltenen Variablen,
SORTVARS	der alphabetisch sortierten Liste aller Variablen des SPSS-files einschließlich der Positionsnummern der Variablen innerhalb des SPSS-files,
VARINFO	der vereinbarten missing Values und der durch das PRINT FORMATS=Kommando festgelegten Anzahl der Nachkommastellen für die Druckausgabe der Variablenwerte,
LABELS	der Variablen- und Werteetiketten, die durch das VAR LABELS und das VALUE LABELS=Kommando definiert sind,
SUBDIRECTORY	der Subfilenamen und Casezahlen pro Subfile, sofern durch SUBFILE LIST oder SORT CASES eine Subfile-Struktur existiert,
COMPLETE	aller durch VARLIST, VARINFO, LABELS und SUBDIRECTORY abruf-baren Informationen.

In Anknüpfung an das Beispiel von Abschnitt 6.8.5 erhalten wir durch den Ablauf von

```
// EXEC SPSS,GTFILE='A2oA.FILE.DATA.'
//SYSIN DD *
GET FILE
LIST FILEINFO  SUBDIRECTORY
```

die folgende Druckausgabe:

```
   FILE   NGO     (CREATION DATE = 06/27/83)   NEUGESTALTETE GYMNASIALE OBERSTUFE
   LIST OF THE   3 SUBFILES COMPRISING THE FILE..

   J11      N=    100    J12     N=    1oo    J13     N=      50
```

___
+) Allerdings ist zu beachten, daß der Speicherbereich, der für die Ablage des SPSS-
   files benötigt wird, in der Regel größer als der für die Datenkarten ist.

<u>Anhang</u>

A.1 Reihenfolge der SPSS-Kommandos

In der Regel sollte ein SPSS-Programm in der folgenden Form aufgebaut sein:

```
      EDIT (6.1.2)

      NUMBERED (6.1.1)

      PRINT BACK (6.7.4)
      PAGESIZE (6.7.1)
      RUN NAME (6.7.2)

      FILE NAME (3.3)
      SUBFILE LIST (4.2)

(1)→ │DATA LIST (3.1)│  oder: │VARIABLE LIST (6.2)│  oder: │GET FILE (6.8.6)│
                              │INPUT FORMAT       │

      ALLOCATE (6.3)

      permanente Datenmodifikationen und Auswahlen

      WEIGHT (6.5)

      temporäre Datenmodifikationen und Auswahlen

      *WEIGHT (6.5)

      VAR LABELS (3.4)
      VALUE LABELS (3.5)
      PRINT FORMATS (3.2)
      MISSING VALUES (3.6)
      ASSIGN MISSING (6.4.5)

                              │READ INPUT DATA      │        │N OF CASES (6.6.2)│
(2)→ │INPUT MEDIUM (2.3)│  oder: │ Datenkarten  (2.1)│  oder: │READ INPUT DATA   │
                              │END INPUT DATA       │        │ Datenkarten      │

      TASK NAME (6.7.2)
      RUN SUBFILES (4.2)
      N OF CASES (6.6.2)
      RAW OUTPUT UNIT (6.8.3)
      LIST CASES (3.8)

(3)→  Aufgabenstellung

      OPTIONS
      STATISTICS


      temporäre Datenmodifikationen und Auswahlen ⌐

      *WEIGHT                                      │

      VAR LABELS                                   │
      VALUE LABELS                                 │
      PRINT FORMATS                                │
      MISSING VALUES                               │
      ASSIGN MISSING                               │

      TASK NAME                                    │
      RUN SUBFILES                                  ├ dieser Block von SPSS-Kommandos
      N OF CASES                                   │  kann fehlen oder beliebig oft
      RAW OUTPUT UNIT                              │  wiederholt werden
      LIST CASES                                   │

      Aufgabenstellung                             │

      OPTIONS                                      │
      STATISTICS                                   ⌐
```

Die Kommandos, die im dargestellten Programmrahmen durch die Pfeile (1) und (3) markiert sind, müssen in jedem Fall in einem SPSS-Programm aufgeführt sein. Das durch den
Pfeil (2) bezeichnete Kommando bzw. die ersatzweise möglichen Angaben entfallen, falls
unter (1) das Kommando GET FILE ausgewählt wird und demzufolge das SPSS-file unmittelbar zur Bearbeitung bereitsteht.

Zu den in der Übersicht angegebenen permanenten Datenmodifikationen und Auswahlen
zählen die Kommandos:
- SAMPLE   : zufällige Auswahl von Cases (vgl. 6.6.3),
- SELECT IF : gezielte Auswahl von Cases (vgl. 3.8 und 6.6.1),
- COMPUTE   : unbedingte Wertzuweisung durch die Auswertung eines arithmetischen
                Ausdrucks (vgl. 3.7 und 6.4.1),
- RECODE   : Veränderung von Werten (vgl. 3.7 und 6.4.2),
- IF   : bedingte Wertzuweisung durch die Auswertung eines arithmetischen
                Ausdrucks (vgl. 6.4.3) und
- COUNT   : Wertzuweisung von Häufigkeiten, mit denen bestimmte Werte bei ausge-
                wählten Variablen caseweise auftreten (vgl. 6.4.4).

Die hieraus abgeleiteten Kommandos für die zugehörigen temporären Versionen heißen
*SAMPLE, *SELECT IF, *COMPUTE, *RECODE, *IF und *COUNT. Bei der Ausführung dieser
Kommandos gelten die Auswahlen und Veränderungen der Werte des SPSS-files nicht für
den gesamten Programmlauf, sondern nur für die unmittelbar folgende Aufgabenstellung.

Kommandos zur Datenmodifikation, zur Datenauswahl und zur Variablenbeschreibung
können gegebenenfalls mit Hilfe der Kommandos DO REPEAT und END REPEAT zusammengefaßt werden (vgl. 6.4.6).

Zur Formulierung von Aufgabenstellungen haben wir die folgenden SPSS-Kommandos
kennengelernt:
- BREAKDOWN   : vereinfachte Report-Ausgabe für intervallskalierte Merkmale und
                    Ausgabe einer Varianzanalyse-Tafel (vgl. 4.5 und 5.4),
- CONDESCRIPTIVE : Berechnung statistischer Maßzahlen für kontinuierliche Merkmale
                    (vgl. 4.1.4),
- CROSSTABS   : Beschreibung der statistischen Beziehung von Merkmalen (vgl. 5.1),
- FREQUENCIES   : Beschreibung von Häufigkeitsverteilungen einzelner Merkmale (vgl.
                    2.1 und 4.1),
- LIST FILEINFO : Erstellung eines Inhaltsverzeichnisses des SPSS-files (vgl. 6.8.7),
- MULT RESPONSE : Häufigkeitsauszählung bei Mehrfachnennungen (vgl. 4.6),
- NONPAR CORR   : Beschreibung der statistischen Beziehung von Paaren ordinalska-
                    lierter Merkmale (vgl. 5.2),
- PEARSON CORR   : Beschreibung der statistischen Beziehung von Paaren intervallska-
                    lierter Merkmale (vgl. 5.3.2),

- REPORT   : Erstellung von Reports zur tabellarischen Darstellung von
                      Statistiken (vgl. 4.4),
- SAVE FILE   : Sicherung des SPSS-files (vgl. 6.8.5),
- SCATTERGRAM   : Ausgabe von Streudiagrammen und Beschreibung der Linearität
                      einer statistischen Beziehung (vgl. 5.3.1),
- SORT CASES   : Sortierung der Cases des SPSS-files nach Variablenwerten
                      (vgl. 4.3) und
- T-TEST   : Vergleich zweier Mittelwerte (vgl. 5.5).

Als weitere SPSS-Kommandos zur statistischen Datenanalyse stehen die folgenden, in
diesem Buch nicht dargestellten Kommandos zur Verfügung (s. dazu das Anwender-Manual
von NIE, HULL u.a., vgl. den Hinweis im Literaturverzeichnis):[+)]
AGGREGATE, ANOVA, BOX-JENKINS, CANCORR, DISCRIMINANT, FACTOR, GUTTMAN-SCALE, MANOVA,
NEW REGRESSION, NPAR TESTS, ONEWAY, PARTIAL CORR, REGRESSION, RELIABILITY und SURVIVAL.

A.2 Syntax der SPSS-Kommandos

Jedes SPSS-Kommando wird durch einen Kommandonamen eingeleitet, welcher ab Spalte 1
kodiert werden muß. Ab Spalte 16 sind die für das Kommando erforderlichen Spezifikationen anzugeben. Reicht das Spezifikationsfeld von Spalte 16 bis Spalte 8o (bzw.
Spalte 72 beim Einsatz des Kommandos NUMBERED) nicht aus, so müssen die restlichen
Informationen auf Fortsetzungskarten aufgeführt werden, bei denen der Spaltenbereich
von Spalte 1 bis Spalte 15 nur aus Leerzeichen bestehen darf (vgl. 2.4).

Wir führen die Kommandonamen der in diesem Buch dargestellten SPSS-Kommandos[++)] in
ihrer alphabetischen Reihenfolge auf und geben gleichzeitig die Struktur der zugehörigen Spezifikationen an:

| ALLOCATE   TRANSPACE = anzahl der bytes |

Leistung: Veränderung der Größen von Workspace und Transpace (vgl. 6.3)

| ASSIGN MISSING variablenliste1 (wert1)[/ variablenliste2 (wert2)]... |

Leistung: dynamische Zuweisung von missing Values (vgl. 6.4.5)

| COMMENT   text |

Leistung: Kommentierung von SPSS-Kommandos (vgl. 6.7.3)

| [*] COMPUTE   variablenname = arithmetischer ausdruck |

Leistung: Erstellung oder Veränderung einer numerischen Variablen des SPSS-files,
          welcher der Wert eines arithmetischen Ausdrucks zugewiesen wird (vgl. 6.4.1)

 +) Vgl. die Leistungsangaben auf S. 6f.
++) Die SPSS-Kommandos zur statistischen Datenanalyse sind in A.3 zusammengestellt.

```
[*] COUNT        variablenname = variablenliste1 ( werteliste1 )
                [variablenliste2 ( werteliste2 )] ...
```

Leistung: Erstellung oder Veränderung einer numerischen Variablen des SPSS-files, der
          als Wert die Häufigkeit zugewiesen wird, mit der bestimmte Werte in einer
          oder mehreren Variablen caseweise auftreten (vgl. 6.4.4)

```
DATA LIST        FIXED ( anzahl )
                    / m1 variablenliste1 spn1[ - spn2] ( wert1 )
                        [ variablenliste2 spn3[ - spn4] ( wert2 )] ...
                  [/ m2 variablenliste3 spn5[ - spn6] ( wert3 )
                        [ variablenliste4 spn7[ - spn8] ( wert4 )] ...] ...
```

Leistung: Bestimmung der Variablen des SPSS-files und Beschreibung, wie die Daten auf
          dem Datenträger bei der Eingabe zu interpretieren sind (vgl. 3.1)

```
DO REPEAT        platzhalter1 = variablenliste1 | werteliste1
                [/ platzhalter2 = variablenliste2 | werteliste2] ..,

END REPEAT
```

Leistung: kompakte Beschreibung von mehreren Variablenvereinbarungen, -Veränderungen
          bzw. Datenauswahlen (vgl. 6.4.6)

```
EDIT
```

Leistung: Überprüfung, ob die Kommandos des SPSS-Programms syntaktisch korrekt sind
          (vgl. 6.1.2)

```
FILE NAME        filename[ etikett]
```

Leistung: Benennung des SPSS-files (vgl. 3.3)

```
GET FILE        [filename]
```

Leistung: Wiederherstellung eines gesicherten SPSS-files zur weiteren Bearbeitung
          (vgl. 6.8.6)

```
[*] IF           ( bedingung ) variablenname = arithmetischer ausdruck
```

Leistung: Erstellung oder Veränderung einer numerischen Variablen des SPSS-files,
          welcher bei erfüllter Bedingung der Wert des arithmetischen Ausdrucks und
          anderenfalls der Wert o zugewiesen wird (vgl. 6.4.3)

```
INPUT FORMAT    FIXED ( formatliste )
```

Leistung: Beschreibung des Eingabeformats für die Datenübertragung, falls das SPSS-
          file mit dem Kommando VARIABLE LIST erstellt wird (vgl. 6.2)

```
| INPUT MEDIUM    DISK | TAPE          |
```

Leistung: Verweis auf den Datenträger der Datei, in welcher die Daten abgespeichert
          sind (vgl. 2.3)

```
| LIST CASES      [CASES = anzahl /][ VARIABLES = variablenliste] |
```

Leistung: Ausgabe von Wertelisten im Standardformat im Zusammenhang mit einem
          Auswertungsverfahren (vgl. 3.8)

```
| LIST FILEINFO [VARLIST][SORTVARS][VARINFO][LABELS][SUBDIRECTORY] | COMPLETE |
```

Leistung: Beschreibung der Informationen, die im SPSS-file eingetragen sind
          (vgl. 6.8.7)

```
| MISSING VALUES  variablenliste1( wertelistel )[/ variablenliste2 ( werteliste2 )]... |
```

Leistung: Vereinbarung von missing Values für die folgenden Auswertungsverfahren
          (vgl. 3.6)

```
| N OF CASES      anzahl          |
```

Leistung: Bestimmung der Anzahl der Cases für folgende Auswertungsverfahren
          (vgl. 6.6.2)

```
| NUMBERED        YES             |
```

Leistung: Einschränkung des Spezifikationsfeldes auf den Bereich von Spalte 16 bis
          Spalte 72 (vgl. 6.1.1)

```
| OPTIONS         kennzahl1[ kennzahl2 ] ... |
```

Leistung: Einflußnahme auf die Auswertungsart und die Form der Druckausgabe für die
          unmittelbar zuvor aufgeführte Aufgabenstellung

```
| PAGESIZE        NOEJECT | anzahl       |
```

Leistung: Veränderung der Zeilenzahl pro Druckseite (vgl. 6.7.1)

```
| PRINT BACK      NO | FORMAT | CONTROL  |
```

Leistung: Beschreibung der Protokollierungsart (vgl. 6.7.4)

```
| PRINT FORMATS   variablenliste1 ( wert1 )[/ variablenliste2 ( wert2 )] ... |
```

Leistung: Kennzeichnung, ob es sich um alphanumerische oder numerische Variablen han-
          delt, und Festlegung der Nachkommastellenzahl für die Druckausgabe der
          Werte numerischer Variablen (vgl. 3.2)

```
| RAW OUTPUT UNIT nummer |
```

Leistung: Festlegung der Ausgabeeinheit für die Datenausgabe (vgl. 6.8.3)

```
| READ INPUT DATA |
```

Leistung: Mitteilung an das SPSS-System, daß die Daten eingelesen werden sollen
         (vgl. 2.1)

```
| [*]RECODE      variablenliste ( werteliste1 = wert-neu1 )
                            [( werteliste2 = wert-neu2 )] ... |
```

Leistung: Veränderung der Werte von im SPSS-file abgespeicherten Variablen gemäß
         der Rekodierungsvorschriften (vgl. 3.7 und 6.4.2)

```
| RUN NAME      text |
```

Leistung: Erzeugung einer Seitenüberschrift im Ablaufprotokoll (vgl. 6.7.2)

```
| RUN SUBFILES   ( subfilenamen-liste1 )[( subfilenamen-liste2 )]... | EACH | ALL |
```

Leistung: Zusammenstellung der Subfiles für die nachfolgenden Auswertungsverfahren
         (vgl. 4.2)

```
| [*]SAMPLE      faktor | n1 FROM n2 |
```

Leistung: zufällige Auswahl von Cases für die Datenanalyse (vgl. 6.6.3)

```
| SAVE FILE      [ filename [ etikett ]] |
```

Leistung: Sicherung des SPSS-files in einer Datei auf einem magnetischen Datenträger
         (vgl. 6.8.5)

```
| SEED      startwert | PRINT |
```

Leistung: Bestimmung oder Ausdruck des Startwertes für den Pseudo-Zufallszahlen-
         Generator (vgl. 6.6.3)

```
| [*]SELECT IF    ( bedingung ) |
```

Leistung: gezielte Auswahl von Cases für die Datenanalyse (vgl. 3.8 und 6.6.1)

```
| SORT CASES    sortiervariable1 ( A | D )[sortiervariable2 ( A | D )] ...
               [ / SUBFILES = subfilename1 subfilename2[ subfilename3 ]...] |
```

Leistung: Sortierung eines SPSS-files nach den Werten der Sortiervariablen in auf-
         (A) oder absteigender (D) Reihenfolge, wobei u.U. eine Einteilung in
         Subfiles vorgenommen wird (vgl. 4.3)

```
STATISTICS        kennzahl1 [ kennzahl2 ] ...
```

Leistung: Abruf von Statistiken für die direkt vorausgehende Aufgabenstellung

```
SUBFILE LIST    subfilename1 ( anzahl1 ) subfilename2 ( anzahl2 )
                [ subfilename3 ( anzahl3 ) ] ...
```

Leistung: Beschreibung einer Subfile-Struktur des SPSS-files (vgl. 4.2)

```
TASK NAME        text
```

Leistung: Abruf einer aufgabenspezifischen Druckzeile unter der Zeile für die
          Seitenüberschrift (vgl. 6.7.2)

```
VALUE LABELS    variablenliste1 ( wert1 ) etikett1 [ ( wert2 ) etikett2 ] ...
                [ / variablenliste2 ( wert3 ) etikett3 [ ( wert4 ) etikett4 ] ... ] ...
```

Leistung: Etikettierung von Werten (vgl. 3.5)

```
VAR LABELS      variablenname1 etikett1 [ / variablenname2 etikett2 ] ...
```

Leistung: Etikettierung von Variablen (vgl. 3.4)

```
VARIABLE LIST   variablenliste
```

Leistung: Beschreibung der Variablen des SPSS-files, falls die Vorschrift für die
          Interpretation der Daten mit dem Kommando INPUT FORMAT festgelegt wird
          (vgl. 6.2)

```
[*] WEIGHT        variablenname
```

Leistung: Gewichtung von Cases (vgl. 6.5)

A.3 Syntax der Kommandos zur statistischen Datenanalyse und Kennzahlen in den zugehörigen OPTIONS= und STATISTICS=Kommandos

Gemäß der alphabetischen Ordnung der Kommandonamen geben wir im folgenden eine
Syntax-Übersicht über die Kommandos zur statistischen Datenanalyse. Zu jedem Kommando
führen wir die in OPTIONS= und STATISTICS=Kommandos kodierbaren Kennzahlen auf und
geben den damit verbundenen Leistungsumfang bzgl. der einzelnen Auswertungsverfahren
an.

```
BREAKDOWN        TABLES = variablenliste1 BY variablenliste2 [ BY variablenliste3 ] ...
                 [ / variablenliste4 BY variablenliste5 [ BY variablenliste6 ] ... ] ...
```

Leistung: vereinfachte Report-Ausgabe für intervallskalierte Merkmale und Ausdruck
          einer Varianzanalyse-Tafel (vgl. 4.5 und 5.4)

Kennzahlen des OPTIONS=Kommandos:

> 1 : Einschluß von missing Values,
> 2 : unabhängig von den jeweiligen Werten der Break-Variablen werden nur diejenigen Cases von der Verarbeitung ausgeschlossen, deren Werte bei der jeweiligen Kolumnen-Variablen als missing Values vereinbart sind,
> 3 : die durch die Kommandos VAR LABELS und VALUE LABELS definierten Etiketten werden nicht ausgedruckt und
> 4 : der Report wird in Form eines Baum-Diagramms ausgegeben.

Kennzahlen des STATISTICS=Kommandos:

> 1 : Ausgabe einer Varianzanalyse-Tafel und
> 2 : Ausgabe einer erweiterten Varianzanalyse-Tafel zur Durchführung eines Linearitäts-Tests.

> CONDESCRIPTIVE variablenliste

Leistung: Berechnung statistischer Maßzahlen für quantitative Merkmale (vgl. 4.1.4)

Kennzahlen des OPTIONS=Kommandos:

> 1 : Einschluß von missing Values,
> 2 : durch VAR LABELS vereinbarte Variablenetiketten werden nicht ausgedruckt,
> 3 : die standardisierten Werte werden in eine Datei auf der Magnetplatte oder einem Magnetband ausgegeben, und der Aufbau der Datensätze wird protokolliert, und
> 4 : hinter den zuletzt angegebenen Statistiken wird ein Inhaltsverzeichnis ausgedruckt, in welchem für jede Variable die Seitenzahl der zugehörigen Druckausgabe protokolliert ist.

Kennzahlen des STATISTICS=Kommandos:

> 1 : arithmetisches Mittel
> 2 : Standardfehler
> 5 : Standardabweichung
> 6 : Varianz
> 7 : Wölbung
> 8 : Schiefe
> 9 : Spannweite
> 1o : minimaler Wert
> 11 : maximaler Wert
> 12 : Summe aller Werte

```
CROSSTABS       TABLES = variablenliste1 BY variablenliste2[BY variablenliste3]...
                [/ variablenliste4 BY variablenliste5[BY variablenliste6]...]...
```

<u>Leistung</u>: Beschreibung der statistischen Beziehung von Merkmalen (vgl. 5.1)

<u>Kennzahlen des OPTIONS=Kommandos</u>:

> 1 : Einschluß von missing Values,
>
> 2 : die durch die Kommandos VAR LABELS und VALUE LABELS vereinbarten Etiketten werden nicht ausgedruckt,
>
> 3 : die Ausgabe der (angepaßten) relativen Zeilenhäufigkeiten (ROW PCT) wird unterdrückt,
>
> 4 : die Ausgabe der (angepaßten) relativen Spaltenhäufigkeiten (COL PCT) wird unterdrückt,
>
> 5 : die Ausgabe der (angepaßten) relativen Gesamthäufigkeiten (TOT PCT) wird unterdrückt,
>
> 9 : hinter den Kontingenz-Tabellen wird ein Inhaltsverzeichnis ausgegeben, in welchem für jede Tabelle die Seitennummer der zugehörigen Druckausgabe protokolliert ist,
>
> 1o : für jede Zelle der Kontingenz-Tabelle werden die absolute Häufigkeit und die Identifikationsinformationen der Zelle als jeweils ein Datensatz in eine Datei auf der Magnetplatte oder einem Magnetband eingetragen, so daß diese Werte in einer nachfolgenden Datenanalyse weiterverarbeitet werden können und
>
> 12 : es erfolgt keine Druckausgabe (dies ist nur sinnvoll in Verbindung mit der Kennzahl 1o)

<u>Kennzahlen des STATISTICS=Kommandos</u>:

> 1 : bei 2x2-Kontingenz-Tabellen mit maximal 2o Cases wird ein exakter Fisher-Test durchgeführt, und bei mehr als 2o Cases werden der unkorrigierte und der durch die Yates-Korrektur veränderte Chi-Quadrat-Wert und die zugehörigen Signifikanzniveaus protokolliert; bei größeren Kontingenz-Tabellen wird der (unkorrigierte) Chi-Quadrat-Wert mit zugehörigem Signifikanzniveau ausgegeben, und es wird die Anzahl der Zellen protokolliert, für welche die zugeordneten Häufigkeiten in der Indifferenz-Tabelle kleiner als 5 sind (dabei wird zusätzlich auch der kleinste in der Indifferenz-Tabelle enthaltene Wert ausgedruckt),
>
> 2 : für 2x2-Kontingenz-Tabellen wird der Phi-Koeffizient und für größere Tabellen die Maßzahl Cramer's V ausgedruckt,
>
> 3 : es wird der Kontingenz-Koeffizient C ausgegeben,
>
> 4 : es werden die beiden asymmetrischen und der symmetrische Lambda-Koeffizient (von Goodman und Kruskal) protokolliert, und ferner werden errechnet:
>
> 6 : Kendall's Tau_b,
>
> 7 : Kendall's Tau_c,

> 8 : der Gamma-Koeffizient von Goodman und Kruskal und
>
> 9 : der symmetrische und die asymmetrischen Somers' d - Koeffizienten,
>
> lo : es wird der Wert Eta ($\underline{\text{nicht}}$ Eta^2!) ausgegeben und
>
> 11 : es wird der Korrelationskoeffizient r nach Bravais-Pearson ($\underline{\text{nicht}}$ r^2!)
>   ausgedruckt.

> FREQUENCIES   GENERAL = variablenliste

$\underline{\text{Leistung}}$: Beschreibung von Häufigkeitsverteilungen einzelner Merkmale (vgl. 2.1 und
4.1)

$\underline{\text{Kennzahlen des OPTIONS=Kommandos}}$:

> 1 : Einschluß von missing Values,
>
> 2 : durch VALUE LABELS vereinbarte Werteetiketten werden nicht ausgegeben,
>
> 3 : die Druckausgabe wird auf das DIN-A-4-Format komprimiert,
>
> 4 : es wird keine Druckausgabe durchgeführt sondern eine Ausgabe in eine Datei
>   auf der Magnetplatte oder einem Magnetband vorgenommen, so daß die Tabellen
>   anschließend weiterverarbeitet werden können,
>
> 5 : die Tabellen werden in einer verdichteten Form ausgedruckt (Papierersparnis!),
>   wobei die Prozentsätze nach einer Rundung ganzzahlig ausgegeben werden,
>
> 6 : die Ausgabe erfolgt nur für diejenigen Tabellen verdichtet, für die in der
>   Standardform mehr als eine Druckseite benötigt würde,
>
> 7 : es wird nur die Anzahl der gültigen Cases protokolliert,
>
> 8 : für jede Variable wird die Häufigkeitsverteilung durch ein Histogramm
>   graphisch verdeutlicht,
>
> 9 : hinter den Tabellen wird ein Inhaltsverzeichnis ausgedruckt, in welchem für
>   jede Variable die Seitenzahl der zugehörigen Druckausgabe protokolliert ist,
>
> lo : die Eintragungen in der Tabelle sind $\underline{\text{absteigend nach Variablenwerten}}$ geordnet,
>
> 11 : die Eintragungen in der Tabelle sind $\underline{\text{absteigend nach der Häufigkeit}}$ der
>   Variablenwerte sortiert und
>
> 12 : die Eintragungen in der Tabelle sind $\underline{\text{aufsteigend nach der Häufigkeit}}$ der
>   Variablenwerte geordnet.

$\underline{\text{Kennzahlen des STATISTICS=Kommandos}}$:

> 1 : arithmetisches Mittel
>
> 2 : Standardfehler
>
> 3 : Median
>
> 4 : Modus
>
> 5 : Standardabweichung
>
> 6 : Varianz

```
 7 : Wölbung
 8 : Schiefe
 9 : Spannweite
lo.: minimaler Wert
11 : maximaler Wert
```

```
MULT RESPONSE  GROUPS = gruppenname1[etikett1]( variablenliste1 ( wert1 ) )
                  [ gruppenname2[etikett2]( variablenliste2 ( wert2 ) )]... /
               FREQUENCIES = gruppenname1[gruppenname2]...
```

<u>Leistung</u>: Häufigkeitsauszählung bei Mehrfachnennungen (vgl. 4.6)

<u>Kennzahlen des OPTIONS=Kommandos</u>:

```
1 : Einschluß von missing Values und
2 : es wird ein listenweiser Ausschluß verabredet, d.h. ein Case wird immer dann
    von der gesamten Auswertung ausgeschlossen, falls für ihn der Wert einer oder
    mehrerer (Indikator-) Variablen als missing Value vereinbart ist.
```

```
NONPAR CORR    variablenliste1[WITH variablenliste2]
                  [/ variablenliste3[WITH variablenliste4]]...
```

<u>Leistung</u>: Beschreibung der statistischen Beziehung von Paaren ordinalskalierter
          Merkmale (vgl. 5.2)

<u>Kennzahlen des OPTIONS=Kommandos</u>:

```
1 : Einschluß von missing Values,
2 : es erfolgt ein listenweiser Ausschluß von Cases mit missing Values, d.h. ein
    Case wird dann von allen Koeffizientenberechnungen für die Paare einer bzw.
    (falls WITH kodiert ist) zweier Variablenlisten ausgeschlossen, falls er für
    irgendeine Variable dieser Liste(n) einen als missing Value vereinbarten Wert
    besitzt,
3 : ein ausgedrucktes Signifikanzniveau bezieht sich auf einen zweiseitigen Signi-
    fikanztest  (standardmäßig wird das Signifikanzniveau für einen einseitigen
    Test ausgedruckt),
4 : ist in einer Spezifikationsliste das Schlüsselwort WITH nicht kodiert, so wer-
    den die ermittelten Assoziationskoeffizienten in Matrixform zeilenweise als
    Datensätze in eine Datei auf der Magnetplatte oder dem Magnetband ausgegeben,
5 : anstelle von Spearman's Rho wird der Koeffizient Kendall's $Tau_b$ berechnet,
6 : es werden sowohl Spearman's Rho als auch Kendall's $Tau_b$ ermittelt und
8 : reicht der Workspace nicht aus, um alle Cases in die Auswertung mit einbeziehen
    zu können, so werden die Berechnungen für eine Zufallsstichprobe der Cases
    durchgeführt.
```

```
PEARSON CORR    variablenliste1 [WITH variablenliste2]
                [/ variablenliste3 [WITH variablenliste4]] ...
```

Leistung: Beschreibung der statistischen Beziehung von Paaren intervallskalierter
          Merkmale (vgl. 5.3.2)

Kennzahlen des OPTIONS=Kommandos:

1 : Einschluß von missing Values,

2 : es erfolgt ein listenweiser Ausschluß von Cases mit missing Values,

3 : das ausgedruckte Signifikanzniveau bezieht sich auf einen zweiseitigen Test
    zur Überprüfung von H_0 (r = o) anstelle eines (standardmäßig vorgenommenen)
    einseitigen Tests,

4 : ist in einer Spezifikationsliste das Schlüsselwort WITH nicht kodiert, so
    werden die ermittelten Korrelationskoeffizienten in Matrixform zeilenweise
    als Datensätze in eine Datei auf der Magnetplatte oder einem Magnetband aus-
    gegeben,

5 : die Ausgabe des Signifikanzniveaus und der Anzahl der gültigen Cases wird
    unterdrückt und

6 : die Druckausgabe erfolgt nicht in Matrixform, sondern die Koeffizienten
    werden reihenweise hintereinander ausgegeben.

Kennzahlen des STATISTICS=Kommandos:

1 : vor der Ausgabe der Korrelationskoeffizienten werden in einer separaten
    Tabelle die arithmetischen Mittel und die Standardabweichungen ausgedruckt
    und

2 : es erfolgt eine tabellarische Druckausgabe der Kovariationen und der
    Kovarianzen aller Variablenpaare.

```
REPORT        FORMAT = layout-spezifikation /
              VARIABLES = kolumnen-variablen-spezifikation /
              [MISSING = auswertungsart /]
              [LHEAD = text1 /]
              [CHEAD = text2 /]
              [RHEAD = text3 /]
              [LFOOT = text4 /]
              [CFOOT = text5 /]
              [RFOOT = text6 /]
              BREAK = break-variablen-spezifikation /
              SUMMARY = summary-angaben
              [/ BREAK = break-variablen-spezifikation] ...
```

<u>Leistung</u>: Erstellung von Reports zur tabellarischen Darstellung von Statistiken (vgl. 4.4)

Zu den Layout-Spezifikationen zählen die folgenden Schlüsselwörter:

```
DEFAULT, MARGINS ( l, r ), LENGTH ( t, b ), HDSPACE ( z ), FTSPACE ( z ),
CHDSPACE ( z ), BRKSPACE ( z ), LIST und TOTAL
```

Die Spezifikation für die Kolumnen-Variablen hat die Form:

```
variablenname1 [ ( LABEL )] ['text1' [ 'text2'] ...] [ ( kolumnenbreite1 )]
[variablenname2 [ ( LABEL )] ['text3' [ 'text4'] ...] [ ( kolumnenbreite2 )]] ...
```

Das Subkommando MISSING hat die Form:

```
MISSING = LIST ( variablenname1 [variablenname2] ...) | NONE | LIST
```

Die Texte für die Kopf- und Fußzeilenbereiche müssen so kodiert werden:

```
LHEAD = 'text1' [ 'text2'] ... /
CHEAD = 'text3' [ 'text4'] ... /
RHEAD = 'text5' [ 'text6'] ... /
LFOOT = 'text7' [ 'text8'] ... /
CFOOT = 'text9' [ 'textlo'] ... /
RFOOT = 'text11' [ 'text12'] ... /
```

Die Spezifikation für die Break-Variablen hat die Form:

```
variablenname1 [ variablenname2 ] ... [ 'text1' [ 'text2'] ...] [ ( kolumnenbreite )]
[ ( LABEL )] [ ( PAGE | SKIP ( leerzeilenzahl ) )] /
```

Das Subkommando SUMMARY hat die Form:

```
SUMMARY = summary-angabe1 [ [ CONTINUE ] summary-angabe2 ] ...
```

wobei jede Summary-Angabe folgendermaßen kodiert werden muß:

```
statistik1 [ statistik2] ... [ 'text'] ( kolumnen-variable1 [ ( dezimalstellenzahl1 )]
                              [ kolumnen-variable2 [ ( dezimalstellenzahl2 )]] ... )
```

```
SCATTERGRAM    variablenliste1 [WITH variablenliste2]
               [/ variablenliste3 [WITH variablenliste4]] ...
```

<u>Leistung</u>: Ausgabe von Streudiagrammen und Beschreibung der Linearität einer statistischen Beziehung (vgl. 5.3.1)

Kennzahlen des OPTIONS=Kommandos:

---

1 : Einschluß von missing Values,

2 : es erfolgt ein listenweiser Ausschluß von Cases mit missing Values,

3 : die durch VAR LABELS vereinbarten Etiketten werden nicht ausgedruckt,

4 : die Einteilung der Streudiagramm-Ausgabe in 9 Quadranten entfällt,

5 : in der Druckausgabe des Streudiagramms werden zusätzlich die beiden Diagonalen gekennzeichnet,

6 : das im Zusammenhang mit der Kennzahl 3 des STATISTICS=Kommandos ausgedruckte Signifikanzniveau bezieht sich auf einen zweiseitigen Test zur Überprüfung von H_o (r = o) anstelle eines (standardmäßig vorgenommenen) einseitigen Tests,

7 : die Beschriftung der senkrechten und waagerechten Achsen wird ganzzahlig vorgenommen und

8 : reicht der Workspace nicht aus, um alle Werte in die Auswertung mit einbeziehen zu können, so werden die Berechnungen nur für eine Zufallsstichprobe der Cases durchgeführt.

Kennzahlen des STATISTICS=Kommandos:

---

1 : Korrelationskoeffizient r von Bravais-Pearson,

2 : Determinationskoeffizient r^2,

3 : Signifikanzniveau für einen einseitigen Signifikanztest zur Überprüfung der Nullhypothese, daß beide Merkmale in der Grundgesamtheit unkorreliert sind,

4 : Standardfehler der Schätzung,

5 : Niveaukoeffizient der Regressionsgeraden, welcher den Schnittpunkt der Regressionsgeraden mit der senkrechten Achse beschreibt und

6 : Steigungskoeffizient der Regressionsgeraden, welcher gleich dem Tangens des Winkels ist, den die Regressionsgerade mit der waagerechten Achse bildet.

```
T-TEST        GROUPS = gruppenspezifikation1 / VARIABLES = variablenliste1
              |PAIRS = variablenliste2 [WITH variablenliste3]
              |GROUPS = gruppenspezifikation2 / VARIABLES = variablenliste4 /
              PAIRS = variablenliste5 [WITH variablenliste6]
```

Leistung: Signifikanztest für Mittelwertsunterschiede bei abhängigen bzw. unabhängigen Stichproben (vgl. 5.5)

Kennzahlen des OPTIONS=Kommandos:

---

1 : Einschluß von missing Values,

2 : es erfolgt ein listenweiser Ausschluß von Cases mit missing Values und

3 : die durch VAR LABELS vereinbarten Variablenetiketten werden nicht ausgedruckt.

A.4 Die JCL-Karten-Prozedur

Die JCL-Karten-Prozedur SPSS[+] erleichtert dem Anwender die Nutzung des SPSS-Systems.
Für den Einsatz der Datenverarbeitungsanlage SIEMENS 7.88o im Rechenzentrum der
Universität Bremen besteht diese Prozedur aus den folgenden JCL-Karten:[++]

```
      ┬  //SPSS     PROC    CORE=1ooK,
      │  //                 INFILE=NULLFILE,OUTFILE=NULLFILE,
   (1)│  //                 OUTUNIT=LFD317,OUTVOL=USERo3,OUTPOS=,
      │  //                 GTFILE=NULLFILE,SVFILE=NULLFILE,
      ┴  //                 SVUNIT=LFD317,SVVOL=USERo3,SVPOS=
   (2)  //GO       EXEC    PGM=SPSS,PARM=&CORE,REGION=256K
   (3)  //STEPLIB  DD      DSN=APP1.SPSS.LOAD.M91,DISP=SHR
   (4)  //FTo1Foo1 DD      UNIT=SYSWRK,SPACE=(CYL,(1,1))
   (5)  //FTo2Foo1 DD      UNIT=SYSWRK,SPACE=(CYL,(1,1))
   (6)  //FTo3Foo1 DD      DSN=&GTFILE,DISP=SHR
      ┬  //FTo4Foo1 DD      DSN=&SVFILE,VOL=SER=&SVVOL,UNIT=&SVUNIT,
   (7)│  //                 LABEL=(&SVPOS,,,OUT),SPACE=(TRK,(5,5),RLSE),
      ┴  //                 DISP=(NEW,CATLG,DELETE)
   (8)  //FTo5Foo1 DD      DDNAME=SYSIN
   (9)  //FTo6Foo1 DD      SYSOUT=*
  (1o)  //FTo8Foo1 DD      DSN=&INFILE,DISP=SHR
      ┬  //FTo9Foo1 DD      DSN=&OUTFILE,VOL=SER=&OUTVOL,UNIT=&OUTUNIT,
  (11)│  //                 LABEL=(&OUTPOS,,,OUT),SPACE=(TRK,(5,5),RLSE),
      ┴  //                 DISP=(NEW,CATLG,DELETE),DCB=(RECFM=FB,LRECL=8o,BLKSIZE=312o)
  (12)  //FT1oFoo1 DD      DSN=APP1.SPSSUDCU.M91,DISP=SHR,DCB=BUFNO=1
      ┬  //FT15Foo1 DD      SYSOUT=*
      │  //FT16Foo1 DD      SYSOUT=*
  (13)│  //FT17Foo1 DD      SYSOUT=*
      │  //FT18Foo1 DD      SYSOUT=*
      │  //FT19Foo1 DD      SYSOUT=*
      ┴  //FT2oFoo1 DD      SYSOUT=*
      ┬  //SORTLIB  DD      DSN=SYS1.SORTLIB,DISP=SHR
      │  //SORTWKo1 DD      UNIT=SYSWRK,SPACE=(CYL,(2,1))
  (14)│  //SORTWKo2 DD      UNIT=SYSWRK,SPACE=(CYL,(2,1))
      │  //SORTWKo3 DD      UNIT=SYSWRK,SPACE=(CYL,(2,1))
      ┴  //SYSOUT   DD      SYSOUT=*
```

In (1) ist durch das Wort "PROC" der Anfang der JCL-Karten-Prozedur und durch das Wort
"SPSS" der Name dieser Prozedur festgelegt. Die Wörter vor den Gleichheitszeichen "="
sind die Parameter wie z.B. CORE, GTFILE und SVFILE. Hinter jedem Gleichheitszeichen
sind die voreingestellten Werte angegeben, wie etwa der Wert 1ooK beim Parameter CORE.

In (2) wird mit der JCL-Karte "EXEC" das SPSS-System - mit dem Programmnamen SPSS -
aufgerufen. Dabei wird durch den Parameter CORE[+++], welcher mit dem Wert 1ooK vorein-

---

+) Die Vereinbarung einer derartigen Prozedur ist installationsabhängig und daher
   sollte der Anwender vor dem Einsatz des SPSS-Systems stets die Programmberatung
   seines Rechenzentrums aufsuchen.

++) JCL-Karten enthalten Informationen im Bereich von Spalte 1 bis 71. Reicht eine
    Lochkarte zur Kodierung nicht aus, so wird der Rest in eine oder mehrere Fort-
    setzungskarten eingetragen. Die Trennung erfolgt stets hinter einem Komma (,).
    Die Fortsetzungskarte wird mit 2 Schrägstrichen (//) eingeleitet und die Fort-
    setzung der Information muß im Spaltenbereich 4 bis 16 beginnen.(Die angegebene
    Prozedur ist eine Kurzform der installierten Prozedur, da die vollständige Be-
    schreibung weitere Kenntnisse über in diesem Buch nicht behandelte SPSS-Kommandos
    vorraussetzen würde)·

+++) Innerhalb der Prozedur wird jeder Parameter durch das Zeichen "&" eingeleitet.

gestellt ist, die Gesamtgröße von Work- und Transpace festgelegt (vgl. 6.3), Dem Namen "REGION" ist der Wert 256K zugewiesen, d.h. für das SPSS-System werden 256K Bytes im Hauptspeicher bereitgestellt.

Durch die STEPLIB-Karte (3) ist festgelegt, daß das SPSS-System in der Programmbibliothek (library) mit dem Dateinamen "APP1.SPSS.LOAD.M91" abgespeichert ist.

Die DD-Karte (4) mit dem DD-Namen "FTo1Foo1" beschreibt die Datei[+)] für die Ablage der Etiketten, welche im SPSS-Programm durch die Kommandos VAR LABELS und VALUE LABELS vereinbart werden können.

Durch den DD-Namen "FTo2Foo1" in (5) wird die Datei bezeichnet, in welcher die Daten des SPSS-files abgespeichert werden.

Mit dem DD-Namen "FTo4Foo1" in (7) wird die Datei bezeichnet, in welche ein SPSS-file mit Hilfe des Kommandos SAVE FILE abgespeichert werden kann. Dabei wird der Dateiname[++)] durch den Parameter SVFILE bestimmt. Wird die Datei auf einem Magnetband erstellt, so legt der Parameter SVPOS fest, an welcher Position die Datei auf dem Band eingetragen werden soll.[+++)]

Die DD-Karte (6) bestimmt über den Parameter GTFILE diejenige Datei, aus der ein SPSS-file durch die Ausführung des GET FILE=Kommandos bereitgestellt werden soll.

In (8) wird dem DD-Namen "FTo5Foo1" der DD-Name "SYSIN" zugeordnet. Beim Aufruf des SPSS-Systems mit der EXEC-Karte muß auf einer nachfolgenden DD-Karte dem Namen "SYSIN" entweder eine Datei zugewiesen sein, in welcher das auszuführende SPSS-Programm abgespeichert ist, oder aber durch das Zeichen "*" kenntlich gemacht werden, daß die SPSS-Programmkarten unmittelbar folgen.

Durch die DD-Karte (9) wird festgelegt, daß die Druckausgabe in der standardmäßig vereinbarten Druckklasse erfolgen soll.

Sind die Daten nicht im SPSS-Programm hinter dem Kommando READ INPUT DATA abgelegt, sondern in einer Datei abgespeichert - was durch das Kommando INPUT MEDIUM mit dem Spezifikationswert DISK oder TAPE angezeigt wird - so erfolgt die Eingabe über den DD-Namen "FTo8Foo1" in (1o), wobei dem Parameter INFILE der zugehörige Dateiname zugeordnet sein muß.

+) Durch die Zuordnung "UNIT=SYSWRK" wird festgelegt, daß die Datei auf der Arbeitsplatte als temporärer Zwischenspeicher eingerichtet wird. Dabei wird durch "SPACE =(CYL,(1,1))" ein Zylinder an Arbeitsspeicher angefordert, d.h. ungefähr 57oooo Bytes, welcher bei Bedarf bis zu 15 mal um jeweils 1 Zylinder erweitert wird.

++) Ein Dateiname für eine Magnetplatten-Datei darf aus höchstens 44 Zeichen bestehen. Nach jeweils maximal 8 Zeichen muß ein Dezimalpunkt (.) angegeben werden. Als Zeichen sind Ziffern, Buchstaben und die Sonderzeichen $, # und @ zugelassen. Jeder Dateiname muß durch eine Projekt- oder eine Benutzernummer eingeleitet werden. Beim Aufruf der JCL-Karten-Prozedur SPSS muß jeder auf der EXEC-Karte angegebene Dateiname in Hochkommata (') eingeschlossen werden.

+++) Die Zuordnung "DISP=(NEW,CATLG,DELETE)" auf der DD-Karte legt fest, daß die Datei nach ihrer Einrichtung - bei erfolgreicher Ausführung des SPSS-Programms - im Systemkatalog katalogisiert wird, so daß man auf diese Datei allein über die Angabe ihres Namens zugreifen kann.

In (11) ist dem DD-Namen "FTo9Fool" eine Datei zugewiesen, in welche vom SPSS-System spezielle Auswertungsergebnisse (vgl. die Kommandos FREQUENCIES, CONDESCRIPTIVE, CROSSTABS, PEARSON CORR und WRITE CASES) eingetragen werden können (vgl. 6.8.3). Der Name dieser Datei wird über den Parameter OUTFILE festgelegt, und über den Parameter OUTUNIT wird bestimmt, ob die Datei auf der Magnetplatte (OUTUNIT=LFD317) oder auf einem Magnetband (OUTUNIT=TAPE) eingerichtet werden soll. Wird die Ausgabe auf ein Magnetband vorgenommen, so wird durch den Parameter OUTVOL die Magnetbandnummer und durch den Parameter OUTPOS die Position der Datei auf dem Magnetband bestimmt.[+]

In (12) ist dem DD-Namen "FTloFool" eine Datei namens "APP1.SPSSUDCU.M91" zugeordnet. In diese Datei werden vom SPSS-System nach der Ausführung eines SPSS-Programms Angaben darüber eingetragen, wie oft welche SPSS-Kommandos mit welchem Erfolg ausgeführt worden sind.

Neben der Standardausgabe in eine Datei über den DD-Namen "FTo9Fool" (vgl. 6.8.3) kann man über die Angabe der Ausgabeeinheit durch das Kommando RAW OUTPUT UNIT errei-chen, daß Informationen in Druck-Dateien ausgegeben werden, denen die DD-Namen FT15Fool, FT16Fool, FT17Fool, FT18Fool, FT19Fool und FT2oFool zugeordnet sind (13).

In (14) sind die DD-Namen angegeben, welche zur Ausführung des Sortier-Kommandos SORT CASES benötigt werden. Dabei fixiert der DD-Name "SORTLIB" die Programmbibliothek "SYS1.SORTLIB", in welcher das Sortierprogramm abgespeichert ist. Mit den DD-Namen SORTWKol, SORTWKo2 und SORTWKo3 werden die für den Sortierlauf benötigten Zwischen-speicher-Dateien angesprochen, und die während des Sortierlaufs erzeugten Meldungen werden über den DD-Namen "SYSOUT" ausgegeben.

Es folgt eine tabellarische Zusammenstellung der vom SPSS-System benutzten DD-Namen und der in der JCL-Karten-Prozedur SPSS vereinbarten Parameter:

DD-Name	Funktion	zugehörige SPSS-Kommandos
STEPLIB	SPSS-Programmbibliothek	
FTolFool	Ablage der Etiketten	VAR LABELS, VALUE LABELS
FTo2Fool	Ablage der Daten	READ INPUT DATA, INPUT MEDIUM
FTo3Fool	Eingabe des SPSS-files	GET FILE
FTo4Fool	Ausgabe des SPSS-files	SAVE FILE
FTo5Fool	Eingabe des SPSS-Programms	
FTo6Fool	Druckausgabe	Auswertungsverfahren
FTo8Fool	Dateneingabe von einer Datei	INPUT MEDIUM
FTo9Fool	Standard-Datenausgabe	WRITE CASES und spezielle Auswertungen
FTloFool	Benutzungsstatistik	
FT15Fool	Datenausgabe in Druck-Datei	RAW OUTPUT UNIT 15

[+] Die Datei-Struktur wird festgelegt durch die DCB-Parameter "RECFM=FB" (geblockte Sätze fester Satzlänge), "LRECL=8o" (8o Bytes pro Satz) und "BLKSIZE=312o" (jeweils 39 Sätze sind zu einem Block zusammengefaßt). Bei der Einrichtung einer Magnetplat-ten-Datei wird durch "SPACE=(TRK,(5,5),RLSE)" 1 Spur (~19ooo Bytes) an Speicher angefordert, der bis zu 15 mal um jeweils eine Spur erweitert werden kann.

DD-Name	Funktion	zugehörige SPSS-Kommandos
FT16Foo1	Datenausgabe in Druck-Datei	RAW OUTPUT UNIT 16
FT17Foo1	Datenausgabe in Druck-Datei	RAW OUTPUT UNIT 17
FT18Foo1	Datenausgabe in Druck-Datei	RAW OUTPUT UNIT 18
FT19Foo1	Datenausgabe in Druck-Datei	RAW OUTPUT UNIT 19
FT2oFoo1	Datenausgabe in Druck-Datei	RAW OUTPUT UNIT 2o
SORTLIB	Programmbibliothek für Sortierprogramm	SORT CASES
SORTWKo1	Zwischenspeicher-Datei	SORT CASES
SORTWKo2	Zwischenspeicher-Datei	SORT CASES
SORTWKo3	Zwischenspeicher-Datei	SORT CASES
SYSOUT	Meldungen des Sortierprogramms	SORT CASES

In der JCL-Karten-Prozedur SPSS werden die folgenden Parameter benutzt:

Parametername	Gebrauch in Verbindung mit den SPSS-Kommandos
SVFILE	SAVE FILE
GTFILE	GET FILE
OUTFILE	WRITE CASES, FREQUENCIES, CONDESCRIPTIVE, CROSSTABS, PEARSON CORR
INFILE	INPUT MEDIUM
CORE	

Bei der Datenausgabe auf ein Magnetband sind ferner die Parameter SVVOL, SVPOS und
SVUNIT (in Verbindung mit dem Kommando SAVE FILE) und die Parameter OUTVOL, OUTPOS und
OUTUNIT von Bedeutung. Dabei legen SVVOL und OUTVOL die Magnetbandnummer fest, SVPOS
und OUTPOS geben die Position an, auf der die Datei erstellt werden soll, und SVUNIT
bzw. OUTUNIT bestimmen den Gruppennamen des Ausgabemediums (LFD317 bzw. TAPE).

Für den Standardaufruf des SPSS-Systems - die Daten werden von Lochkarten eingelesen
und die Ausgabe erfolgt als Druck-Datei ins Ablaufprotokoll - muß man die JCL-Karten-
Prozedur SPSS folgendermaßen aufrufen:

```
// EXEC SPSS
//SYSIN DD *
SPSS-Programmkarten und Datenkarten
```

Dies ist äquivalent zu den folgenden JCL-Karten:

```
//GO EXEC PGM=SPSS,PARM=1ooK,REGION=256K
//STEPLIB DD DSN=APP1.SPSS.LOAD.M91,DISP=SHR
//FTo1Foo1 DD UNIT=SYSWRK,SPACE=(CYL,(1,1))
//FTo2Foo1 DD UNIT=SYSWRK,SPACE=(CYL,(1,1))
//FTo6Foo1 DD SYSOUT=*
//FT1oFoo1 DD DSN=APP1.SPSSUDCU.M91,DISP=SHR,DCB=BUFNO=1
//FTo5Foo1 DD *
 SPSS-Programmkarten und Datenkarten
```

<u>Literaturhinweise</u>

Als Lehrbücher zur Einführung in die Statistik können empfohlen werden:

- BENNINGHAUS, H.
  Deskriptive Statistik
  Teubner Studienskripten, B. G. Teubner, Stuttgart 1974

- BLALOCK, H. M.
  Social Statistics
  McGraw-Hill Book Company, New York 1972

- BORTZ, J.
  Lehrbuch der Statistik
  Springer-Verlag, Berlin Heidelberg New York 1979

- KRIZ, J.
  Statistik in den Sozialwissenschaften
  rororo studium, Reinbek bei Hamburg 1973

- MAYNTZ, R. u. HOLM, K. u. HÜBNER, P.
  Einführung in die Methoden der empirischen Soziologie
  Westdeutscher Verlag, Opladen 1972

- RENN, H.
  Nichtparametrische Statistik
  Teubner Studienskripten, B. G. Teubner, Stuttgart 1975

- SAHNER, H.
  Schließende Statistik
  Teubner Studienskripten, B. G. Teubner, Stuttgart 1971

Als englischsprachige Anwenderbeschreibungen von SPSS sind zu nennen:

- NIE, N. H. u. HULL, C. H. u. JENKINS, J. G. u. STEINBRENNER, K. u. BENT, D. H.
  SPSS, STATISTICAL PACKAGE FOR THE SOCIAL SCIENCES, SECOND EDITION
  McGraw-Hill Book Company, New York 1975

- HULL, C. H. u. NIE, N. H.
  SPSS UPDATE 7 - 9, New Procedures and Facilities for Releases 7 - 9
  McGraw-Hill Book Company, New York 1981

Als deutschsprachiges Nachschlagewerk kann empfohlen werden:

- BEUTEL, P. u. SCHUBÖ, W.
  SPSS 9, Eine Beschreibung der Programmversionen 8 und 9
  Gustav Fischer Verlag, Stuttgart 1983

Register

) DATE 98 f.
) PAGE 98 f.
* COMPUTE 44, 163 ff., 171
* COUNT 168 f., 171
* IF 166 ff., 171
* RECODE 44, 165, 171
* SAMPLE 175
* SELECT IF 47 ff., 171, 173
* WEIGHT 172 f.

ABFREQ 77, 87
abhängige Stichprobe 156
Ablaufplan 21
Ablaufprotokoll 22 f., 162, 177, 188, 190
Ablochbeleg 13
Ablochfehler 50
Ablochvorschrift 11
ABS 29, 164
Abschneiden der Nachkommastellen 164
Absolutbetrag 131, 164
absolute Häufigkeit 19, 77, 112, 114
absteigende Sortierung 70, 90
ADD 83, 87
AGGREGATE 6
ALL 29, 35, 67
allgemeines Trennzeichen 27, 49
ALLOCATE 162
alphanumerische Variable 34, 43, 182
alphanumerischer Wert 33, 38
Alternativhypothese 139, 144
AND 29, 49, 167
angepaßte relative Häufigkeit 20
ANOVA 6
Arcustangensfunktion 164
arithmetischer Ausdruck 163 f.
arithmetisches Mittel 57, 76
ASSIGN MISSING 169 f., 171
Assoziation 111 f.
Assoziationskoeffizient 112 ff., 138
Assoziationsmaß 127
Assoziationstest 139
ATAN 29, 164
Aufgabenstellung 26, 44, 172 ff.
aufsteigende Sortierung 69, 90
Ausgabe-Datei 184 f.
Ausgabeeinheit 184 f.
AVERAGE 83, 87

BASIC 6
Batchbetrieb 23
Baum-Diagramm 107

bedingte Verteilung 112
Bedingung 49, 166 f., 173
Betriebssystem 24, 180
Bildschirmarbeitsplatz 178
Bindung 131, 142
bivariat 111
bivariate Verteilung 111 ff.
BLANK 31, 43
BMDP 6
BOX-JENKINS 7
BREAK 75, 90 f., 104
Break-Variable 71, 90 f.
BREAKDOWN 105 ff., 151 ff.
BRKSPACE 74, 95
BY 29, 106, 114
Byte 162

CANCORR 6
Case 9, 30, 47
CASES 50
CASWGT 29, 172, 182
CFOOT 75, 94, 97 f.
CHDSPACE 74, 95
CHEAD 75, 94, 96 f.
Chi-Quadrat 123 f., 125, 127, 139 f.
Chi-Quadrat-Verteilung 140
COBOL 6
COMMENT 177
COMPLETE 190
COMPUTE 41, 163 ff., 171
CONDESCRIPTIVE 62 ff., 186
CONTINUE 84
CONTROL 178
CONVERT 43
COS 29, 164
Cosinusfunktion 164
COUNT 168 f., 171
Cramèr's V 124, 127
CROSSTABS 114 ff., 186
Cursor 180

DATA LIST 16 ff., 29 ff.
Datei 178 ff.
Dateiname 25
Datenanalyse 1, 18, 21, 181, 189
Datenanalysesystem 6
Datenauswahl 173 ff.
Dateneingabe 29 ff.
Datenerfassung 10
Datenkarten 16, 24, 174
Datenmatrix 9 f., 16

xxx